本书由国家重点研发计划（2017YFC1200300）
和中国工程院咨询研究项目（2017-XY-31）资助

新生物学丛书

合成生物学时代的生物防御

Biodefense in the Age of Synthetic Biology

美国科学院研究理事会　编
郑　涛　叶玲玲　程　瑾等　译

科学出版社
北京

图字：01-2019-6964 号

内 容 简 介

本报告在介绍合成生物学技术发展与应用概况、风险评估方法与框架的基础上，分别从创构病原体、活性物质生产、人类健康影响、生物武器发展、减低生物防御措施有效性等五个方面对合成生物学滥用风险进行分析评估，并就美国完善加强生物防御能力提出针对性意见建议，是了解美国合成生物学风险评估方法与内容进展的有益参考。

本报告可作为高等学校生物学、医学、农学、林学、公共安全、军事学、国际关系，以及管理类相关专业的高年级本科生和研究生的学习参考教材，也可作为各级党政相关管理干部培训的辅助教材，亦可作为国家安全研究以及军地规划部门人员的参考材料。

This is a translation of *Biodefense in the Age of Synthetic Biology*, National Academies of Sciences, Engineering, and Medicine; Division on Earth and Life Studies; Board on Chemical Sciences and Technology; Board on Life Sciences; Comittee on Strategies for Identifying and Addressing Potential Biodefense Vulnerabilities Posed by Synthetic Biology ©2018 National Academy of Sciences. First published in English by National Academies Press. All rights reserved.

图书在版编目（CIP）数据

合成生物学时代的生物防御/美国科学院研究理事会编；郑涛等译. —北京：科学出版社, 2020.6

（新生物学丛书）

书名原文：Biodefense in the Age of Synthetic Biology

ISBN 978-7-03-065451-9

Ⅰ. ①合…　Ⅱ. ①美…　②郑…　Ⅲ. ①生物–侵入种–防治–研究
Ⅳ. ①Q16

中国版本图书馆 CIP 数据核字(2020)第 099064 号

责任编辑：王　静　罗　静　刘　晶 / 责任校对：郑金红
责任印制：吴兆东 / 封面设计：刘新新

科学出版社 出版
北京东黄城根北街 16 号
邮政编码：100717
http://www.sciencep.com
北京凌奇印刷有限责任公司印刷
科学出版社发行　各地新华书店经销
*
2020 年 6 月第　一　版　开本：B5 (720×1000)
2020 年11月第二次印刷　印张：13
字数：262 000

定价：148.00 元

(如有印装质量问题，我社负责调换)

译 者 名 单

顾　问：沈倍奋

主　译：郑　涛

副主译：叶玲玲　程　瑾

参　译：祖正虎　陈晶宁　许　晴

张　斌　孙　琳　付雨萌

编　校：叶玲玲

译 者 序

20 世纪中期现代生物技术的诞生给人类社会带来了极大福祉，并成为推动全球经济与社会发展的重大技术领域，但其误用谬用等滥用风险也一直受到国际社会的普遍关注。近年来，合成生物学技术与应用的兴起与快速发展为人工创造生物开辟了广阔空间，其滥用风险给全球生物安全治理带来严重挑战。受美国国防部委托，美国科学院、工程院和医学院联合对合成生物学的潜在风险尤其军事风险进行了咨询评估，并于 2018 年发布研究报告《合成生物学时代的生物防御》，几乎与美国政府发布首份《国家生物防御战略》同步。该报告在介绍合成生物学技术发展与应用概况、风险评估方法与框架的基础上，分别从创构病原体、活性物质生产、人类健康影响、生物武器发展、减低生物防御措施有效性等五个方面对合成生物学滥用风险进行分析评估，并就美国完善加强生物防御能力提出针对性意见建议。美国在生物技术发展应用、生物防御能力建设等方面处于全球领先地位，美国科学院研究理事会发布的此研究成果代表了他们对合成生物学滥用风险及其应对防御的系统认知，富有新意，也值得人们警惕。

新型冠状病毒肺炎疫情发生以来，国际社会空前关注维护全球生物安全和人类命运共同体建设。生物安全已列为我国国家安全体系组成，凸显生物安全治理的重要性。长期以来我国政府一直重视防范生物技术滥用风险，在多部法规中都有体现。国家科技部、卫健委等相关部门根据生物技术研究与应用活动形势变化，高度重视实验室生物安全、生物伦理等生物技术风险全方位全覆盖管控，及时发布了系列规章制度，为防范生物风险做了大量细致周密甚至相比西方国家更为“苛刻”的卓有成效工作，显著促进了各级管理部门和从业人员的安全意识，有效保证了我国生物技术的健康发展与应用，为全球生物安全治理树立了典范。生物技术发展史就是一部风险管控史。生物技术风险的系统管控是生物安全治理中活跃而混乱的领域，全球许多机构和人员在密切关注和研究，但在潜在或现实风险的鉴识、评估的规范与工具以及潜在威胁和危害的认知等方面并没有形成全球共识。其原因之一是生物技术风险管控关系到促进发展与保证安全的平衡，利与害的认知，风险与威胁的界定，行为者意图的判断和定性，与全球客观存在的文化、伦理、道德差异性和多样性密切相关，也与西方发达国家的文明傲慢尤其霸权国家的科技政治化密切相关。因此为未雨绸缪，防患于未然，管控过程中必然存在大量主观性，因而造成大量判断判别的不确定性，进而势必造成管控的复杂性，以及具体安全定性的国别差异性，甚至成为“信息瘟疫”的源点、阴谋论的热点和国家间博弈的焦点。同时需要清醒认识到包括合成生物学、基因编辑等新兴技术在内的生物技术及其数字化仍在迅速发展，必然伴生新的安全风险问题，因此全球化时代的生物技术风险管控需要全方位综合治理，需要有全球视野、理性前瞻和就事论事，更需要立足国情、有文化自信，这对我国制定《生物安全法》提出了严峻挑战，关键在于法制与自律的结合，国情的差异与文化自信的结合，同时迫切需要我们总结经验，倡导制定全球风险评估共识和管控措施。在缺乏全球共识和共同标准的前提下很可能出现“指鹿为马”，为话语权强者提供滥用指控的便利。新冠疫情是某些西方国家借题发挥污蔑我国的典型案例，也许是一个加强人类生物安全命运共同体的机遇，而研读本报告可能对于我们了解美国的态度有所帮助。

本报告为我们了解美国在生物技术风险管控领域的视角、关切和做法等提供了很好的渠道。为便于有关部门、从业人员和感兴趣的人参考，在国家科技部和中国工程院项目的支持下以及科学出版社的大力帮助下，我们翻译了本报告。为便于参考，翻译严格忠实原文，译者不负责报告中的观点。由于译者水平有限，译文中可能存在瑕疵甚至错误，请读者批评指正。

大前天，我在今年第一次陪家人出门到颐和园踏青，欣赏了来自家乡的南水北调汉江水入京口的奔腾河水。昨天，习近平总书记莅临我老家平利县视察脱贫攻坚工作和生态环境保护，考察了我曾经就读的老县镇锦屏小学。作为我国生物安全领域的一名“老兵”，我倍感光荣和激励。农村的生态保护、人与自然的友好相处和美好环境的建设，关系到国家生物安全根本大业。

感谢科学出版社编辑和课题组叶玲玲同志为本书的编辑和出版付出的艰辛和贡献。感谢天津大学张卫文教授和中国科学院上海巴斯德研究所王小理副研究员的鼓励和帮助。

郑 涛

2020 年 4 月 22 日

“识别和解决合成生物学造成的潜在生物防御脆弱性的战略”委员会

成员

MICHAEL IMPERIALE（主席），密歇根大学医学院
PATRICK BOYLE，银杏生物公司
PETER A. CARR，麻省理工学院林肯实验室
DOUGLAS DENSMORE，波士顿大学
DIANE DIEULIIS，美国国防大学
ANDREW ELLINGTON，得克萨斯大学奥斯汀分校
GIGI KWIK GRONVALL，约翰霍普金斯健康安全中心
CHARLES HAAS，德雷塞尔大学
JOSEPH KANABROCKI，芝加哥大学
KARA MORGAN，Quant 政策战略有限公司
KRISTALA JONES PRATHER，麻省理工学院
THOMAS SLEZAK，劳伦斯利弗莫尔国家实验室
JILL TAYLOR，纽约州卫生署

职员

MARILEE SHELTON-DAVENPORT，研究主任
KATHERINE BOWMAN，高级项目官员
JENNA OGILVIE，研究助理
JARRETT NGUYEN，高级项目助理

资助者

美国国防部

致谢审稿人

本共识研究报告的草案由经选择的具有不同观点和技术专长的个人进行了审查。这次独立审查的目的是提供坦诚和批评性的意见，以帮助美国国家科学院、工程院和医学院尽可能合理地出版每份报告，并确保其符合该机构在质量、客观性、证据性和对研究职责的响应性方面的标准。审查意见和草案手稿仍是保密的，以保护审议程序的完整性。

我们感谢以下个人对本报告的审查：

JAMES BURNS, Casebia Therapeutics 公司
MICHAEL DIAMOND，华盛顿大学医学院
JAMES DIGGANS, Twist Bioscience 公司
DREW ENDY，斯坦福大学
CAROLINE GENCO，塔夫茨大学医学院
JACQUELINE GIBSON，北卡罗来纳大学教堂山分校
KAREN E. JENNI，美国地质调查局
MICHAEL JEWETT，西北大学
GREGORY KAEBNICK，哈斯汀中心
MARGARET E. KOSAL，乔治亚理工学院
KAREN E. NELSON，克雷格文特尔研究所
MICHAEL OSTERHOLM，明尼苏达大学
TARA O'TOOLE, In-Q-Tel 公司
PAMELA A. SILVER，哈佛医学院
DAVID WALT，哈佛医学院和哈佛大学

尽管上面列出的审稿人提供了许多建设性的意见和建议，但他们没有被要求认可本报告的结论或建议，也没有在发布之前看到最终草案。本报告的审查由普渡大学 MICHAEL LADISCH 和弗吉尼亚州立理工大学 RANDAL MURCH 监督。他们有责任确保根据美国国家科学院的标准对本报告进行独立审查，并认真考虑所有审查意见。最终内容的责任完全在于创作委员会和国家科学院。

目　　录

摘　要

过去几十年的科学进步加速了对现有生物进行工程化设计的能力，并有可能创造出自然界中未发现的新生物。合成生物学泛指能够修饰或创造生物有机体的概念、方法和工具，目前主要用于减轻疾病负担、提高农业产量和治理污染等一系列有益目的。虽然合成生物学在很多领域的贡献有广阔的前景，但也可以想象出可能威胁到美国公民和军人的恶意使用。针对如何解决这些问题作出明智的决策，需要对可能被滥用的潜力进行实际可行的评估。为此，美国国防部与其他参与生物防御的机构合作，要求美国科学院、工程院和医学院制定一个框架，以指导评估与合成生物学进展有关的安全问题，评估这些进展所带来的关注度，并确定可能有助于消减这些关注的各种措施。研究职责的摘要版突出了本研究所承担的关键任务（有关更详细的任务说明，参见第 1 章信息栏 1-2）。

> 为了协助美国国防部的化学和生物防御计划（CBDP），美国国家科学院、工程院和医学院将任命一个特设委员会来应对合成生物学时代生物防御威胁不断变化这一本质。具体来说，研究的重点将是导致致病因子或毒素产生的对生物功能、系统或微生物的操作……在最初阶段，该委员会将制定一个战略框架，指导评估与生物学和生物技术进步相关的潜在安全脆弱性，重点是合成生物学。该框架将重点关注如何解决以下三个问题：关于即将来临的合成生物学，有哪些可能的安全问题？这些问题发展的时间框架是什么？我们用什么措施来消减这些潜在的问题？……委员会将使用这一概述的战略框架来评估合成生物学带来的潜在脆弱性。该评估的依据可能包括有关当前威胁、当前计划的优先事项和研究的信息，以及对当前科学和技术格局的评估。结论和建议将包括合成生物学带来的潜在脆弱性的清单及其描述。

在一份中期报告中公布了用于评估关注的初步框架（National Academies of Sciences，Engineering，and Medicine，2017）。本报告是研究的最终报告，建立在中期报告的基础上并取代它。本报告探讨并设想合成生物学的潜在滥用情况，包括在公开会议上定期讨论的概念。报告中讨论的可能存在的滥用情况既不全面，也无法提供详细信息和细节；此报告包括这些内容的目的是为了说明在合成生物学时代不断扩展的生物防御任务。

总 体 建 议

合成生物学时代的生物技术扩展了潜在防御问题的范围。美国国防部及其合作机构应继续推行持续的化学和生物防御战略；这些战略在合成生物学时代仍有意义。国防部及其合作伙伴还需要制定方案以应对合成生物学现在和未来所带来的更广泛的能力。

国家所具备的防备自然发生的疾病的经验为针对新兴生物威胁制定预防和应对策略提供了坚实的基础，特别是那些基于自然发生的病原体的威胁。但合成生物学方法也可能被用来改变攻击的表现形式，例如，通过修饰现有微生物的特性、利用微生物生产化学物质，或者采用新的或意想不到的策略来产生危害。对于美国政府来说，密切关注合成生物学等迅速发展的科技领域是有价值的，就像在冷战时期关注化学和物理学的进步一样。然而，效仿应对冷战威胁的方法不足以解决合成生物学时代的生物武器和生物学支持的化学武器问题。参与美国生物防御事业的合作伙伴需要拓展策略和方法，以应对该领域的进步所带来的新能力。

用于评估关注的框架有助于制定规划

建议：

国防部及其机构间合作伙伴应使用一种框架来评估合成生物学能力及其影响。

（1）框架是解析不断变化的生物技术格局的宝贵工具。

（2）使用框架有助于识别瓶颈和障碍，并有助于开展工作以监控能够改变可能性的技术和知识进展。

（3）框架能够为将必要的专业技术纳入评估提供机制。该框架能够使合成生物学和生物技术方面的技术专家及辅助领域（如情报和公共卫生）的专家参与进来。

本报告中开发的框架确定了合成生物学支持能力的特征，这些特征会增加或减少对特定能力被用于造成伤害的关注度。如图 S-1 所概述，该框架确定了决定生物技术进步所带来的相对关注度的因素。除了支持本研究所进行的分析，该框架还旨在帮助其他人思考当前和未来的合成生物学能力。具体而言，该框架可用于：分析现有的生物技术以评估当前需要的关注度；了解各种技术或能力如何相互比较、相互作用或相互补充；识别关键的瓶颈和障碍，如果消除这些瓶颈和障碍，可能会导致对能力的关注度发生变化；评估新的实验结果或新技术的影响；开展水平扫描以预测或准备未来可能值得关注的领域。因此，使用能够评估合成生物学能力影响的框架有助于生物防御规划，并有助于考虑专家对合成生物学所带来的特定能力或能力组合的意见。

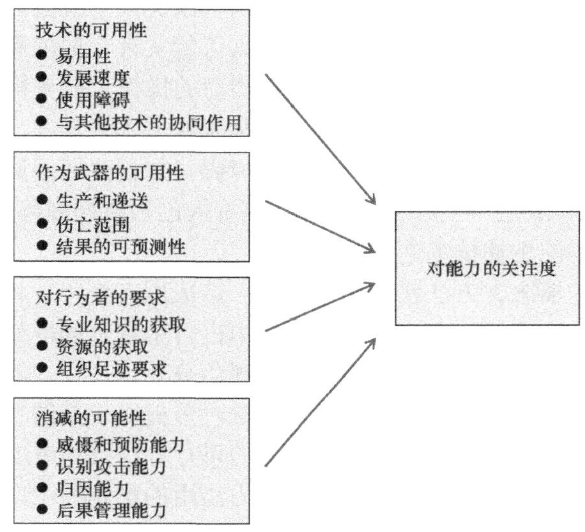

图 S-1　用于评估关注度的框架。用于评估关注度的框架由四个因素以及每个因素中的描述性要素组成。这些因素是技术的可用性、作为武器的可用性、对行为者的要求和消减的可能性。这些因素描述了用于对特定的合成生物学能力的关注度进行评估的信息。

合成生物学拓展了可能性

合成生物学拓展了创造新武器的可能性。它还扩大了可以开展这种工作的行为者的范围，并减少了所需的时间。根据本研究对合成生物学方法和工具可能被滥用而造成伤害的潜在方式的分析，提出以下具体观点。

（1）在所评估的潜在能力中，目前最值得关注的有三个：重构已知致病病毒、使现有细菌更加危险、通过原位合成制造有害的生物化学物质。因技术的可用性，前两种能力受到高度关注。第三种能力涉及利用微生物在人体内产生有害的生物化学物质，因其新颖性对潜在的消减措施形成挑战而受到高度关注。

（2）关于病原体，预计合成生物学将：①扩大可产生结果的范围，包括使细菌和病毒更加有害；②减少设计这些生物体所需的时间；③扩大可以开展这种工作的行为者的范围。越来越容易获得的技术和原材料（包括公共数据库中的 DNA 序列），推动了病原体的创造和操作。通过部分这类工作，可以探索广泛的病原体特征。

（3）关于化学物质、生物化学物质和毒素，合成生物学模糊了化学武器与生物武器之间的界限。可通过简单的遗传通路产生的高效力分子最受关注，因为可以想象，它们能够利用有限的资源和组织足迹来开发。

（4）可以利用合成生物学以新的方式调节人体生理。这些方式所包含的生理变化不同于已知病原体和化学剂的典型效应。合成生物学潜在允许借助生物剂来递送生物化学物质，以及潜在允许对微生物菌群或免疫系统进行工程化改造，从而扩展了这一领域的前景。虽然这些现在不太可能实现，但随着对免疫系统和微生物菌群等复杂系统的认识不断增加，这些类型的操作可能变得更加可行。

（5）合成生物学的一些恶意应用现在看起来似乎不太现实，但如果克服了某些障碍，就有可能实现。这些障碍包括知识障碍（如构建新病原体）或技术障碍（如将复杂的生物合成通路工程化到细菌内或重构已知致病细菌）。必须继续监控可能降低这些障碍的生物技术进展。

合成生物学的概念、方法和工具本身并不造成固有伤害。相反，需要关注的是合成生物学可能实现的特定应用或能力。本报告中制定的框架被用于评估由一组合成生物学能力造成的相对关注度。这项评估分几步进行。首先，该框架被用于对每个已确定的能力单独进行定性分析。这一分析所包括的考虑因素有：所涉技术的发展水平、运用该能力生产有效武器的可行性、行为者实施攻击可能需要的特征和资源，以及关于可能用于消减该能力滥用的影响的主动和被动措施的信息。然后，确定每个能力相对于其他能力的总体关注度，并对这些能力和关注度的情况进行评估。这项评估的结果总结在图 S-2 中。

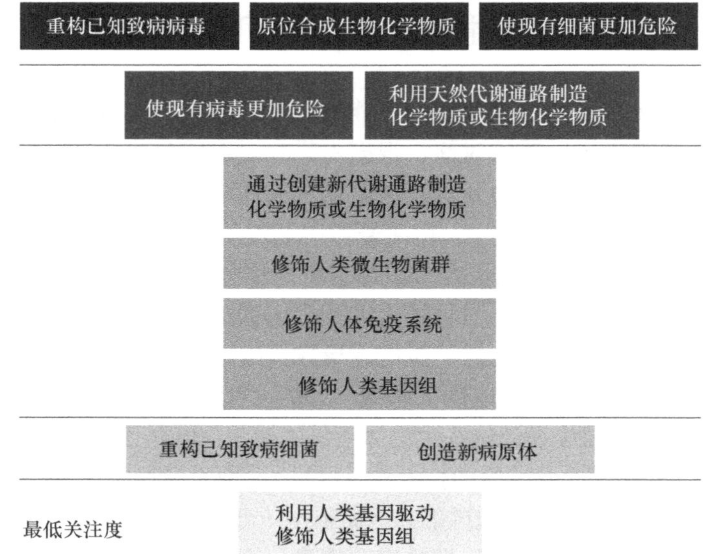

图 S-2　与所分析的合成生物学能力有关的关注度的相对排序。目前，处于顶层的能力需要相对较高的关注度，而处于底层的能力需要相对较低的关注度。

目前需要最高相对关注度的能力包括重构已知致病病毒、通过原位合成制造生物化学物质，以及利用合成生物学技术使现有细菌更加危险。这些能力所需的技术和知识对于广泛的行为者来说越来越容易获得。引起中高相对关注度的能力包括利用天然代谢通路制造化学物质或生物化学物质和利用合成生物学使现有病毒更加危险。尽管这些能力也得到了现有技术和知识的支持，但涉及更多的限制因素，并可能受到生物学和技能两方面因素的限制。引起中等相对关注度的能力包括通过创建新代谢通路制造化学物质或生物化学物质、修饰人体微生物菌群来造成损害、修饰人体免疫系统、修饰人类基因组。这些能力尽管可以想象得到，但更具未来性，可能受到现有知识和技术的限制。得到较低相对关注度的能力包括重构已知致病细菌和创造新病原体，这些能力面临设计和实施方面的重大挑战。利用人类基因驱动得到最低的关注度，因为依靠有性生殖的世代在人类种群中扩散有害性状是不切实际的。

鉴于对当前技术和能力的认识，报告框架在此分析中的应用反映的是一个即时状态。随着该领域的不断发展，一些瓶颈可能会被拓宽，一些障碍可能会被克服。表 S-1 列出了一些技术进展，这些进展可能有助于克服这些瓶颈和障碍，从而增加潜在攻击的可行性或影响，并提高某项能力所需的生物防御关注度水平。不可能准确预测这些进展何时会发生；这些时间线受到商业开发和学术研究的驱动因素的影响，也受到可能来自合成生物学领域之外的会聚或协同技术的影响。必须继续监控可能影响这些瓶颈及障碍的合成生物学和生物技术进展。

需要一系列准备和响应策略

建议：

许多传统的生物和化学防御准备方法将与合成生物学相关联，但合成生物学还将带来新的挑战。美国国防部和伙伴机构需要采取生物和化学武器防御措施，以应对这些新挑战。

（1）国防部及其在化学和生物防御体系中的合作伙伴应继续探索适用于各种不同化学和生物防御威胁的策略。由于技术变革速度很快，因此需要灵活的生物和化学防御策略，而且由于不确定敌对者可能采取哪种方法，这些策略还需要适应各种各样的威胁。

（2）合成生物学武器的显现方式具有潜在的不可预测性，给监控和检测带来了额外的挑战。美国国防部及其合作伙伴应对国家军事和民用基础设施进行评估，这些基础设施能够为针对自然的和蓄意的健康威胁进行基于种群的监测、识别和通报提供信息。评估应考虑是否需要以及如何加强公共卫生基础设施，才能充分识别合成生物学攻击。持续开展评估将支持随着技术进步而开展的响应性和适应性管理。

表 S-1 目前限制所考虑的能力的瓶颈和障碍，以及未来可能减少这些限制的进展。阴影表示可能由商业驱动因素推动的进展。组合方法和定向进化等方法可能有助于运用较少的明确知识或工具来拓宽瓶颈或克服障碍。

能力	瓶颈或障碍	需监控的相关进展
重构已知致病病毒	启动	启动具有合成基因组的病毒得到展示
重构已知致病细菌	DNA 合成和组装	用于处理更大 DNA 构建体的合成和组装技术得到改进
	启动	启动具有合成基因组的细菌得到展示
使现有病毒更加危险	对病毒基因组组织的限制	关于病毒基因组组织的知识增加和（或）能够促进病毒基因组更大规模修饰的组合方法得到展示
	工程化设计复杂的病毒性状	关于复杂病毒性状的决定因素及如何设计通路来产生这些性状的知识增加
使现有细菌更加危险	工程化设计复杂的细菌性状	组合方法取得进展和（或）关于复杂细菌性状的决定因素及如何设计通路来产生这些性状的知识增加
创造新病原体	关于（病毒和细菌中）存活的最低要求的知识有限	关于病毒或细菌存活能力要求的知识增加
	对病毒基因组组织的限制	关于病毒基因组组织的知识增加和能够促进病毒基因组大规模修饰的组合方法得到展示
利用天然代谢通路制造化学物质或生物化学物质	合成毒素的宿主生物体对该毒素的耐受性	通路的阐明、电路设计的改进及宿主（“底盘”）工程的改进，使合成毒素的宿主生物体耐受该毒素
	通路未知	通路得以阐明和（或）组合方法得到展示
	大规模生产的挑战	细胞内产率和工业产率得到改进
通过创建新代谢通路制造化学物质或生物化学物质	合成毒素的宿主生物体对该毒素的耐受性	通路的阐明和（或）电路设计的改进和宿主（“底盘”）工程的改进，使合成毒素的宿主生物体耐受该毒素
	工程化设计酶活性	关于如何修饰酶功能以制造特定产物的知识增加
	有关设计新通路的要求的知识有限	定向进化得到改进和（或）关于如何从不同生物体构建通路的知识增加
	大规模生产的挑战	细胞内产率和工业产率得到改进
通过原位合成制造生物化学物质	对微生物菌群的认识有限	关于宿主微生物菌群定植、遗传元件的原位水平转移，以及微生物菌群中微生物与宿主过程之间的其他关系的知识增加
修饰人体微生物菌群	对微生物菌群的认识有限	关于宿主微生物菌群定植、遗传元件的原位水平转移，以及微生物菌群中微生物与宿主过程之间的其他关系的知识增加
修饰人体免疫系统	递送系统的工程化改造	关于病毒或微生物递送免疫调节因子的潜力的知识增加
	对复杂免疫过程的认识有限	关于如何操作免疫系统（包括如何在人群中引起自身免疫和可预测性）的知识增加
修饰人类基因组	工程化改造设计水平转移的手段	关于通过遗传信息的水平转移来有效改变人类基因组的技术的知识增加
	缺乏关于人类基因表达调控的知识	关于人类基因表达调控的知识增加

（3）美国政府应与科学界合作，考虑比当前基于生物剂清单及获取管控方法更好的新兴风险管理策略。基于清单（如联邦管制生物剂计划的管制生物剂和毒素清单）的策略，将不足以控制合成生物学应用所带来的风险。虽然控制获取合成核酸和微生物菌株等实物材料的措施有其优点，但这种方法在消减各种类型的合成生物学攻击方面效果不佳。

探索领域：

科学界和政治界的领导人都说过，21 世纪是生命科学的世纪。但是，与以往技术能力的扩展一样，合成生物学时代的生物技术呈现出“两用性困境”，即有益研究或开发所需的科学知识、材料和技术可能被滥用而造成伤害。尽管目前的防御和公共卫生准备方法仍然有价值，但目前的方法（如基于病原体清单的筛查工具）也存在明显的局限性。

对现有的军民防御和公共卫生体系的准备及响应能力进行全面评估，以及确定如何弥补差距，不在本研究范围之内；然而，**为了解决合成生物学带来的一些挑战，建议探索以下领域**。

（1）发展检测合成生物学武器可能显现的不寻常方式的能力。对于后果管理，扩展流行病学方法（如监测和数据收集）的开发将增强检测异常症状或疾病异常模式的能力。加强流行病学方法的另一个好处是会增强应对自然疾病暴发的能力。

（2）利用计算方法进行消减。随着合成生物学越来越依赖计算设计和计算基础设施，计算方法在预防、检测、控制和归因方面的作用将变得更加重要。

（3）利用合成生物学推进检测、治疗药物、疫苗和其他医疗应对措施的研发。利用合成生物学的有益应用进行应对措施的研究和开发，以及促进整个开发过程的努力（包括监管方面），有望被证明是有价值的。

尽管解决生物技术时代合成生物学带来的潜在问题仍然是科学家和国家防御面临的挑战，但有理由乐观地认为，随着对生物技术能力的持续监控以及对生物防御的战略性投资，美国可以促进科学技术取得富有成效的进步，同时最大限度地降低这些进步被用于制造伤害的可能性。

1. 引　　言

过去几十年的科学进步迅速加快了对现有活生物体进行工程化设计的能力，并有可能创造出自然界中未发现的新生物。合成生物学泛指能够修饰或创造生物有机体的概念、方法和工具。这些概念、方法和工具正由美国和全球范围内的大学、政府机构和产业界的研究人员进行开发和完善。虽然合成生物学主要是为了追求有益和合法的目的，如治疗疾病、治理污染和增加作物产量(参见信息栏 1-1)，但对人类和其他物种也具有潜在不利的影响。为了给消减潜在威胁的投资提供信息，负责保护国家安全的人员必须考虑这些新兴的方法和技术可能会怎样被用于战争或恐怖主义行为、敌对者实施此类用途的意图和能力，以及这种攻击的潜在影响。

信息栏 1-1　合成生物学的益处

合成生物学领域为应用生物技术改善人类福祉，以及动物、植物和环境的健康开辟了巨大的可能性。这种应用具有巨大的经济潜力。例如，美国基因工程植物和微生物的年度收入估计超过 3000 亿美元，工业生物技术（使用生物成分生成工业产品）在美国的年收入估计超过 1150 亿美元。生物技术的新应用，特别是那些由合成生物学创新驱动的应用，预计将进一步扩大生物经济的规模和范围（White House，2012）。

合成生物学常常被视为一种生产其他方式难以获得的产品的手段。合成生物学已经创造出生产药物的新方法，包括阿片类药物和抗疟药青蒿素。人们一直在尝试对微生物进行工程化改造以生产燃料、作为检测装置，以及清理有毒物质泄漏。合成生物学还被视为生长移植器官、操作微生物菌群、甚至生产化妆品的潜在手段。除了这些以应用为导向的目标之外，合成生物学还鼓励更多人参与生物实验，例如，通过国际基因工程机器（iGEM）竞赛或与社区实验室合作，推动科学在社会中的影响和作用。这种广泛的应用和影响表明，合成生物学的潜在益处仅受人类创造力和想象力的限制。

过去几年发表的声明和报告对新兴生物技术带来的国家安全威胁及需要关注的程度得出了不同的结论。前美国国家情报局局长詹姆斯•克拉珀（James Clapper）在其 2016 年对国会的年度威胁评估报告中，在关于大规模杀伤性武器的讨论部分，将人们对基因组编辑（合成生物学技术的一个实例）的关注归类到其中（Clapper，2016）。联邦政府咨询委员会的报告，例如，总统科学和技术顾问委员会2016年的报告《需要采取行动以防止生物攻击》（PCAST，2016）、JASON咨询小组2016年关于基因编辑平台CRISPR等技术对美国国家安全潜在影响的报告（Breaker，2017）中，认为生物技术带来了新的重大威胁。然而，生物武器不是一个新现象，并且有人反驳说，尽管合成生物学的进步可能会拓展生物武器的范围，但这些进展不会从根本上改变生物武器的格局，也不需要采取特殊行动来解决关注问题（Vogel，2013；Jefferson et al.，2014）。这种观点基于这样的见解：使用天然病原体造成伤害可能比使用合成生物学创造生物武器更容易和更有效，所以合成生物学并没有改变关注程度，至少在当时如此（A. Paul于2006年2月24日在纽约采访K. Vogel，引自Vogel，2012；Jefferson et al.，2014）。

尽管可以想象出多种类型的合成生物学恶意使用，但是针对是否和如何消减这些潜在恶意使用作出明智的决策，需要对该技术所产生的安全问题进行现实评估。为此，美国国防部与其他参与生物防御的机构合作，要求美国国家科学院、工程院和医学院制定一个框架，用于指导评估“合成生物时代”与生命科学进展有关的安全问题、评估各种进展所带来的关注度并确定具有潜在脆弱性的领域，以及为可能有助于消减潜在脆弱性的措施提供思路。为了帮助包括美国国土安全部、美国卫生与公共服务部负责准备和响应的助理部长办公室、情报部门及其他相关机构在内的生物防御体系内各机构制定决策，美国国防部要求美国国家科学院从民事和军事两个方面考虑与国内外所有美国公民有关的潜在安全问题。有关任务说明，请参阅信息栏1-2。

该研究的重点是可能直接威胁人类健康或军事人员执行任务能力的活动。合成生物学还有其他可能的用途，这超出了本研究的范围。该研究没有涉及出于恶意目的（如破坏农业生产力）对植物、动物及影响它们的病原体进行修饰的潜在途径，尽管这种攻击造成的经济和社会影响可能很大。该研究也没有涉及对环境或材料造成影响的生物体修饰。尽管如此，可能用于威胁农业、环境或材料目标的技术及与这些技术相关的能力可能与报告中讨论的技术和能力相似，甚至相同；因此，报告中提出的框架和分析的应用范围可能比本研究涉及的更广。

最后，报告并没有对合成生物学进展所带来的益处与风险进行权衡。合成生物学可以在实现许多社会目标方面发挥作用，但将这些收益的规模或性质与潜在风险进行比较并不在本研究的范围内。报告或研究发起人的目的并不是暗示出于有益目的而使用合成生物学方法的研究工作应该被缩减。

信息栏 1-2　任务说明

为了协助美国国防部的化学和生物防御计划（CBDP），美国国家科学院、工程院和医学院将任命一个特设委员会来应对合成生物学时代生物防御威胁不断变化这一本质。具体来说，研究的重点将是导致致病因子或毒素产生的对生物功能、系统或微生物的操作。研究将分两个主要阶段进行，随后开展研讨。在最初阶段，该委员会将制定一个战略框架，指导评估与生物学和生物技术进步相关的潜在安全脆弱性，重点是合成生物学。

该框架将重点关注如何解决以下三个问题：关于即将来临的合成生物学，有哪些可能的安全问题？这些问题发展的时间框架是什么？我们用什么措施来消减这些潜在的问题？委员会将发布一份简要的中期公开报告，概述已开发的框架。这一框架将不是一种威胁评估，而是侧重于确定科学进步的方法，从而找到可能消减合成生物学在近、中、远期所带来的安全威胁的机会，具体的时间框架由委员会规定。该框架将阐述如何最好地考虑科学进步的轨迹，确定潜在的脆弱性领域，并为考虑潜在的缓解机会提供思路。

在研究的第二阶段，委员会将使用这一概述的战略框架来评估合成生物学带来的潜在脆弱性。该评估的依据可能包括有关当前威胁、当前计划的优先事项和研究的信息，以及对当前科学和技术格局的评估。结论和建议将包括合成生物学带来的潜在脆弱性的清单及其描述。

1.1　认识合成生物学

生物技术是一个广义的术语，包括应用生物组件或生物过程来推动人类的目标，而合成生物学则是一个较狭义的术语，指的是生物技术中的一系列概念、方法和工具。虽然已经有多种不同的视角描述了合成生物学的核心原理及其从业者的活动（例如，Benner and Sismour，2005；Endy，2005；Dhar and Weiss，2007），但是还没有一个普遍认同的定义（Nature Biotechnology，2009）。一种提炼的观点是，合成生物学“旨在改进基因工程的过程”（Voigt，2012）。第 2 章提供了合成生物学家如何改进该过程的更多细节。

合成生物学的一个特点是使用工程学科领域的通用概念和方法。这些包括组件的标准化（如已明确的 DNA 编码的功能）、使用软件和计算机建模来从这些组件设计生物系统、基于这些设计构建原型。合成生物学家经常在迭代的“设计-构建-测试”循环中应用这些方法来加速进展。

本报告对该领域进行了广泛的阐述，并且不试图狭义地界定合成生物学术语，也不试图将其与其他生物技术区分开来。为促进合成生物学而开发的概念、方法和工具将继续被更广泛地纳入生命科学工具包，并应用于许多生物研究和生物技术活动。如果一个恶意行为者试图滥用这些方法，基于术语的区别将无关紧要；同样，消减生物防御问题的潜在策略也不可能依赖于合成生物学与其他相关活动之间的确切区别。因此，报告中的分析重点关注合成生物学的潜在应用（也称为合成生物学支持的能力或合成生物学的用途），而不是合成生物学的概念、方法和工具本身。尤其需要说明的是，该研究是以任务说明中阐述的“导致致病因子或毒素产生的对生物功能、系统或微生物的操作”为重点。修饰病原体以促进其在人群中快速传播、操作生物系统以产生强效毒素、将抗生素耐药性引入传染性微生物、故意削弱人体免疫系统等只是所阐述的潜在恶意用途类型的几个实例。

1.2 评估潜在的生物防御关注

本研究的一个基本组成部分是为评估合成生物学时代潜在的受关注领域提供依据。为研究关注建立一个流程非常重要，因为该流程为分析具体的因素以及这些因素如何影响整体关注度提供结构和透明度。因此，这样使评估更清楚地传达关于潜在关注的判断依据，增加评估的一致性，并便于将不同分析人员所做的评估或在不同时间开展的评估进行比较。

可以采取许多可能的方法来制定这样的流程。该报告提出了一个框架，该框架主要是一个定性的多标准模型，有助于定性、定量或半定量评估。如第 3 章所述，通过对已有框架、先前评估，以及与生物防御、合成生物学和其他生物技术威胁相关的工作进行回顾，为用于生成和应用该框架的方法提供了信息。相关文件包括：NRC，2004；IOM/NRC，2006；Tucker，2012；U.S. Government，2012，2014；HHS，2013；Blue Ribbon Study Panel on Biodefense，2015；Royal Society，2015；Cummings and Kuzma，2017；DiEuliis and Giordano，2017。附录 B 简要介绍了选定的前期分析。委员会成员的专家判断及研究过程中收到的意见也为报告中提出的框架提供了信息。

该报告还应用所提出的框架分析了与许多合成生物学能力相关的潜在关注。这些分析及其结果参见第 4～6 章。关于如何使用该框架进行当前评估的详细说明有助于为一系列工作提供信息，包括：评估未来新的生物技术进展的意义；监控该报告中指出的关键瓶颈和障碍，如果消除这些瓶颈和障碍，可能会导致关注度发生变化；评估在新的实验结果被报道或新的技术出现时所导致的关注度的变化；或者开展水平扫描以预测或准备未来可能的受关注领域。

尽管该报告提出了一个用于评估潜在生物防御关注的框架，并描述了如何将该框架应用于分析合成生物学支持的能力，但必须强调，这项研究不是威胁评估。

该研究没有获得关于潜在行为者的情报或军事信息，这些行为者可能从单个人到专业团队到政府机构，他们可能试图滥用生命科学并追求实施此类滥用的特定意图或特定能力。由于本报告中所提出的评估中未包括行为者信息，因此无法充分估计伤害的可能性。然而，通过将对关注的评估与此类涉密信息相结合，资助方和其他人将来可以评估脆弱性和风险，为决策提供信息。

1.3 消减潜在的生物防御关注

该报告着重于学科现状；它没有全面评估美国政府对本报告提出的问题作出应对的能力；获取涉密信息或全面评价国防部和其他联邦机构为减少生命科学的潜在滥用而采取的措施的前景，也不在本研究范围之内。然而，预期消减措施的存在及其性质影响着对合成生物学能力所引起的关注度的判断。因此，在本报告提出的框架中嵌入了对预期消减措施的考虑，并且在提出的分析中讨论了基于对当前学科现状的认识消减不同合成生物学能力的可能性。

该报告还考虑了几类可能有助于解决一些由合成生物学和生物技术能力引起的关注的消减措施，以及合成生物学影响这些措施的可能方式（参见第 8 章）。这一策略组合包括从在科学界内部提升负责任行为的规范到加强检测和应对传染病暴发的公共卫生基础设施等多种措施。但是，由于考虑防御体系可用的所有消减措施超出了本研究范围，因此本报告没有针对消减措施提出全面、明确的建议。

1.4 研 究 方 法

为了完成这项任务，美国国家科学院任命了一个委员会，其成员具有合成生物学、微生物学、计算工具开发与生物信息学、生物安全、公共卫生和风险评估等领域的专长（简历信息参见附录 D）。

该研究分两个阶段进行。第一阶段形成了一份中期报告，该报告提出了一个用于评估由合成生物学发展带来的潜在脆弱性的框架（National Academies of Sciences，Engineering，and Medicine，2017）。该委员会征求了合成生物学、安全和政策群体对中期报告的反馈意见，为研究的第二阶段提供信息。在第二阶段，委员会细化了框架的要素，并应用最终框架来评估合成生物学能力带来的关注。这份报告代表了研究的成果，展示了委员会的评估意见以及结论和建议，因此拓展并取代了中期报告。这种两阶段的方法使委员会能够了解资助者及其他生物防御机构的需求和动机，开发和完善评估关注的框架，并将该框架应用于评估与合成生物学能力有关的关注。

为这项研究提供信息支持的不仅有委员会成员的专家判断，还有委员会对已发表文献中信息的分析，其中包括对合成生物学、免疫学、微生物学等相关领域现有的框架和评估及技术发展、进步、障碍的回顾。该研究的信息还来自在公共数据收集会议和网络研讨会期间委员会与分享其知识的专家的相互交流，以及公众的评论和意见。附录 F 中提供了有关研究过程和数据收集活动的更多详细信息。

委员会未利用其他人在考虑与本研究任务相关问题时创建或使用的涉密信息。委员会的审议意见中不包括涉密信息；生成的报告未涉密并可以公开分享。这有利于更广泛的团体在研究过程中及生成的报告发布后能够参与讨论。本报告探讨并设想合成生物学的潜在滥用情况，包括在公开会议上定期讨论的概念。报告中讨论的潜在滥用在提供的信息和细节方面既不全面也不可行；包括这些内容的目的是为了说明在合成生物学时代不断扩展的生物防御任务。

1.4.1 术语

虽然本报告避免了准确定义合成生物学或在合成生物学与生物技术之间进行严格区分，但为了反映所提出评估的范围和性质，审慎使用了某些术语。就本报告而言，这些术语的释义如下。

- 剂（agent）或生物剂（bioagent）广泛用于指使用生物组件制造的、可能意图造成伤害的任何产物。在合成生物学的背景下，生物剂可以是可能出于伤害人类目标的意图而被开发的病原体、毒素甚至是生物元件，如遗传构建体或生物化学通路。
- 行为者（actor）用于指可能试图实施攻击的个人或团体。
- 目标（target）通常用于指在受到攻击时被伤害（或意图被伤害）的人类。在操作生物组件的背景下，目标可以用来指这些操作的预期结果。
- 能力（capability）通常用于指行为者生产和使用生物剂的能力（或在某些情况下，目标消减不利后果的能力）。报告中提出的评估侧重于合成生物学支持的能力，即可通过滥用合成生物学概念、方法或工具而实现的应用。
- 脆弱性（vulnerability）是指我们目前还不能很好地防护的潜在恶意能力。脆弱性是威胁和能力的函数。由于本研究不考虑关于特定威胁、特定行为者及美国政府内部应对这些威胁的特定能力的涉密信息，所以严格来说，本报告没有提供关于脆弱性的信息，而是提供了有关潜在脆弱性的信息。潜在脆弱性在报告中也称为关注（concern）。
- 关注（concern）这一术语用于体现委员会关于合成生物学能力对防御的影响的想法。关注度（level of concern）是指委员会关于潜在滥用的意见的相对强度。
- 威胁（threat）既包括行为者造成伤害的能力，也包括行为者造成伤害的意图。

由于该研究不包括获取有关具体行为者及其意图的信息，因此所产生的评估本身并非威胁评估。相反，报告考虑了可能采取的恶意行为的类型，并评估了它们所带来的相对关注度。

- 风险（risk）是指伤害的可能性和严重程度。同样，由于没有考虑行为者意图等方面的情报信息，因此不能充分估计伤害的可能性，在本研究的评估部分不使用“风险”一词。

1.4.2 报告的组织

本报告首先讨论了合成生物学，并探讨了合成生物学方法是如何改变生物技术可以完成的任务的（第 2 章）。这一章重点介绍了基本的“设计-构建-测试”循环，该循环是用于解决问题的合成生物学方法的特征。附录 A 讨论了一些能够促进该领域不断进展的概念、方法和工具。

第 3 章介绍了报告中提出的框架的制定情况，并提供了应用该框架评估合成生物学能力所带来的潜在生物防御关注的方法。

接下来的三章（4～6 章）讨论了委员会对合成生物学能力的评估结果，包括利用病原体作为武器（第 4 章）、生产化学物质和生物化学物质（第 5 章）以及创建改变人类宿主的生物武器（第 6 章）。

第 7 章讨论了相关领域的进展，这些领域与合成生物学的融合可能会影响滥用生物技术来制造武器的能力，例如，帮助克服生物剂的递送、稳定性或靶向方面的挑战。

第 8 章从广泛的角度讨论了目前用于消减与生物技术的恶意使用有关的关注的一些方法、合成生物学如何对这些方法造成挑战，以及合成生物学反过来如何帮助解决挑战或加强消减方法。

最后，第 9 章总结了所分析的合成生物学能力带来的相对关注，突出强调了需要监控的关键瓶颈和障碍的实例，并给出了报告的结论和建议。

2. 合成生物学时代的生物技术

为了框定和指导这项研究，我们探讨了合成生物学与其他生物技术领域的关系，以及正在研究的合成生物学工具和应用所处的背景。本章描述了在本研究的背景下，处于"合成生物学时代"意味着什么，并介绍了所考虑的关键概念、方法和工具。

2.1 什么是合成生物学？

生物技术是一个广义的术语，包括应用生物组件或生物过程来推动人类的目标。虽然该术语本身仅被使用了大约一个世纪，但人类运用各种形式的生物技术已有上千年的历史。合成生物学是指生物技术中有助于修饰或创造生物有机体的一组概念、方法和工具。虽然目前还没有普遍接受的合成生物学定义（有些定义较狭义，而有些较广义；例如，Benner and Sismour，2005；Endy，2005；Dhar and Weiss，2007），一种提炼的观点是，合成生物学"旨在改进基因工程的过程"（Voigt，2012）。在该观点的背景下，有必要指出，现在与合成生物学有关的一些概念和方法的根源可追溯到 20 世纪 70 年代基因工程的早期阶段，以及当时设想的改进和成就。例如，1974 年，分子生物学家 Walter Szybalski 为一些关键的合成生物学概念和预测的活动奠定了基础，这些概念和活动现已被证明[①]。该领域的转折点发生在 2000 年左右，此后合成生物学获得了极大关注和发展动力。Elowitz 和 Leibler（2000）及 Gardner 等（2000）发表的两篇论文通常被认为加速了该领域的发展。虽然基因工程在 2000 年之前就已经出现并不断完善，并且合成生物学家所支持的原理已经被注意到并在不同程度上得到应用（例如，Toman et al.，1985；Ptashne，1986），但 2000 年这一年标志着合成生物学向采用更典型的工程学科方法转变，此类方法之前在生物科学领域很少受到关注。

合成生物学在改进基因工程过程时，特别强调"设计-构建-测试"（DBT）循

① "到目前为止，我们正在研究分子生物学的描述阶段……但真正的挑战将在我们进入合成生物学研究阶段时开始。然后，我们将设计新的控制元件，并将这些新模块添加到现有基因组或构建全新的基因组。这将是一个具有无限扩展潜力的领域，创建'新的更好的控制电路'以及……最终创造其他'合成'生物体（比如'新的更好的小鼠'），几乎没有任何限制……总之，在合成生物学领域……我们刺激而新奇的想法将层出不穷。"（Szybalski，1974）。

环[②]（图 2-1 和图 2-2）、设计原型的迭代过程、建立物理实例、测试设计的功能、从缺陷中学习，以及反馈信息以创造新的改进的设计。计算能力、实验室自动化、具有成本效益的 DNA 合成和测序技术，以及其他强大的 DNA 操作技术等方面的进展使得生物工程师能够快速重复 DBT 循环以朝着预期目标改进设计和产品。这些方法取得重要进展的实例包括：建立标准化的遗传部件库、在构建前大量使用模型和其他量化工具来模拟生物学设计、有开源 DNA 组装方法可供使用，以及能够创建合理设计的遗传“电路”——为执行特定功能而设计的 DNA 编码的生物组件系统（Elowitz and Leibler，2000；Gardner et al.，2000；Knight，2003；part.igem.org，2017）。

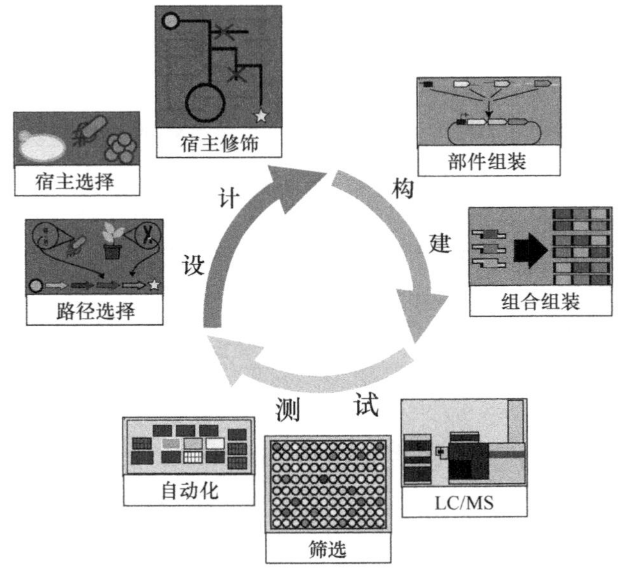

图 2-1　“设计-构建-测试”（DBT）循环。本研究从在 DBT 循环中的作用的角度来探讨合成生物学的概念、方法和工具，它们是合成生物学的基础。注：LC/MS，液相色谱-质谱联用。来源：修改自 Petzold，2015。

合成生物学时代的标志是在 DBT 循环中广泛采用和巩固这些概念、方法和工具以加速生物体的工程化设计。为推动合成生物学发展而设计的概念、方法和工具将被广泛整合到生命科学工具中，并应用于许多生物学研究和生物技术活动中。因此，本报告没有对合成生物学与推动生物学科的其他方面进行明确区分，而是认为合成生物学在扩大生物学和生物技术领域活动的范围中起着至关重要的作用。

② 有时指“说明-设计-构建-测试-学习”循环或其他变化形式。

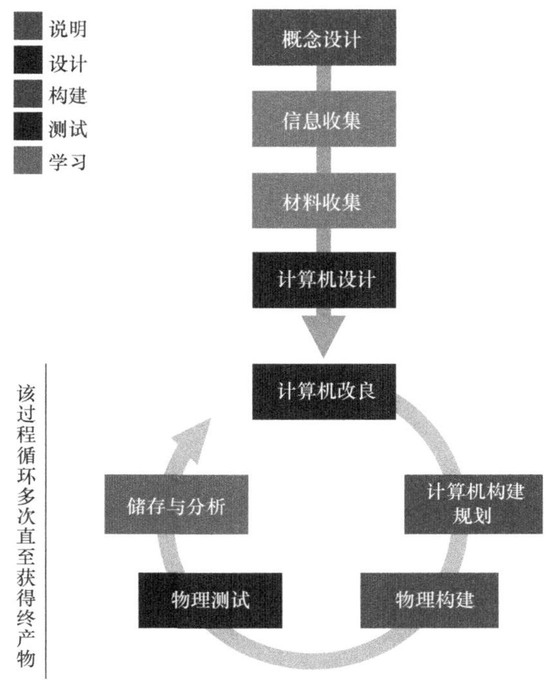

图 2-2　显示 DBT 循环典型步骤的常规工作流程。本研究关注的是核心元件，即“设计-构建-测试”，同时认识到“说明”和“学习”等步骤可以单独考虑，也可以整合到这些核心步骤中。

合成生物学时代不仅会带来新技术，还会带来工程范式在生物学背景下的应用。操作生物系统以及应用来自其他学科的工程范式这种常规意图并不新鲜；从 20 世纪 70 年代引入重组 DNA 技术到现在，科学家们一直致力于对遗传物质和生物有机体进行操作。发生变化的是支持工程范式应用于生物材料的特定技术的能力得到了增强。评估有助于对生物材料、系统和有机体进行创造性或破坏性操作的新技术和新平台，对于识别潜在的安全机遇和脆弱性非常重要。

2.2　合成生物学时代的影响

合成生物学得到了来自各种科学学科的工具和技术的支持，从电气工程到计算，再到生物学、化学。例如，DNA 测序能力最初是为了增进我们对人类基因组的认识而发展的，但很快被应用于表征许多其他的生物体，这种能力的指数级增长为合成生物学提供了重要的原材料，并在过去十年中推动了合成生物学的创新发展。最近，CRISPR/Cas9 等基因组编辑工具（Jinek et al.，2012；Cong et al.，2013）已被用于合成生物学技术，例如，遗传电路的调控、基因驱动的开发。合成生物学相关领域的科学进展非常迅速，例如，CRISPR/Cas9 在一年内从哺乳动物细胞培养物（在美国）延伸到灵长类动物（在中国）（Cong et al.，2013；Jinek et al.，2013；Mali et al.，2013；Niu et al.，2014）。

两种有些对立的现象正在加快生物系统工程化的步伐和进度。第一种现象是，由于生物系统的可预测性增加以及生物学性能的标准不断发展，生物工程可能更为理论化。生物工程方法使得可以将生物材料或生物体的设计与制造分开，并且标准在不断发展，促进了生物学设计的理论方法。因此，生物学知识可以在设计阶段体现并应用。第二种现象是能够尝试许多不同的、通常是并行的设计，并可能在生命系统中使用定向进化（参见附录 A）来完善设计（参见信息栏 2-1）。设计和创建用于测试的新的 DNA 构建体所涉及的技术十分廉价，使其更容易进行，而无需假设设计如何工作；换句话说，“制造比想象更便宜”③。然而，生物学基础知识的水平仍然影响着这些生物工程技术能够成功应用的程度；例如，调整已知通路以增加乙醇产量，从根本上来说比增加土拉弗朗西丝菌的毒力更为容易，对土拉弗朗西斯菌的毒力机制在很大程度上仍然是未知的。

这些进展对新型生物技术的发展及新型生物技术对于各类行为者的可及性都具有实际影响。从积极的方面来看，预计这些技术将使更广泛的治疗方法、更广泛的生物检测和诊断方法、发现异常生物学现象成为可能。但是，这些进展也可能增加资源较少的恶意行为者生产有害生物剂的能力。在这种情况下，考虑使合成生物学成为可能的技术，以及这些进展如何在生物工程实践中推动范式转变是有用的。

信息栏 2-1　设计生物学

在传统上，生物学中的设计不同于其他工程学科中的设计。特别是，过去的生物学设计通常涉及构建和测试许多设计，以确定哪些设计具有预期效果。这种对试错过程的需求部分源于现有的工具；测序、合成和基因编辑工具一直存在着不精确和劳动强度大的问题，以致无法对生物学设计的空间进行系统性的探索。

生物系统的复杂性使得生物学设计在可预见的未来将继续依赖于试错法，至少在一定程度上如此。试错与显式设计之间的平衡取决于我们根据基因型编辑来预测表型结果的能力。尽管需要不断进行试错，但随着基因修饰的“工艺”元素被标准和实践所取代，设计学科在确定优于以前方法的说明和构建文库策

③ 例如，研究人员最近为了确定能够补充两个重要的大肠杆菌基因缺失的不同同源基因，合成并测试了 7000 多个基因。虽然这 7000 多个基因的功能可以通过序列相似性来推断，但是通过合成和测试来证明它们的功能要比从基本原理出发建立一个功能模型容易得多。在实践中，这些大规模的工作与建模技术相辅相成，因为它们提供的系统性数据可以加强用于预测生物功能的模型（Plesa, 2018）。

略方面发挥着越来越重要的作用。在某些情况下，可以选用自然进化，通过将样本在多代动物模型或其他生物系统中传递来优化设计，其中选择压力将确定最佳构建体。另外，生物系统的各个方面可以越来越精确地离散建模。这种进展的实例包括核糖体结合位点强度模型（Salis Lab，2017）、蛋白质折叠模型（Baker Lab，2017）、系统生物学模型（Palsson Lab，2017）及统计设计工具（CIDAR Lab，2016）。这些工具都没有消除对构建或测试生物系统的需求，但它们减少了为了向设计目标推进而必须探索的有效设计空间的大小。随着支持生物产品构建和测试的工具在精度和产量方面的提高，可以探索更大的设计空间。

生物学设计的未来预计将继续把设计者的意图从对要做的基因变化的说明中分离出来。与现代编程语言不需要软件开发人员了解软件程序如何在晶体管层面上运行类似，生物设计工具也越来越少地依赖于对基因构建体在碱基对层面的描述。换句话说，合成生物学家可能不需要知道设计基因表达调控电路所需的确切核酸序列，只需说明一个特定目标（例如，希望整合两个预先确定的生物信号），就足以为“构建”阶段返回蓝图。重要的是，设计工具不局限于输出对基因构建体在碱基对层面的描述；相反，它们可以输出对设计文库进行构建和测试的指令（例如，建议可改变调节蛋白表达水平的一系列序列）或者输出突变、进化和选择的条件（例如，用定向进化来增强合理设计），从而使设计者能够更有效地识别改进的生物系统。

2.2.1 合成生物学的使能技术

合成生物学是在许多能够提高成功率并促进实验过程（特别是在 DBT 循环中）的技术的支持下实现的。这些技术的发展在一定程度上决定了向当前合成生物学时代的转变。这些技术包括专门为合成生物学开发的技术，以及合成生物学家正在使用的为常规分子生物学和生物技术开发的技术。这些使能技术是推动对生物学设计和构建进行说明的工具。关键的使能技术如下，其实例在附录 A 和下文（参见 2.3 节“合成生物学特有的技术和应用”）中有更详细的介绍。

- DNA 合成和组装。合成生物学的核心是能够快速高效地制备 DNA 构建体。合成技术的改进遵循了“摩尔定律”曲线，既降低了成本，又增加了可获得构建体的长度。这些趋势可能会持续下去。
- 基因组工程。尽管过去已经证明可以通过艰难的突变方法来设计生物基因组或病毒基因组，但是快速合成 DNA 的能力，再加上转化技术和“启动”（从 DNA 到有活性生物体需要经历的步骤）的改进，导致实现突变的能力提高，包括并行进行多个突变(例如,Wang et al.,2009)。特别是,正在进行的CRISPR革命（Doudna and Charpentier，2014）已经使我们有能力将位点特异性的变化引入到之前可能对这些技术难以适应的各类生物体中。

- 改进的计算机建模。利用生物系统建模的新方法和提高的计算能力，可以探索更复杂的生物分子设计和系统行为。这使得可以并行探索和测试更大的生物学理论“设计空间”，从而在更短的时间内产生更好的工作系统。机器学习和大数据领域的计算技术的新发展使得过去的实验结果(包括成功和失败的)能够指导下一轮的设计和实验，这推动了建模的进步。在未来，由机器学习过程中创建“规则”将大大改进对未来成功设计的说明。
- 遗传逻辑。与建模改进相适应的领域的一项关键进展，是遗传逻辑电路的开发（Moon et al.，2012；Kotula et al.，2014），它允许生命系统根据当前对系统的输入（组合逻辑）及输入历史（记忆或时序逻辑）做出基本的“决定”。预计遗传逻辑电路固有的可编程特性将与先进的建模方法相配合，从而改善DBT 循环。运用遗传逻辑的一个实例是，将植物改造成辐射传感器，在探测到大量伽玛辐射时能够给出指示（Peng et al.，2014）。
- 定向进化。尽管定向进化方法已不新鲜，但近期 DNA 合成和基因工程的进展加速了它们的应用，因此本报告在合成生物学时代生物技术的大背景下探讨了这些技术。定向进化方法既可以替代基于设计的模型，也可以作为它们的补充，因为该方法可以返回有关适应性的大量数据，从而进一步改进计算机建模方法。另外，设计和选择的结合使得构建体远远超出了大自然会尝试的界限，同时仍能够轻松修复意外产生的非自然的或不适合的缺陷和相互作用。运用定向进化的一个反面案例是，将一种毒性更强的工程化流感毒株引入雪貂体内，该病毒在雪貂体内迅速进化为可通过空气传播(Fouchier,2015)。虽然这项研究是基于有些人认为恰当的理由进行的，但它也为潜在的滥用提供了蓝图。

2.2.2 合成生物学的工程范式

使能技术使合成生物学家能够更轻松、更精确和更大规模地在生物体中改变基因。作为一个成熟的工程学科，合成生物学也正在通过工程范式得到推进，这些范式使得这些工具的运用具有更大的结果可预测性。工程范式是使使能技术适应抽象、标准、计算、工作流优化等工程原则的方法。如果说使能技术为合成生物学使用哪些工具提供了选择，那么工程范式则描述如何使用这些技术。换句话说，这些范式涵盖了设计、构建和测试生物构建体所遵循的过程和决策。以下工程概念和范式与本研究的背景特别相关。

- 说明-设计-构建-测试-学习的循环。“说明-设计-构建-测试-学习”的循环指一个迭代的过程，该过程需要对所需的生物行为或功能进行正式的描述（说明）、通过计算机模拟或合理的设计原则对生物体进行有计划的修饰以实现该行为（设计）、对呈现这些设计的生物材料进行物理组装（构建）、为确定材料是否发挥所说明的功能而进行材料测试（测试），以及正式捕获和存储关于整个过程的信息以为下一轮修订或后续设计提供信息（学习）。各循环阶段之间的界限是变化的，出于本报告的目的，将循环简化为“设计-构建-测试”，其他阶段隐含在这些核心元素中。例如，“说明”被合并到“设计”中，“学习”被合并到“测试”的分析步骤中。其他与生物防御相关的元素，如规模放大和递送，也纳入考虑范围。
- 组合方法。目前在许多情况下，通常“制造比想象更便宜”，虽然这本身并不是一个工程范式，但是一个根本性的转变。使用组合方法，即创建并测试大量遗传变体的方法，变得越来越普遍。变体可以通过一种技术来创建，在这项技术中，系统地合并大量 DNA 变体以合成多重变体（即组合装配）。其理念是，利用有限的序列-功能关系知识可以产生大量变体。这些方法使得可以探索许多可供选择的设计，即使在没有预测工具来模拟这些设计的性能的情况下也是如此。定向进化是一个相关的概念，在附录 A 中有所讨论。
- 高通量数据采集。DBT 循环的速度因使能技术的发展而显著加快，这些使能技术包括组合装配（Smanski et al.，2014；Carbonell et al.，2016）、基于 CRISPR/Cas 的编辑方法（Black et al.，2017；Schmidt and Platt，2017；Mendoza and Trinh，2018）及定向进化（Cobb et al.，2013；Tizei et al.，2016）等。这些技术通过与分析化学和生物学的进步（如微流体和高通量测序）相协同，可能允许对数百万个构建体进行并行评估，由此为下一个设计迭代提供特别可靠的反馈。
- 设计与制造的分离。现在可以在一个位置（例如，学术环境）说明和设计系统，而在另一个位置（例如，远程操作设施或“云实验室”）完成制造过程（DBT 循环中的“构建”步骤）。设计与制造在物理和虚拟上的分离越来越多，不仅进一步增加了合成生物学的可及性，还产生了潜在的安全问题，即设计不一定与制造地点有明确的关联，反之亦然。
- 标准。已经出现了使 DNA 组装更容易并且部件更加“可共享”的标准（例如，Gibson 和模块化克隆组装方法）。诸如合成生物学开放语言（Sbolstandard.org，2017）等数据标准已经使得合成生物学的共享、分析和软件生态系统日益成熟。这些标准可能最终将使工程师能够专注于提高设计中的抽象化这一层次，因为较低层次的机制已经得到很好的定义和审查。

2.3 合成生物学特有的技术和应用

上述介绍的技术和工程范式已经带来了大量推动合成生物学发展的应用，因为它们提供了利用合成生物学的优势的独特方法。它们并非都是合成生物学所特有的，也并非都是用来探索合成生物学设计的常规方法。例如，所有合成生物学家都使用软件来存储和分析 DNA 序列，并在说明设计时使用某种形式的计算（例如，使用生物物理模型或算法来设计核糖体结合位点、检查用于扩增和组装的 DNA 引物的折叠能量，或采用一种被称为“密码子优化”的技术来重构编码蛋白质的 DNA 序列以增加蛋白质产量）。然而，拥有必需的 DNA 部件库和相应软件工具、达到允许科研人员查询的抽象化层次的合成生物学家则少得多，例如，一个将葡萄糖浓度作为输入并在达到特定浓度时激活关联报告基因转录的逻辑门。换句话说，有些方法和工具在不断发展并从合成生物学获得牵引力，但它们不一定发挥了全部的技术潜力或没有得到充分利用。

尽管在 DBT 循环的每个构成阶段所使用的技术可能会随着时间的推移而变化或者被新技术所取代，但 DBT 循环的基本概念将会持续。因此，从技术推动 DBT 循环的方式这个角度来考虑，目前的技术和预期的未来进展很有用。但是，必须认识到 DBT 循环的各个构成阶段不是严格分离的。某些技术或方法可能（甚至很有可能）跨 DBT 循环的多个阶段产生影响；定向进化就是这样一个实例，在模型宿主或细胞培养中，压力下的重复传代使得大自然可以设计、构建和测试新的表型。可能在某些领域，与生物防御相关的合成生物学能力进展会来自于不同阶段相关的技术之间的协同或融合。例如，必须考虑“设计”技术与“构建”技术之间的潜在协同作用，因为恶意行为者实施攻击同时需要“设计”和“构建”能力。同样，如果开发大规模“测试”技术以匹配某些“构建”技术的巨大输出，从而帮助这些“构建”技术充分发挥其潜力，则可能产生协同效应。

附录 A 描述了当前合成生物学的一系列核心概念、方法和工具，它们使 DBT 循环的每个步骤成为可能，特别关注了某些领域，这些领域内的生物技术进步可能提高在合成生物学时代之前不太可行的恶意行为的可能性。尽管列举的实例有意地相当宽泛，且有些随意（并不代表是合成生物学的所有技术或所有可能应用的详尽清单），但这些实例为认识特定的工具或方法如何使第 4～6 章中分析的潜在能力成为可能提供了有用的背景，并且随着生物技术领域的不断发展，这些实例能够适应评估新的受关注领域。此外，虽然附录 A 列出了撰写本报告时的主要已知技术，但此清单也需要更新和修改以随着科学发展继续发挥作用。

图 2-3 总结了附录 A 中描述的概念、方法和工具与 DBT 循环各个阶段的关联关系。展望未来，考虑 DBT 循环的各个阶段将如何通过技术和知识的未来进展进

一步实现将很有用，尤其是可能克服当前瓶颈的领域的技术和知识进展。附录 A 还指出了所讨论的特定技术的相对成熟度（参见图 A-1）。

关键的合成生物学 概念、方法和工具	设计	构建	测试
自动化的生物设计			
代谢工程			
表型工程			
水平转移和可传播性			
异源生物学			
人体调节			
DNA 构建			
基因或基因组编辑			
文库构建			
工程化构建体的启动			
高通量筛选			
定向进化			

图 2-3 推动 DBT 循环的合成生物学概念、方法和工具。注：阴影表示每个实例与 DBT 循环的哪个阶段最紧密相关。完整介绍参见附录 A。

3. 合成生物学能力关注度的评估框架

美国国防部要求美国国家科学院、工程院和医学院“制定一个战略框架，以指导评估与生物学和生物技术进步相关的潜在安全脆弱性，重点是合成生物学。”在公开会议上，国防部的代表澄清说，该框架的主要目的是作为一种工具，以帮助考虑与当前和未来合成生物学能力有关的相对关注度。会议决定，该框架需要具有足够的灵活性，以适用于各种情况和各种目的，例如：分析现有的能力以评估目前的关注度；理解各种能力的关注度如何相互比较、相互作用或者相互补充；确定关键瓶颈和障碍，如果消除这些瓶颈和障碍，可能会导致相对关注度发生变化；在报告新的实验结果或出现新技术时，评估关注度的变化；进行水平扫描，以预测或准备潜在需要关注的未来领域。本章介绍框架的制定，以及如何使用该框架来促进在一组明确定义的要素基础上，对各种能力进行基于专家的定性排序，以充分体现相对关注度。

3.1 框架制定方法

用于制定框架的过程通常遵循专家启发以及多属性建模的属性和价值函数的获取的最佳实践（Morgan and Henrion，1990；Clemen，1991；Keeney，1992；Keeney and Raiffa，1993）。首先，回顾附录B中列出的现有框架及其他已发表的文献，列出一系列被认为与评估合成生物学使用所带来的关注度相关的因素。已经制定了许多不同的框架来评估与新兴技术相关的关注。在生物学中，这些框架通常基于生物技术本身的特征和能力来评估关注，尤其是技术可能提供给出于恶意用途而希望创建有害生物体的行为者的能力。有些框架还考虑潜在不良结果的严重性，以及通过检测、消减或归因来管理后果的能力。其他工作侧重于评估与特定类型的实验有关的关注，这些实验可能具有适用于更广泛的技术两用性关注的一般化特征[④]。安全小组通常采用的另一种框架方法是基于对情景的评估来识别潜在脆弱性和消减这些脆弱性的潜在方法。这种方法通常被称为“红队（red-teaming）”，它使用小插图来描述假设情景的细节，如特定的生物剂、行为者和受影响的人群。尽管这种方法可以提供丰富的信息，但由于缺乏证据性案例研

④ 根据美国国家生物安全科学顾问委员会（NSABB）的定义，“将产生兼有善意和恶意应用潜力的新技术或新信息的研究，称为‘两用性研究’。”参见 https://osp.od.nih.gov/biotechnology/nsabb-faq/（2017 年 11 月 15 日通过）。

究以及人们可以想出几乎无限的、可能通过生物学实现的恶意活动，因此在生物防御的背景下，某些基于情景的框架受到了阻碍（Lindler et al.，2005），所以根据定义，这项工作永远不会完整或全面。

开展文献回顾之后，接下来就是确定在本研究职责的背景下最能够引起共鸣的术语、因素和方法的过程。该过程的结果被规范化为一系列因素，以及每个因素中的要素，如图 3-1 中的总结，后文有更详细的描述。这些因素描述了一些信息，这些信息将用于评估特定合成生物学能力所带来的关注度。

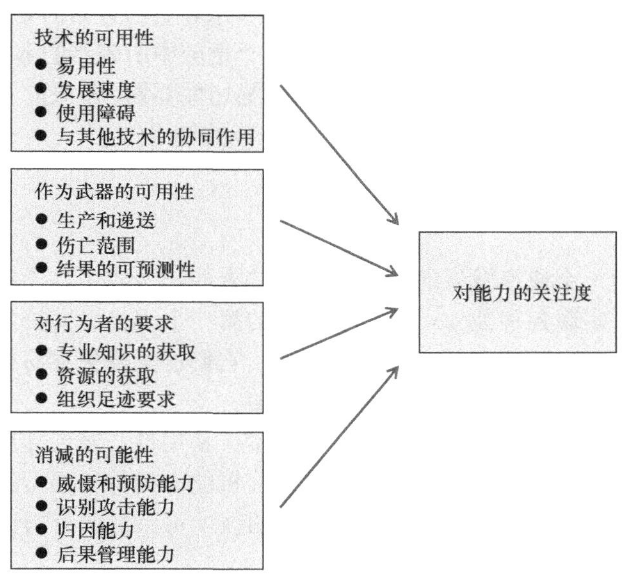

图 3-1　用于评估关注度的框架。用于评估关注度的框架由四个因素以及每个因素中的描述性要素组成。这些因素是技术的可用性、作为武器的可用性、对行为者的要求和消减的可能性。这些因素描述了用于对特定的合成生物学能力的关注度进行评估的信息。

本研究没有尝试为这些因素制定量化或固定的标尺，也未试图根据重要性或对关注度的影响权衡这些因素。许多因素及其描述性要素是相互依存的，因为它们捕捉与其他因素和描述性要素相似或重叠的想法，所以彼此相关，因此量化需要复杂的考虑因素。相反，本研究采用了定性方法，利用这些因素及其描述性要素来指导讨论，并为评估各种合成生物学能力所带来的关注度提供信息。然后，根据关注程度，将对每种单独能力的评估纳入到能力的整体相对排序中，类似于其他研究中使用的方法（Morgan et al.，2001；Willis et al.，2004；Willis et al.，2010）。

3.2 用于评估关注度的因素

评估关注度的框架由四个因素组成，每个因素中包含若干描述性要素，如图 3-1 所示。这些因素包括：技术的可用性、作为武器的可用性、对行为者的要求、消减的可能性。关于任何特定合成生物学能力的相对关注度的结论都受到这四个因素的影响；换句话说，“技术障碍较低、能够作为武器使用的特性较多、对行为者专业技术或资源方面的要求较低，以及消减可能性较低”的能力将比“技术障碍较高、能够作为武器使用的特性较少、对行为者专业技术和资源方面的要求较高，以及消减可能性较高”的能力关注度更高。正如在这个框架中所表示的那样，这是关注范围的两个极端。为了补充和扩展这些因素及其描述性要素，附录 C 列出了研究过程中出现的说明性问题，这些问题有助于促进框架的使用。

3.2.1 技术的可用性

生物技术是一个快速发展的领域，在某些方面，合成生物学正在加速并拓宽工具的可用性以实现各种能力。报告框架中的第一个因素，即技术的可用性，体现了这样一个概念：随着工具变得更加实用，它们也变得更容易被更多人使用，因此，对它们被恶意使用的关注度也随之增加。

本研究评估了技术可用性的四个主要因素：易用性、发展速度、使用障碍、与其他技术的协同作用。我们没有试图对所分析能力的每个要素进行正式评分，而是将这些要素纳入到对所考虑的每项能力的技术可用性的全面评估中。

3.2.1.1 易用性

如果一项技术更易于使用，那么它更有可能被使用。经常使用的技术可能更容易获得，因此更容易被滥用，但是考虑过时或不常使用的技术如何仍可能被利用来造成危害也很重要。

技术的进步使得创建单核苷酸修饰和添加基因等任务更加容易执行。使用组合方法生成和测试多个设计变体这样的应用往往涉及大规模的复杂工作以及高度的不可预测性，因此将它们置于关注范围较难的一端。有关特定基因或感兴趣的通路的详细信息的可获得性也影响使用现有技术操作该基因或通路的难易程度。分析人员可以利用这些类型的考虑因素，根据特定应用所需技术的易用性来确定值得多少关注度。

3.2.1.2 发展速度

所有技术随着时间的推移都遵循某种形式的发展曲线。正在迅速发展的技术能力通常比那些未来需要观望的技术能力更受关注。如果某项技术有商业价值，私营部门的投资可能会加快其发展速度，而没有确定商业价值的技术可能会走一条较慢的发展道路，通过较小的、不连贯的研究和公共资金推进。新技术的特点是，在其开发人员尝试建立新市场或竞争现有市场时，其准确性和使用量就得到快速提高。填补市场空白的技术只需小幅改进规模或降低成本即可能生存很长时间[例如，聚合酶链反应（PCR）已经使用了几十年]，而有些技术在被创新技术替代后失去了原先的显著地位（例如，新一代测序，也称为高通量测序，可以比以前的测序技术更快地确定大量的基因序列，并且有望在某些分子鉴定应用中取代旧技术）。

用于合成更大 DNA 构建体的技术正在迅速发展，基因编辑和基因组编辑技术也在迅速发展。例如，预计一株酵母所有染色体的合成即将完成。利用工程化植物生产化工原料或产品是另一个正在迅速成熟的领域。评估发展速度对特定技术应用所带来的关注度的影响应该同时考虑技术发展的步伐及其被采用的速度。

3.2.1.3 使用障碍

考虑存在的重大瓶颈或障碍也很重要，因为它们可能会降低技术被使用的可能性。例如，“设计-构建-测试”（DBT）循环中某个方面（如“设计”方面的知识）的关键差距可以极大地限制恶意使用特定技术的可能性，从而降低与该技术可能如何用于 DBT 循环的另一阶段（如构建）有关的关注度。识别障碍还可以了解克服障碍后可能实现的潜在快速变化。这是合成生物学领域中一个特别重要的考虑因素，其中强大的驱动力（例如，吸引大量研究的有益用途）正在推动障碍被打破。重大技术飞跃有可能迅速改变合成生物学并开辟新的可能性；例如，Gibson Assembly®（Gibson et al.，2009）就使得编译基因片段的能力发生了巨大的变化。

3.2.1.4 与其他技术的协同作用

一些技术可能通过与其他技术的协同作用而得到显著增强，从而导致对它们可实现的能力的关注度提高。例如，CRISPR/Cas9 可单独用于对靶基因进行特异性修饰。但是，当 CRISPR/Cas9 与新兴技术结合用于单细胞测序时，可以创建 CRISPR/Cas9 向导 RNA 的随机文库，将它们平行应用于单细胞，使细胞承受环境压力，并使用单细胞下一代测序来识别“获胜者”（Datlinger et al.，2017）——比单独使用 CRISPR/Cas9 可实现的结果要复杂得多。

在计算领域，半导体技术的演变带来更强大的计算能力和以更低成本进行数据存储。与此同时，网络技术的发展已经与计算融合在一起，使得计算更普遍、更强大、更廉价，这在一定程度上要归功于在识别和克服计算及网络的瓶颈与障碍方面的协同努力。合成生物学和测序技术可能在未来几年内显示出类似的融合，其中注释和可预测的序列-结构-能力关系的进步将导致能够可靠地设计出越来越复杂的生物系统（Brophy and Voight，2014；Chao et al.，2015）。

这种发展将对合成生物技术有益和有害的使用产生影响。在确定任何特定能力的关注度时，考虑相关技术之间的协同作用将如何为未来新类型的应用创造机会是有用的。考虑与 DBT 循环的某个方面相关的突破如何与其他方面的相关技术协同作用，从而实现以前无法实现的应用也是有用的。

3.2.2 作为武器的可用性

一个核心问题是，合成生物学所具备的能力是否可以用于造成伤害，即这种能力能否用作武器。以前的大量工作试图描述使一种物质“可武器化”的特征（Kadlec and Zelicoff，2000；Committee on Homeland Security，2006；Carus，2017）。借鉴这项工作，作为武器的可用性被确定为用于评估与合成生物学能力有关的关注的框架的主要因素。那些具有更多可被用于开发武器的特征的能力相比具有较少特征的能力而言，将得到更高的关注。特别是，被认为是作为武器的可用性组成部分的要素包括：对武器的生产和递送的影响、使用特定技术的预期伤亡范围，以及预期结果的可预测性。

3.2.2.1 生产和递送

关于使用合成生物学创造的武器的生产和递送，需要考虑两类问题。提出这两类问题依据的是大量现有的关于对使用病原体制造大规模杀伤性武器的传统认识的工作。以前用于了解与生物武器有关的威胁的框架概述了创造生物武器并将其用于攻击的一系列关键步骤。这些步骤包括生物剂的生产、稳定化、测试和递送（van Courtl and Moon，2006），其中还可能包括特定的过程，如培养大量生物剂，将其制成粉末形式，使生物剂稳定到足以利用农作物喷雾器喷洒或耐受其他大规模扩散手段，并在动物研究中测试其有效性。这些步骤被认为是冷战时期生产生物武器的重大障碍，实际上也就将生物武器的研制能力局限在少数资源丰富的国家。在评估生物技术引起的生物防御关注时，需要考虑：①合成生物学是否可以降低与生物剂生产、稳定化、测试和递送相关的障碍；②除合成生物学以外的生物技术领域的进展是否可能影响合成生物学制造的产物的武器化潜力。

第一类问题是合成生物学是使传统定义的武器化步骤变得多余，从而消除了先前与该步骤相关的障碍。例如，合成生物学有可能用于增强现有病原体或创造新病原体，但同时也增加了攻击类型的可能性，也就是攻击中涉及的“武器”本身并不是病原体，而是基因构建体、毒素或其他实体。部署这种替代生物剂可能不需要一些传统生物武器所要求的大规模生产或病原体纯度。此外，合成生物学可能会引起对不需要大规模扩散的较小规模攻击的关注，这可能会改变关于稳定化需求的方程式。所有这些因素都有可能减少或消除先前被认为阻碍生物武器使用的障碍，因此它们的存在通常会增加关注度。

第二类问题涉及其他领域的进展可能如何影响合成生物学制造的产物的武器化潜力。例如，必须考虑技术的进步可能如何改变利用合成生物学产生有害物质所需的生产设施的性质，比如生物反应器（利用生物活性材料制造物质或生物组分的容器，一类并非专属于合成生物学的生物技术）方面的进步。

3.2.2.2 伤亡范围

利用合成生物学能力制造武器可能产生的伤亡范围可以让我们对该能力的潜在威胁规模有一定的了解。对于那些可能导致大规模受影响人群和（或）永久性残疾或死亡等严重后果的能力，关注度会更高。

3.2.2.3 结果的可预测性

结果的可预测性描述了恶意行为者在使用特定技术开发武器时可以确信达到预期结果的程度。可预测性的程度越高，所受关注度就会越高。虽然某些技术、应用和攻击类型可能需要进行广泛的测试以确保预期的效果，但如果生物剂只需要一次生产就可以获得理想的结果，如果攻击者有机会多次递送生物剂，或者如果攻击者可以创建该生物剂的多个版本以最大限度地提高成功实施攻击的可能性，则成功的障碍就可能较低。为了评估恶意使用合成生物学的结果的整体可预测性，同时考虑测试需求和表型可预测性是有用的。

1）测试

大规模、长期、资源丰富的生物武器行动可能需要在部署前进行测试，以确保按比例规模化的生物剂能够按照预期发挥作用，并且递送或传播方法是有效的。这个过程通常包括在动物模型中进行测试以验证其致病性或致命性，以及在特定环境中进行现场测试以确保生物剂能够持续存活一定时间并感染目标。在合成生物学武器的背景下，考虑特定用途所需的测试程度以及如何进行测试是有用的。如果不需要进行重要的测试，所引起的关注度会更高。

2）表型的可预测性

一个相关的问题是，是否可以对生物剂的基因型进行可预测的工程化设计以产生所需的表型。例如，是否有已知的工程化策略或现有的研究已经形成了可预测地产生所需结果的方法。或者生物剂的特性是否可以采用计算工具来建模。可预测地设计、建模或构建生物剂的能力可以减少对测试的需求。具有可预测的基因型-表型关系的生物剂也可能在部署中需要更少的资源，因为可能不需要测试多个基因型以获得所需的表型。因此，随着表型可预测性的提高，关注度也随之增加。

3.2.3 对行为者的要求

针对与潜在恶意使用特定生物技术有关的关注展开任何讨论都需要考虑对参与实施攻击的人员（在此称为行为者）的要求。行为者可以从单个人到专门的团队，甚至到政府机构。他们可能是业余爱好者、生物技术专家或工程师，或者拥有其他类型的相关专业知识。开发一项技术所涉及的复杂性（参见上文“技术的可用性”）将根据行为者的能力对使用的可能性以及关注度产生不同的影响。例如，尽管个体行为者要获得必要的能力和知识以使用特定能力来造成伤害可能是不切实际的（或者需要极长时间），但专门的团队可能拥有所需的多样化专业知识，所以实施同样的攻击可能就要迅速得多。

在分析对行为者的要求如何影响特定能力所带来的关注度时，需要考虑行为者为实施特定攻击所需具备的专业知识、所需资源的可获取性，以及所需的组织足迹和基础设施等相关问题。此外，虽然本研究没有考虑行为者的意图或实际能力，这可能需要获取涉密信息，但这类信息未来可能会被纳入到对脆弱性的评估中，以便为制定决策提供参考。

3.2.3.1 专业知识的获取

生物技术有些类型的应用需要一个或多个领域大量的专业知识，而有些用途可能需要较少的专业知识。专业知识需求对恶意使用技术的障碍程度取决于恶意行为者所拥有（或可获得）的专业知识。评估所需专业知识类型与行为者可能获得的专业知识类型之间的差距非常重要。在某些情况下，利用合成生物学造成伤害可能需要行为者与传统研究团体沟通以获得商品、服务或专业知识，在这种情况下，关注度会降低，因为这将是一个障碍，可能使恶意使用更早被发现。

3.2.3.2 资源的获取

实现特定的合成生物学恶意使用所需的特定资源取决于许多因素。资源需求可包括资金、时间、实验室设备和其他基础设施、试剂和其他原材料、人员和专业知识，以及其他类型的资源。如果需要的资源较多，关注度会降低，因为这会减少潜在行为者的数量；如果需要的资源较少，那么关注度就会较高。

行为者获取资源有多种假设的方式。例如，如果行为者需要使用昂贵的DNA合成仪，但缺乏足够的资金通过传统渠道购买新仪器（或担心直接购买会被发现），那么行为者将考虑购买使用过的合成器、通过合法或秘密的方式获取公司或大学的设备使用权限、强迫具有合法使用权限的无辜人员实施该工作（通过贿赂、策反、敲诈或胁迫）或直接采取盗窃行为。单独一个行为者所获得的资助可能会比由贫穷国家赞助的组织团体所获的资助更多。相反，一个贫穷但机敏的行为者可能会找到方法来获得甚至非常复杂的技术，例如，通过申请研究生学位课程、在生物技术公司找到工作，或利用相关服务提供商或服务中介机构。评估所需资源的获取并不是一个简单的命题，但在评估潜在关注时仍然是一个重要的考虑因素。

3.2.3.3　组织足迹要求

如果实现合成生物学的特定恶意使用需要较大的组织足迹，那么与只需要较小组织足迹的能力相比，其关注度就会较低。合成生物学的某些恶意使用由个人使用基本耗材和基础实验室就能实现，而有些类型的攻击可能需要更大的组织、更多的人员或更广泛的基础设施。此外，考虑实施某种特定类型攻击所需的组织足迹可以揭示行为者其他属性（如资源的获取）的相对重要性。组织足迹还影响与消减的可能性相关的考虑因素，例如，识别可疑活动和防止攻击的能力，或将攻击归因于责任行为者的能力（在“3.2.4.2 识别攻击能力”和“3.2.4.3 归因能力”中进一步讨论）。例如，资源较少的行为者可能会追求需要较少设备的活动，并可能在秘密实验室中进行，从而使检测或归因更加困难，导致关注度更高。另一方面，需要大量组织足迹的恶意使用，可能需要一个行为者获得更多的资金或使用合法的基础设施（如通过嵌入大学实验室内），从而增加了检测或归因的可能性，导致关注度较低。

3.2.4　消减的可能性

攻击的影响既取决于行为者使用武器的能力，也取决于受攻击目标预防、检测、响应或抵御攻击的能力。为了全面评估关注度，需要考虑消减因素，这些因素可能降低合成生物学能力被有效用于造成伤害的可能性，或可能减少所造成的伤害。这个因素中的要素包括威慑或预防攻击的能力、在攻击发生时予以识别的能力、将攻击追溯到责任行为者（或“归因”攻击）的能力，以及管理攻击后果的能力。由于这个因素是框架的核心部分，因此与消减可能性相关的考虑因素将被纳入到第 4～6 章所述具体能力的评估中；但是，对美国消减能力重要数据的收集超出了本研究范围，这些章节中提出的评估旨在说明问题并展示评估过程，而不是提供全面分析。第 8 章还将进一步讨论消减能力。

3.2.4.1　威慑与预防能力

各种因素都可能影响恶意行为者决定执行攻击并成功实施攻击的可能性。目前所知的能够阻止敌对者进行某种形式的生物攻击的一个重要因素是，能够限制攻击所造成的伤害程度的应对措施的可用性。例如，美国已经储备了天花疫苗，并因此针对使用天花的攻击有了现成的对策，这一事实预计会阻止恶意行为者使用天花进行攻击。

一种被用作预防措施的方法是建立监管和法定保障措施，限制获取特定病原体或技术并将其用于伤害的能力。例如，通过限制使用某些病原体，联邦管制生物剂计划旨在减少那些可能试图将它们用作武器的恶意行为者获取这些病原体的可能性。

此外，情报收集等活动可以通过提高识别可疑活动的能力并在发生攻击之前进行干预，或在发生攻击后抓住并惩罚行为者，从而有助于进行威慑和预防，正如下文“识别攻击能力”和“归因能力”所述。情报收集使得当局能够识别并响应可能表明行为者正在准备进行生物攻击的活动，例如，通过监控已知意图进行攻击的个人或团体、监控可获得开发生物武器所必需的设备或专业知识的个人或团体，或追踪可用于生物攻击的物资的采购。但是，由于生物技术被用于许多有益的应用，并且由于不同技术组合可以用于相同或不同的目的，因此识别活动、专用设备或区分可疑活动与良性活动的其他特征可能具有挑战性。

3.2.4.2 识别攻击能力

一般来说，与容易识别的攻击相比，对于需要一些时间和精力才能识别［为健康威胁和（或）蓄意攻击］的攻击关注度会更高。一旦发生攻击，识别出异常疾病症候群的出现是实现有效应对的第一个关键步骤。此外，区分是自然疾病暴发还是蓄意使用生物剂对预防随后的攻击和查找肇事者至关重要。这些知识还可以告知医务人员、公共卫生组织、执法部门或军事当局如何采取行动来控制伤害范围。诸如美国疾病预防与控制中心管辖范围内的公共卫生计划和疾病监测系统旨在促进已知传染病威胁出现时的快速识别和鉴定。考虑合成生物学如何影响在识别可疑活动、在攻击发生时予以识别，并确定目标个人或群体方面的能力是重要的。

3.2.4.3 归因能力

把将攻击归因于责任行为者的能力作为框架的一部分来考虑至关重要，因为在某些情况下，归因可能会抑制攻击。也就是说，如果其行为可能导致起诉或报复，行为者可能会选择不同的行动方案；因此，对更难以归因的攻击的关注度更高。归因考虑科学证据、证据的验证和非科学类型的信息。在未来，可能必须考虑使用合成生物学方法进行的攻击如何经得起不同分子证据的开发和验证。第 8 章讨论了这种潜在的机会，例如，对工程化技术留下的“痕迹”（如用于插入合成生物组件的 DNA 载体的遗迹）开展下一代 DNA 测序和分析。

3.2.4.4 后果管理能力

在民用和军用领域都有应对突发公共卫生事件及生物和化学攻击的方案和程

序（CDC，2001，2017）。例如，这些程序通常涉及识别受害者、战剂和传播方式的流行病学方法，以及诸如开发和使用疫苗、药物和抗毒素以抢救生命的活动。其他相关能力包括应急响应能力、支持性医疗设施的可用性，以及有效的隔离和检疫程序。在评估对任何特定能力的关注度时，必须了解这种能力如何改变消减攻击负面影响的能力。

3.3 在评估关注中应用框架

该框架的制定是为了促进对本报告后续章节中介绍的合成生物学能力进行分析，同时为了帮助其他人考虑当前和未来的合成生物学能力。为了支持其他各方对框架的应用，本节描述了确定潜在受关注领域的方法、应用框架的步骤，以及指导分析的关键考虑因素。

3.3.1 确定潜在受关注领域的方法

许多技术支持合成生物学“设计-构建-测试”循环的各个方面；附录 A 中列举了部分实例。作为本研究的一部分发布的中期报告（National Academies of Sciences，Engineering，and Medicine，2017）将这些技术确定为该框架可用于评估关注的潜在对象。但这些技术本身并没有造成固有伤害，并且通常需要一系列技术的组合才能创造出值得关注的特定能力。因此，本最终报告描述了如何将该框架应用于评估由于可能造成伤害而引起关注的能力（而非技术）。

通过收集在各种场合被提及为与合成生物学相关的潜在关注的一系列可能性，并使用以前未曾提出的其他可能性来扩充该列表，从而确定了需要评估的潜在能力清单。这些潜在能力被分为几类，以确保采用该框架以一致的方法对其进行评估。本研究分析了以下潜在能力（参见第 4～6 章）。

- 重构已知致病病毒：以基因序列信息为起点构建已知的、自然发生的致病病毒。
- 重构已知致病细菌：以基因序列信息为起点构建已知的、自然发生的致病细菌。
- 使现有病毒更加危险：创造一种已知病毒的修饰版本，其中一个或多个性状被改变以使该病毒更加危险（如通过增强毒力）。
- 使现有细菌更加危险：创造一种已知细菌的修饰版本，其中一个或多个性状被改变以使该细菌更加危险。
- 创造新病原体：从多个部件的新颖组合构建病原体，这些部件可能来源于不同生物体，经过计算设计或通过其他策略创建。

- 利用天然代谢通路制造化学物质或生物化学物质：通过工程化改造生物体（如细菌、酵母或藻类）使其包含所需产物的已知生物合成或代谢通路，从而生产天然产物，如毒素[⑤]。
- 通过创建新代谢通路制造化学物质或生物化学物质：创建新的生物合成通路，使经工程化改造的生物体能够生产通常不会通过生物产生的化学物质。
- 通过原位合成制造生物化学物质：工程化改造一种生物体，如可在人类肠道中存活的微生物，以产生所需的生物化学物质，并递送该微生物，使其能够在原位生产并释放该产物。
- 修饰人体微生物菌群：操作依赖人体并在人体内生存的微生物，例如，扰乱正常的微生物菌群功能或出于其他目的。
- 修饰人体免疫系统：操作人体免疫系统的某些方面，例如，上调或下调免疫系统对特定病原体的反应或刺激自身免疫。
- 修饰人类基因组：通过添加、删除或修饰基因，或通过修饰基因表达的表观遗传变化来实现对人类基因组的修饰。这个类别的一个子集是通过人类基因驱动对人类基因组进行修饰，将某些类型的遗传元件整合到人类基因组中，这些遗传元件旨在在生殖过程中从父母传递给孩子，随着时间的推移会在种群中传播基因变化。

3.3.2 应用框架的步骤

该框架旨在通过提供一系列需要考虑的关键因素以及针对每个因素需要考虑的具体要素来促进对任何特定能力进行透彻的分析。但是，为了为决策提供依据，有必要考虑各种能力之间的相互关系，也就是需要评估与其他潜在关注有关的受关注领域。为此，采用以下步骤来应用框架，未来使用该框架的其他用户也可以遵循这些步骤。

（1）根据四个框架因素及与每个因素相关的要素，收集和组织关于一种能力的信息。

（2）将关于该能力的信息与关于其他能力的信息进行比较，以确定特定能力的关注度与其他能力的关注度的比较情况。

（3）综合考虑所有能力，根据步骤（1）和（2）中生成的所有信息，使用框架来形成对相对关注度的判断。

要成功分析与任何特定能力相关的因素和要素，可能需要不同类型和不同水平的专业知识。本委员会受益于广泛的专业领域，包括合成生物学、微生物学、计算工具开发、生物信息学、生物安全、公共卫生及风险评估等。

---

⑤ 整个报告中的化学物质或生物化学物质一词包括毒素。

对于步骤（1），采用定性方法、使用一个从低到高的相对标尺基于每个因素对每种能力进行“评分”。例如，对于技术的可用性这一因素，该标尺从相对较低的可用性（对应于相对较低的关注度，因为相对较难使用）到相对较高的可用性（关注度相对较高，因为相对较易使用）。

图 3-2 利用一个说明性示例阐述了使用框架过程的第一步。对于第一种能力，即“能力 1”，讨论并分析了与第一个因素技术的可用性（包括易用性、发展速度、使用障碍，以及与其他技术的协同作用）相关的要素有关的信息。使用这些信息，给出了能力 1 的技术可用性在从低到高范围内的定位。能力 1（讨论的第一种能力）被放置在标尺的中间位置附近。

图 3-2　能力 1 关于技术的可用性的评估。

接下来，将另一种能力，即“能力 2”放置在该标尺上。为了定位能力 2 的位置，讨论了该能力技术可用性因素相关的每个要素，并将其与能力 1 的各要素进行了比较。通过简化的讨论，将能力 2 放置在标尺上相对于能力 1 的位置上（图 3- 3）。请注意，能力 2 的条形宽于能力 1 的条形，以表示对能力 2 技术可用性更广泛的关注。

图 3-3　能力 1 和能力 2 关于技术的可用性的评估。

依次考虑每种能力，仔细讨论并审查关于每个要素的可用信息，并与其他能力的相应要素进行比较，以便将这些能力都放置在标尺上，如图 3-4 所示。

图 3-4　所有能力关于技术的可用性的评估。

对每种能力和每个因素（技术的可用性、作为武器的可用性、对行为者的要求和消减的可能性）重复该过程。随着工作的进展，对一些因素和能力的定义作了改进，并根据这些改进对评估进行了调整。

为了帮助将这些图形转换为可用信息，沿着 x 轴创建了五个类别：高、中高、中、中低和低。这些类别旨在反映相对关注度，而不是绝对关注度。没有给这些类别分配数值分数，也没有试图对不同因素的类别进行标准化（也就是确保一个因素的"中等"水平与另一个因素中的"中等"水平含义相同），因为这些步骤对它们的使用不是必需的。相反，当认为不同能力的某个因素相似时，则将这些能力放在同一类别中。不要求这些类别具有数值意义，这使得在委员会专家之间达成一致意见更为容易，并且由于所有判断都是相对的，所产生的信息不会损失任何价值。

最后一步，将所有信息整合到对所考虑能力在整个范围内相对关注度的整体评估中。第 9 章介绍了这种整体评估的结果（参见图 9-1）。

3.3.3　指导评估的关键考虑因素

如上所述，采用专家驱动、定性、多属性的方法来制定框架，并将其用于评估与合成生物学能力有关的关注。任何方法都有优缺点。以下考虑因素指导了本报告中提出的评估，并可能有助于为未来用户使用该框架提供信息。

（1）始终应用这些因素。已注意确保始终使用这些因素并将它们适当地纳入对总体关注度的评估。对每种能力的每个因素分别进行审查，并对整个能力清单进行审查，作为确定每种能力在从"对这一因素关注度最低"到"对这一因素关注度最高"的相对标尺上的定位过程的一部分。这些图表没有绝对数值，但以相对的方式进行维护，因此针对每个因素评估每种能力时都是相对于其他能力而言。这种方法反映了关于对能力进行审议时的精确程度。

（2）最终评估包含一个整体评价。对相对关注的全面考虑是确保最终排序充分反映排序过程中全部信息输入的关键部分。每种能力在每个因素标尺上的相对位置对最终排序来说不是决定性的，而是提供用于进行整体判断的一致信息。最终排序不能仅根据单个因素的排序进行计算，因为整体判断可能需要其他额外信息；框架中包含的因素旨在为整体判断提供依据，而不是要取代整体判断或提供清单方法。但是，整体评估的基础是始终地使用这些因素；为了保持这些因素的稳健性，当一种能力被置于总体关注的标尺上时，将其与已经放置在总体关注图中的其他能力的等级进行比较。例如，如果能力 1 在技术可用性方面被评为中等关注度，而能力 2 在技术可用性方面被评为相对较高的关注度，这就为能力 2 相对于能力 1 在总体关注度上的评估提供了信息。

（3）因素标度方法对未来的比较性评估有启示作用。组成该框架的因素是专门为这项研究构建的，并通过将这些因素应用于评估特定能力对其进行了改进。使用相对标度方法可以使这些定义能够在研究的过程中得到改进和调整。此外，对因素使用相对标尺而非绝对标尺，意味着在对后续能力进行评估时，可能需要调整标尺上已有能力的位置。例如，如果一个引入的能力比已经评估过的排序最高的项目引起更大的关注，则可能需要将已评估的项目在标尺上向下移动，或者可能需要扩展标尺以允许新的能力被列为“非常高”的关注度。另一种可用于未来评估的方法，不是以任一能力为起点然后相对它做出所有后面的判断，而是确定每个因素上的最高和最低能力，由最高到最低赋值为“100”到“0”，然后将所有其他能力放在相对于这些能力的标尺上。

（4）可能需要做出选择以体现不确定性和变异性。在将合成生物学能力置于每个框架因子由低到高的标尺上时，放置位置反映了对特定能力的潜在关注的范围，但第 4～6 章介绍的分析中指出了特殊的例外情况。通过改变条形的宽度来显著例外之外的不确定性和变异性（参见图 3-2 至图 3-4 的概念性示例），其中较宽的条表示较大的不确定性或变异性。在评估过程中，一个案例（重构已知病原体）在评估某些因素时最初有一个非常宽的条形，主要是因为这些能力所包括的生物体的多样性。作为回应，该能力被分为两种能力，分别进行评估（重构已知致病病毒和重构已知致病细菌），以使评估更加精确。

（5）采用了定性评估方法；其他使用该框架的方法也是可行的。为了满足决策者的需求，对合成生物学等新兴领域进行技术预测的方法正在不断发展。本报告使用该框架进行定性评估；其他用户可以选择以不同但仍有意义的方法应用该框架。未来，其他用户可能会采取更加定量的方法来进行评估，或者扩展该框架以纳入本研究范围之外的信息源（例如，关于行为者意图的情报或关于美国消减能力的其他信息）。使用定性或定量方法的选择会受到可用信息的数量和类型，以及与现有信息一致的精确程度和认识水平的影响。如果采用定量方法，则可以将这些框架因素和本研究中从低到高的定性排序方法用于该过程，但是各框架因素之间的相互依赖性给使用简单的加法多属性模型带来挑战，并且还需要使用相互关联的输入分配。可以考虑使用更复杂的乘法模型来解释相互依赖性，但是这种方法显著增加复杂性。对于定量方法，还需要考虑适当地表示不确定性。

总之，本章介绍了一个多属性框架的制定，该框架确定了引起对合成生物学能力的关注度（相对结果）的因素。这种方法的指导目标是确定合成生物学能力的特征，这些特征会影响对特定能力用于伤害的关注度。因此，由此产生的框架旨在描述所考虑的能力中哪些具有相对较高的关注，哪些具有相对较低的关注，以及背后的推理过程。该框架还旨在作为一种工具，供其他用户用来评估新出现能力的相对关注度（尽管不是以公式或清单的方式评估），以及根据科学和技术的发展来更新对现有技术和能力的关注度。第 4～6 章介绍了使用该框架分析特定的合成生物学能力。第 9 章讨论了关注的总体情况，并提出了所评价的一组合成生物学能力进行整体评估的结果（参见图 9-1）。

4. 与病原体有关的关注度评估

将疾病作为武器的历史被认为至少可以追溯到中世纪，当时鞑靼人使用投石机向卡法城内投掷感染鼠疫的病患尸体（Wheelis，2002）。北美殖民者向美洲原住民提供天花患者盖过的毯子，令毫无防备的原住民暴露于天花灾祸（Duffy，1951）。微生物技术的出现使得用特定病原体作为武器使用成为可能。这种能力使得一些国家（但最主要是苏联和美国）能够制定进攻性生物武器计划，这些计划一直持续到 1972 年签署的《关于禁止发展、生产和储存细菌（生物）及毒素武器和销毁此类武器的公约》（即《禁止生物武器公约》，简称 BWC）在法律上予以禁止。《禁止生物武器公约》签署后，研发病原体作为武器成为民族国家秘密计划和非国家行为者恐怖主义的一个领域。其中最引人注目的病原体用作武器的一个案例是 2001 年的“美国炭疽邮件”生物恐怖攻击，其中炭疽芽胞杆菌的芽胞通过美国邮政系统投送，导致 5 人死亡，3 万人因潜在暴露进行预防，洗消费用达数亿美元（DOJ，2010）。

在这些历史案例中，自然存在的病原体被发展成为生物武器。根据病原体导致的发病率和死亡率及其被转化为大规模武器的能力，选择特定病原体进行生物武器开发。合成生物学时代提出了这样一种可能性，即致病性生物武器能够以与自然存在病原体的致病特征不同的新方式来进行设计、开发和部署。首先，虽然美国和西欧的联邦管制生物剂计划和澳大利亚集团清单（CDC/APHIS，2017；The Australia Group，2007）等安全协议多年来一直试图限制对危险病原体的获取，但合成生物学使得可以在实验室中合成基因组并使用这些基因组来生成或“启动”自然存在的生物体的复制品，从而为获得现有受管控的病原体开辟了新的机会。其次，合成生物学技术可用于修饰不受限制获取法规约束的现有生物体，从而可能导致获得所需的属性。例如，与原始病原体相比，这些操作可能导致病原体毒力增加，获得产生毒素、化学物质或生物化学物质的能力，产生抗生素耐药性，或者获得逃避已知预防或治疗手段的能力。最后，合成生物学工具可用于合成和启动全新的生物体，可能整合来自多个现有生物体的遗传物质（Zhang et al.，2016）。

本章分析了与制造基于病原体的生物武器有关的合成生物学潜在应用。为了评估对本章（以及第 5 章和第 6 章）提出的各项能力的关注度，我们考虑了在本报告用于评估脆弱性的框架中概述的因素：技术的可用性，作为武器的可用性，对行为者的要求，消减的可能性。关于每种能力与每个因素相关的相对关注度的结论都以低关注度至高关注度的五点标尺的形式呈现。尽管在评估过程中考虑了框架中确定的所有因素和要素，但这些章节中的讨论主要侧重于那些被认为对每种能力最为重要或在某些情况下尤显特殊的要素。对于每个因素，各章结尾部分介绍了每种能力相对于所考虑的其他能力的相对关注度，并总结了驱动这种相对关注度的要素。关于报告中考虑的所有合成生物学能力的相对排序的结论将在第9章中给出。

4.1 重构已知病原体

从头构建生物体至少需要两个步骤：合成该生物体的基因组，以及将该核酸转化为活生物体（“启动”）。图 4-1 说明了这些概念性步骤。本研究评估了行为者利用合成生物学技术从头开始构建已知的、自然存在的致病微生物的可能性。由于病毒和细菌具有独特的生物学特征，它们的潜在合成被分别进行评估。目前，构建具有较大基因组的真核病原体（如真菌、酵母和寄生虫）被认为相比病毒和细菌要困难得多，成功案例尚未见报道。

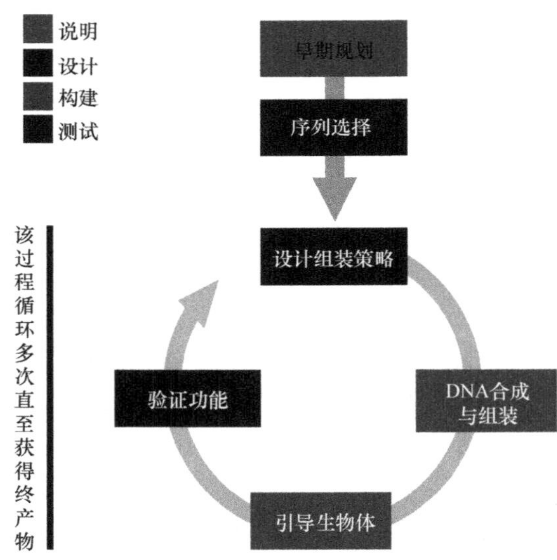

图 4-1 从头开始构建生物体所涉及的活动。注：“设计”阶段的考虑因素可能包括是否需要精确复制病原体序列、是否引入同义突变，以及是否会设计序列的文库（准种）。“构建”阶段中获取物理材料可能与“设计”阶段在同一个物理位置发生，或者可能会外包给 DNA 合成商业供应商。目标序列可能需要组装。在“测试”阶段确定合成病原体的功能，其可能包括感染和（或）复制能力。

4.1.1 重构已知致病病毒

利用当今的技术，几乎任何哺乳动物病毒的基因组都可以合成，并且已知的人类病毒的序列可以轻易通过公共数据库获得，例如，GenBank®，一个对所有公众开放、带注释的全部和部分 DNA 序列的集合（NCBI，2017）。Eckard Wimmer 及其同事于 2002 年合成了脊髓灰质炎病毒，是首次报道的病毒基因组合成（Wimmer，2006）。该团队在噬菌体 T7 启动子的控制下，从一系列平均大小为 69 个碱基的寡核苷酸组装了脊髓灰质炎病毒基因组（约 7500 个核苷酸）的互补 DNA（cDNA）。该 cDNA 被用于产生病毒 RNA，然后该 RNA 被用于对体外提取物进行编程，以产生感染性脊髓灰质炎病毒颗粒（Cello et al.，2002）。从那时起，利用合成越来越长的 DNA 片段能力的进步，产生了越来越大的病毒基因组。现代组装方法极大地扩大了可构建的 DNA 的规模，以致于现在可以构建几乎任何病毒的基因组——无论是 DNA 病毒的基因组本身，还是可转录成病毒基因组的 RNA 病毒的 cDNA（Wimmer et al.，2009）。一个值得注意的例子就是最近报道的马痘病毒基因组（包含超过 200 000 个碱基对）构建，这项工作是开发新型天花疫苗的一部分（Korschmidt，2017；Noyce et al.，2018）［应该注意的是，尽管可以使用无细胞提取物启动某些病毒（如脊髓灰质炎病毒），但大多数病毒必须在细胞内启动，并且包括马痘病毒在内的一些病毒需要在细胞中使用辅助病毒］。

这里总结了对重构已知致病病毒的关注度评估，并在下文详细介绍。

	技术的可用性	作为武器的可用性	对行为者的要求	消减的可能性
对重构已知致病病毒的关注度	高	中高	中	中低

4.1.1.1 技术的可用性（高关注度）

总体而言，产生并启动病毒序列的成本相当低；合成费用低廉，而且随着时间的推移将变得越来越便宜，细胞培养设施的建造、维护和运行成本也不昂贵。因此，由于技术的可用性仅受到薄弱障碍的阻碍，对这一因素的关注度相对较高。

假设编码病原体的基因组序列已知，那么合成已知病毒就可跳过“设计-构建-测试”循环的“设计”阶段。“构建”阶段的第一步是合成编码病毒基因组的 DNA，这些 DNA 可以从商业供应商订购，或者如果行为者拥有合适的资源，则可以自行合成。前一种方法可能存在障碍，因为大多数核酸合成公司都会筛查受关注的序列，例如，联邦管制生物剂计划的管制生物剂和毒素清单（CDC/APHIS 2017）

上的病原体的序列。然而，这种障碍很薄弱，原因有很多，包括行为者不需要将自己局限于管制生物剂清单上的病毒，行业对筛查指南的遵守是自愿的，以及寡核苷酸订单不会被筛查。行为者可以利用这些因素或使用其他方法绕过筛查，至少对于基因组较小的病毒而言是这样的。

拥有基因组只是启动活生物体的第一步。从基因组中产生一种病毒的容易程度主要取决于两个变量：基因组的大小和基因组核酸（即 DNA、正链 RNA 或负链 RNA）的性质。通常，必须将基因组导入培养细胞中，这样病毒基因组才能被复制并组装成具有感染性的子代病毒。如果没有病毒可以在其中生长的细胞系，则选择会变得更加有限。脊髓灰质炎病毒已经从纯化的组分或粗提取物中实现体外完全组装（Cello et al.，2002）。虽然对病毒组装的研究导致出现了更好的体外组装系统，使得这种方法可能适用于其他病毒，但是这样的系统目前无法放大用于生产更大量的病毒，行为者最终还是需要转向细胞培养方法。

正链 RNA 病毒的基因组可被细胞直接翻译以产生病毒蛋白，通常比负链 RNA 病毒更容易合成和启动。对于正链 RNA 病毒，必须对 cDNA 进行工程化改造以表达病毒基因组的精确拷贝，包括在 5'和 3'端控制转录和翻译的适当序列，但是该过程非常简单。该 cDNA 可以在体外转录以产生病毒 RNA，当该 RNA 被转染到细胞中时，作为产生病毒复制蛋白从而启动完整病毒生命周期的 mRNA（Kaplan et al.，1985）。具有负链基因组的 RNA 病毒的合成难度略高，因为根据定义，负链不会被翻译。对于这些病毒，基因组通常与编码病毒复制蛋白的表达载体一起导入细胞中。然后，一旦细胞 RNA 聚合酶从 cDNA 产生病毒 RNA 基因组，病毒复制机器就可以接管（Neumann et al.，1999）。

假设一个行为者可以找到病毒可在其中生长的细胞系，那么一般来说，较小的病毒基因组会更容易启动，而较大的病毒基因组则会带来更大的挑战（图 4-2）。针对大型 DNA 分子，必须小心操作以避免断裂，因此大型基因组（30～50 000 个碱基对）受到完整性的约束。但是，重叠的 DNA 片段在细胞内很容易重组，并且实际上，这种使用细胞来缝合片段的能力（Chinnadurai et al.，1979）在基因治疗早期被广泛用于产生表达各种外源基因的腺病毒载体。由于大多数 DNA 病毒的 DNA 都具有传染性，因此一旦 DNA 进入细胞核，细胞就会接管转录和翻译过程，最终实现子代的组装。痘病毒是一个明显的例外，因为它们在细胞质中进行复制并需要与辅助病毒共同感染才能启动第一轮复制。最近成功构建了包含超过 200 000 个碱基对的马痘病毒基因组，凸显了启动更大基因组的可行性越来越大（Kupferschmidt，2017；Noyce et al.，2018）。

4.1.1.2 作为武器的可用性（中高关注度）

病毒已经进化到可感染人和其他生物体的阶段。基于对其自然行为的了解，合成现有病毒所带来的影响将是高度可预测的。对作为武器的可用性的关注度范围很广，取决于特定病毒的天然嗜性、毒力、环境稳定性和其他此类参数。基于对历史上进攻性生物武器计划的了解，生产规模和递送一直被视为现有病毒作为武器使用的主要障碍（Guillemin，2006；Vogel，2012）。即使在今天，与小规模攻击相比，扩大生产和递送量从而将合成的现有病毒用作大规模杀伤性武器，仍然存在很大的障碍。但是，关注度仍是中高级别，因为行为者可以仅合成少量已知特别危险的病毒，将其递送给少数受害者，然后等待病毒自然传播。某些自然存在的病毒在增殖率、传播途径和毒力方面受到关注，因为这些病毒在最初释放或感染后有可能在目标人群中快速传播。

4.1.1.3 对行为者的要求（中等关注度）

基于对行为者的要求的关注度是中等。大多数 DNA 病毒的生产由拥有相对常见的细胞培养和病毒纯化技能的个人、利用基本的实验室设备即可实现，使得该情景可以以相对较小的组织足迹（例如，生物安全柜、细胞培养箱、离心机和常用小型设备）成为可能。根据病毒基因组的性质，从 cDNA 构建体获得 RNA 病毒可能比获得 DNA 病毒或多或少要困难一些。但总体而言，产生 RNA 病毒所需的技术水平和资源数量并不比 DNA 病毒高很多。目前正在努力改进用于生产 RNA 病毒的 cDNA 克隆的性质（例如，Aubry et al.，2014；Schwarz et al.，2016），但是这些进步往往是渐进性的。J. Craig Venter 研究所（JCVI）在获知一种新型甲型流感病毒（一种负链病毒）的序列后，短短三天内就能够开发出可用的种子库。虽然 JCVI 拥有的广泛的资源和专业知识不是每个行为者都能获得，但该事例仍凸显了当前在启动 DNA 和 RNA 病毒方面的能力。

另一方面，生产某些 RNA 病毒的一个关键挑战是准种的概念。由于病毒 RNA 聚合酶极易出错，因此 RNA 病毒基因组每次在细胞内复制时，通常都会包含一个或多个突变（Lauring et al.，2012）。因此，从受感染细胞中出来的子代病毒不是克隆种群，而是高度相关但不完全相同的病毒混合物，称为准种。因此，种群的潜在遗传组成是起始序列的函数，因为任何特定密码子只能突变成确定的其他密码子。由于保存在数据库中的大部分序列均来源于重组克隆，每个重组克隆代表准种的一个成员，因此启动后，起始序列可能不会产生一种“野生型”、具有完整毒力的种群。因此，根据行为者能够获得的资源和专业知识，可能难以构建和测试具有完整毒力的 RNA 病毒。

4.1.1.4 消减的可能性（中低关注度）

对于使用重构的已知致病病毒的攻击，其后果管理措施将与可用于防御天然病原体的措施相同，包括针对某些生物剂的疫苗和抗病毒药物，以及公共卫生措施（如扩大社交距离、患者隔离）。以目前的方法，识别和归因这种攻击可能具有挑战性，因为由天然病原体引起的感染可能与由合成病原体引起的感染无法区分。但是，无论病毒是合成的还是天然的，都将实施相同的公共卫生措施。虽然用于抵御天然病毒暴发的公共卫生措施并不完善，但美国正在进行的监测和控制工作是有效的，并且近年来有效遏制了一些疫情的暴发。

对商业化生产的合成 DNA 序列实施筛查可能是阻止使用重构已知致病病毒进行攻击的唯一可行措施之一。然而，一系列事实损害了这种方法的有效性，即基于清单筛查存在固有的局限性，预计部分国际公司不会筛查订单并且不在美国监管控制之下，寡核苷酸是不被筛查的，可以使用购买的设备自行合成遗传物质。

尽管目前对使用合成病毒的攻击无法进行归因和有效的预防，但由于现有的公共卫生措施可用于抵御攻击，因此关于消减的可能性的整体关注度是中低。但是对于能迅速而有效地传播并且具有较短序列间隔（从一个人感染病原体到传播给他人之间的时间）的病毒而言，关注度将会增加。

4.1.2 重构已知致病细菌

很多现有细菌的基因组已经被表征出来，并且理论上可以使用与大型病毒基因组 DNA 合成和启动相同类型的方法来重构已知的致病细菌。事实上，JCVI 在 2010 年报道了蕈状支原体（*Mycoplasma mycoides*）的合成和启动（Gibson et al.，2010）。其他微生物基因组合成项目进展顺利，如大肠杆菌（400 万个碱基对；Ostrov et al.，2016）和酵母（1100 万个碱基对；Mercy et al.，2017；Mitchell et al.，2017；Richardson et al.，2017；Shen et al.，2017；Wu et al.，2017；Xie et al.，2017；W.Zhang et al.，2017）。

这里总结了对重构已知致病细菌的关注度评估，并在下文详细介绍。

	技术的可用性	作为武器的可用性	对行为者的要求	消减的可能性
对重构已知致病细菌的关注度	低	中	低	中低

4.1.2.1 技术的可用性（低关注度）

目前尚不可能成功重构已知细菌。因此，在技术的可用性方面，关注度相对较低。与病毒一样，GenBank®是一个丰富的序列信息源，可用于构建已知的细菌。但由于细菌基因组通常比大多数病毒基因组大 1～2 个数量级（参见图 4-2），细菌的合成和启动面临更大的技术挑战。例如，在前述的 JCVI 合成支原体（Gibson et al.，2010）的案例中，最初单个碱基对错误阻止了细菌的启动，并导致项目团队花了数月的时间（JCVI，2010）。因此，虽然“设计”步骤非常简单，但“设计-构建-测试”循环的“构建”部分，特别是完整基因组的构建，目前是一个重大障碍。在一定程度上，这种困难源于保持 DNA 本身结构完整性的挑战：大于 30 000 个碱基对的 DNA 片段在任何剪切（包括标准的实验室移液）下都容易断裂，使其不能用于细菌构建。为了克服迄今文献中唯一已知细菌的合成中的障碍，JCVI 团队将细菌基因组以酵母人工染色体的形式进行构建。

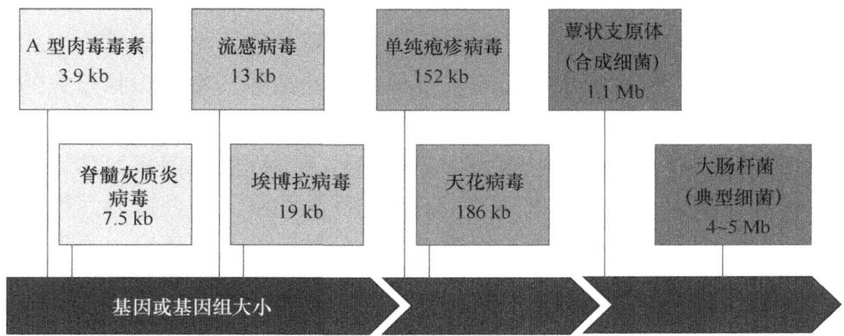

图 4-2 编码常见细菌、病毒和毒素的遗传信息的相对比例。注：单个大的毒素基因（图中所示的最小基因组，数千碱基对）显示在最左边的框中（最浅的灰色）。向右逐渐变深的色调显示了逐渐变大的基因组：单链 RNA 病毒基因组（数千碱基）、双链 DNA 病毒基因组（数千碱基对）和细菌（数百万碱基对）。DNA 组装和启动的难度部分取决于基因组的大小和结构。来源：改编自 John Glass，JCVI。

假设细菌基因组可以被合成和组装，下一步（即启动）则是另一个特别困难的挑战，因为不能简单地将基因组添加到体外提取物中，并在反应结束时获得活细菌。相反，基因组必须被引入到细胞结构中。JCVI 团队将他们的合成基因组作为酵母人工染色体进行扩增，然后移植到一个相关种属的支原体中，从而来实现这一目标（Gibson et al.，2010）。这种移植方法有其自身的障碍，包括已知的（如细菌限制或修饰系统）和未知的障碍。人工合成的细菌基因组从天然基因组中接管所有必需功能的过程尚不完全清楚。因此，从技术角度而言，获得细菌基因组的起始 DNA 成分可能相对简单——可以自行合成或者购买（假设可以通过或逃避管制生物剂筛查方案），但随后的组装步骤面临着比病毒大得多的挑战。正如 JCVI 合成生物学和生物能源组组长 John Glass 在研究过程中组织的公开数据收集会议上指出的那样，制造一种细菌“非常困难而且昂贵”。

鉴于重构已知致病细菌的最大瓶颈是从 DNA 移向功能性生物体的步骤，必须密切注意有助于基因组装和启动的技术进展。例如，开发一种操作大 DNA 片段而对其不造成物理损伤的方法可能会减少组装的难度；或者，如果开发出一种技术可以将从酵母中构建的细菌染色体直接转移到细菌宿主中，将会克服剪切和移植的障碍。然而，除了在交配期间，还不知道酵母可以在它们自身之间转移染色体；因此，如果要采用这种方法，这样一种酵母-细菌系统可能需要从头开始研发。

4.1.2.2 作为武器的可用性（中等关注度）

如果成功合成一种致病细菌，那么根据自然存在的细菌的已知特性，其作为传染性生物剂的特性将是可预测的。与合成病毒一样，关注度取决于细菌的天然嗜性、毒力、环境稳定性和其他此类参数。与病毒一样，与小规模攻击相比，扩大生产和递送量从而将合成细菌用作大规模杀伤性武器，将会面临很大的障碍，引发许多经典的武器化问题，如大规模扩散期间的环境稳定性问题。总的来说，与作为武器的可用性有关的关注度为中等，但对于不同的细菌病原体，关注度的范围很广，这反映了一般而言不同类型细菌的武器化潜力存在差异。例如，与不形成芽胞的细菌相比，形成芽胞的细菌更容易分散，并且在环境中更稳定。

4.1.2.3 对行为者的要求（低关注度）

目前从头开始制造现有的细菌非常困难，需要大量的专业知识和资源，远远超过合成已知病毒所需的资源。因此，对这个因素的关注度相对较低。行为者需要有操作大型细菌基因组的专业实践经验，这种复杂程度需要几年时间才能实现，目前还很少见。此外，这项工作需要大量的资金和相当长的时间，在这方面开展工作的团队（如 JCVI[⑥]）的经历已经证明了这一点。这可能需要很大的组织足迹。因此，至少在未来五年内，可能仍然只有那些能够获得大量资源（资金、设备、多样化且完善的技能组合）的大型多学科团队才能获得构建并启动此类基因组的能力。

4.1.2.4 消减的可能性（中低关注度）

总体而言，由于我们针对已知细菌已经建立了良好的应对措施，所以对消减的可能性的关注度为中低。在后果管理方面，有大量抗生素药物可用于抑制使用细菌病原体的攻击（实际上比可用的抗病毒药物的种类更多）。但是预计抗菌药物耐药性会限制在任何特定情况下有效药物的数量，而重构一种具有高致病性、耐抗生素、能够通过气溶胶传播的细菌将会引起更大的关注。

就预防而言，将利用合成致病细菌开发生物武器的设施与合法的学术或商业设施区分开来，即使不是不可能，也将是极其困难的。联邦管制生物剂计划可能给美国境内的这些活动提供了一些威慑力，但是筛查方案留下了许多漏洞，可能

---

⑥ 据报道，JCVI 在 2010 年制造了合成的蕈状支原体，历时 15 年，耗资 4000 万美元（参见 Sleator，2010 和 JCVI，2010）。

导致会有未被发现的管制生物剂的细菌基因组片段的合成。此外，与识别和归因合成细菌攻击有关的考虑因素与合成病毒相同；区分天然病原体与合成病原体引起的传染可能相当困难。

4.2 使现有病原体更加危险

合成生物学时代已经可以实现对病毒和细菌进行操作，改变它们的基因型，从而改变它们的表型。基因治疗已经使工程化病毒嗜性成为活跃的研究领域，并且细菌通常被用作生产有用化合物的平台。同样的实验方法也可以用来开发新的武器。在评估合成生物学可能用于使现有病原体更加危险所需的关注度时，考虑到了病毒和细菌（包括致病性的和非致病性的）的性状可能被修饰以设计生物武器，以及与开展这些活动有关的现有技术能力和预期未来进展。

4.2.1 使现有病毒更加危险

行为者在试图使现有的非致病性病毒变得致病，或使现有的致病病毒更加危险或更加适合生物攻击时，将有多种途径可供考虑。文献中已经有一些例子，使用生物技术已经产生了毒力增强、宿主范围扩大或具有其他增强致病性的特征的病毒。在分析这类活动所带来的关注度时，考虑了一些可能通过使用合成生物学或标准技术来尝试的病毒性状（参见信息栏 4-1）。

信息栏 4-1 病毒性状

以下是选定的病毒性状的例子，旨在帮助了解理论上可以用生物技术进行修饰的病毒性状的范围和类型。

嗜性改变

嗜性是病毒感染或破坏特定细胞、组织或物种的能力。尽管嗜性主要受病毒的细胞附着蛋白与细胞上存在的受体之间相互作用（从而决定病毒的进入）的影响，但嗜性的多数特性取决于多种病毒和宿主细胞的因素（Heise and Virgin，2013）。改变嗜性可以用来扩大现有病毒的宿主范围或者增加病毒在目标种群中扎根的能力。

有几项研究已经证明了病毒的嗜性可以改变。自 2013 年中国首次暴发 H7N9 禽流感疫情以来，H7N9 病毒株一直在导致散在的人类感染，但持续的人与人之间的传播尚未见报道。在最近的一篇文章中，de Vries 及其同事（2017）

证明，血凝素基因序列中仅 3 处突变就足以将病毒嗜性从禽类转向人类，并支持与人类气管上皮细胞的结合。但研究人员并没有进行后续实验来测试这些突变是否足以使雪貂模型中的实际宿主范围发生变化。在早先的禽流感研究中，研究人员利用定点突变技术将突变导入血凝素基因，使野生型 H5N1 病毒与人类受体结合（Herfst et al.，2012）。该团队还证明，少至 5 个突变就可导致 H5N1 病毒在雪貂间进行空气传播（Linster et al.，2014）。

研究人员还在对 SARS 和 MERS 两种呼吸综合征的研究中利用合成生物学改变了病毒嗜性。有相当多的证据表明，蝙蝠体内的 SARS 样病毒是 2003 年人类 SARS 暴发的起源（Li et al.，2005）。然而，蝙蝠体内的病毒不能在细胞培养物中生长。为了帮助阐明将蝙蝠 SARS-CoV 转化为感染人类的病毒可能发生的步骤，Becker 和同事（2008）将人类 SARS 冠状病毒受体结合结构域替换为蝙蝠 SARS-CoV 病毒中的等效结构域，使得蝙蝠-SARS 病毒能够在细胞培养和小鼠中成功复制。同样，为了开发 MERS-CoV 的小动物模型，研究人员对小鼠（使其表达嵌合受体）和病毒（Cockrell et al.，2016）进行了修饰。

病毒复制能力增强

增强病毒复制能力可以帮助增强基于病毒的生物武器的影响和传播。在埃可病毒 7 型的实验中，Atkinson 和同事（2014）证明，在病毒基因组的两个 1.1～1.3kb 区域中降低 CpG 和 UpA 的出现频率，增强了该病毒在易感细胞中的复制能力。相反，增加 CpG 和 UpA 频率导致病毒复制减少。虽然尚不清楚在动物体内是否还会有相同的结果（细胞培养中病毒复制的增强不一定与体内的复制增强相关，事实上，有时情况恰恰相反），但具有充足时间和资源的行为者可能能够凭借经验产生变体，并将它们传递到易感宿主中以选择具有增强复制能力的变体。

毒力增强

毒力反映病毒引起宿主实际发病（而不仅仅是感染）的相对能力。毒力代表多种基因和决定因素在体内特定环境中发挥特定作用的综合效应（Heise and Virgin，2013）。在工程化病毒导致毒力增强的最著名例子中，Jackson 及其同事（2001）工程化改造鼠痘病毒（正痘病毒属的成员，小鼠的一种天然病原体），使其表达白细胞介素-4（IL-4），目标是生产一种控制小鼠过度繁殖的避孕疫苗。在小鼠模型中，显示重组病毒能够抑制初级抗病毒细胞介导的免疫应答并克服已有的免疫力。也可以想象，行为者会试图操作病毒，使其通过与天然病毒不同的机制来致病，例如，通过操纵神经生物学或改变宿主微生物菌群。

逃避免疫的能力

在鼠痘实验中证明的毒力增强（参见上文“毒力增强”中所述）的根源是重组病毒免疫逃逸的能力。这为寻求制造生物武器的行为者提供了另一种潜在途径：开发可预测和逃逸免疫应答甚至克服基于疫苗的免疫力的病毒。先天免疫系统对病毒性病原体的检测，诱导出主要由 I 型干扰素介导的抗病毒机制。这种初级应答随后导致适应性免疫应答的激活，这种免疫应答更具针对性，抗原特异性更强，更持久（Iwasaki and Medzhitov，2013）。许多病毒都有破坏先天免疫应答（包括干扰素诱导的抗病毒活性）的对策（Chan and Gack，2016）。可以在尚未具有该特定拮抗剂的病原体中表达这些抗病毒活性的一种或多种拮抗剂。通过这种方式，病毒逃逸先天免疫应答的途径将得到扩展，毒力可能会增强。

通过用其他基因取代衣壳基因而产生嵌合病毒已得到很好的记录（Guenther et al.，2014）。这些病毒主要是在特定的背景下开发的，例如，改进腺病毒载体以靶向特定组织并作为一种规避可能限制病毒性基因治疗载体使用的现有病毒免疫的方法（Roberts et al.，2006）。可以想象，后一种方法可用于开发一种表达靶向特定组织的毒素基因的嵌合病毒载体，并用于预先对该载体病毒具有免疫力的种群。但是对靶向的分子决定因素所知不多，这些方法通常需要经历大量的试错才能取得成功。

逃避检测的能力

某些修饰可能使病毒很难使用当前的疫情响应方法被检测到。最常用的实验室鉴定病毒的方法是基于实时聚合酶链反应（PCR）检测，其中特定引物和荧光标记探针被设计为与病毒 DNA 或 cDNA 的保守和独特区相结合。非靶向的检测方法包括基于阵列的检测和下一代测序技术，但这些方法尚未广泛用于临床和商业实验室。细胞培养方法正在实践中迅速消失。针对引物结合位点的突变可能导致无法识别的病毒。

抵抗治疗方法的能力

行为者可能试图开发能够抵抗现有治疗药物的病毒，但这种方法的必要性取决于是否存在有效的治疗方法。虽然有成功的抗病毒药物可用，如用于抗 HIV（人类免疫缺陷病毒）、疱疹病毒、流感病毒和 HCV（丙型肝炎病毒）的抗病毒类药物，但绝大多数病毒没有特定的抗病毒药物。即使存在抗病毒药物，也几乎不可避免地会产生对这些药物的耐药性，除非在药物存在下病毒的复制速度可以完全被抑制，或者组合运用针对不同病毒靶标的多种药物（Coen and Richman，2013）。例如，基于免疫抑制的新型抗病毒药物，如治疗药物 ZMapp，是针对埃博拉病毒开发的三种人源化单克隆抗体的混合物，在感染该病毒的非人灵长类动物实验中显示出对存活有益（Pettitt et al.，2013）。一项人体随机对照试验似乎显示出有益的效果，但未达到预先设定的疗效统计阈值（Davey et al.，2016）。

传播能力增强

病原体是通过气溶胶和飞沫形式进行空气传播的。空气传播能力决定了病毒可能传播的距离，而这种特性的决定因素很复杂，取决于多种宿主因素和病毒因素（Herfst et al.，2017）。在“嗜性改变”（上文）所述的 H5N1 实验的后续实验中，突变病毒在雪貂中连续传代以强制进行异种病毒混合物的自然选择，10 次传代后，将未经病毒感染的受体雪貂暴露于相邻笼子中的受感染雪貂，但没有直接接触。结果，4 只受体雪貂中的 3 只受到感染，表明发生了针对病毒空气传播能力的选择（Herfst et al.，2017）。在另一项研究中，Imai 及其同事（2012）构建了一种重组病毒，该病毒含有来自 H5N1 病毒的血凝素和来自 2009 年 H1N1 病毒的 7 个基因片段。通过雪貂传代后，获得了该重组株的突变体，其中血凝素基因发生了 4 处突变，并且能够在雪貂中通过呼吸道飞沫传播。这项工作表明高致病性 H5N1 流感病毒可被赋予哺乳动物传播表型。

稳定性增强

病毒在宿主体外的稳定性受多种环境因素影响，包括温度、紫外线辐射、相对湿度和空气流动，以及病原体本身的结构。有包膜病毒在宿主体外通常比无包膜病毒更不稳定（Polozov et al.，2008；Herfst et al.，2017）。尽管由于包膜的添加与复制周期的特定特征紧密耦合，因此不可能将有包膜病毒转变为无包膜病毒，但可能可以改变病毒的其他特征，以增强其用于武器化和大规模扩散的稳定性。

“休眠”病毒的重新激活

可能可以使用化学或生物手段来重新激活潜伏或持久的病毒。可以根据个体或种群中已经存在的任何内源性病原体混合物来实现这种攻击的靶向性。例如，某些病毒（如 HCV）会引起慢性感染，其临床症状直到病毒生命后期才出现；开发出一种化学或生物学触发器来加速这种病毒的致病机制是可能的。甚至有可能将一种几乎没有致病性但可广泛传播的现代病毒与一种较早期的、可能较致命的内源性变体进行重组。

研究表明，造血干细胞移植患者的免疫力降低会引起广泛的病毒再激活，有时甚至危及生命（Cavallo et al.，2013），强调了这些方法的潜在影响。关于将 HIV 从潜伏宿主中诱出从而彻底治愈 HIV 感染的研究［即所谓的“休克和杀死”策略（Shirakawa et al.，2013）］将进一步推动该领域潜在的两用性研究。

这里总结了对使现有病毒更加危险的关注度评估，并在下文详细介绍。

	技术的可用性	作为武器的可用性	对行为者的要求	消减的可能性
对使现有病毒更加危险的关注度	中低	中高	中	中

4.2.1.1 技术的可用性（中低关注度）

总体而言，该能力所需技术的可用性涉及许多障碍，导致对这一因素的评估为中低关注度。尽管科学家对病毒及其生物学有深刻的理解，并且可以设想出许多操作病毒的方法，但使用合理设计来有意修饰病毒特征依然是一项巨大挑战。在大多数情况下，病毒表型是许多相互关联的病毒功能的结果，受到多种遗传网络以及宿主和环境因素的影响。Herfst 等（2017）以及 Plowright 等（2017）的综述分别讨论了空气传播和人畜共患病传播的驱动因素，很好地总结了这种复杂情况的实例。一个特定的表型很少能归因于单个基因，一个表型的改变也很少能归因于特定突变。此外，嗜性和传播性等特性的决定因素往往难以理解或难以预测。迄今为止取得的许多研究进展都包括了重要的试错［例如，基因治疗载体嗜性的修饰（Nicklin and Baker，2002）］、无意的发现［例如，鼠痘病毒中表达 IL-4 的结果（Jackson et al.，2001）］，或者定向进化（如改变禽流感病毒传播能力的实验）（Herfst，2012；Imai et al.，2012）。很难评估这些改变如何影响病毒在人群中的行为，因为关于基因型如何转化为表型的知识很有限，但成功地将这种经修饰的病毒引入人类可能会产生可怕的后果。尽管关于如何构建复杂病毒性状的知识方面的差距可能会限制目前为提高生物武器效能而对病毒进行改造的能力，但必须监控能够显著提高将基因型与表型相关联的能力的重要进展，即关于复杂病毒性状的决定因素以及如何设计通路以产生这些性状的知识。

另一个障碍是将突变引入病毒基因组几乎总是导致产生减毒病毒（即致病性降低）（Holmesl，2003；Lauring et al.，2012），因为病毒基因组的组织是有限制的。引入突变是制造许多有效的减毒活疫苗的经典方法，包括麻疹和黄热病减毒活疫苗，以及萨宾脊髓灰质炎病毒疫苗株（Sabin，1985）。这些实例中的突变是通过在细胞培养中传代而以非定向方式引入的，并导致表型改变，从而减弱了病毒引起有害感染的能力。然而，评估这种中低关注度的一个例外是引入抗病毒耐药性。引入抗病毒药物耐药性而不引起减毒的突变更为可行，因为引起耐药性的确切点突变常常是已知的，并且通常不会导致显著的减毒。

病毒基因组的大多数改变可以采用标准的重组 DNA 技术方法进行，不需要先进的合成生物学技术。一个例外是为在多个位点产生同义突变而改变特定碱基的频率所需的多次替换。采用合成生物学技术帮助生产大片段 DNA，以及借助合成生物学工具以定向方式引入突变并同时应用许多突变，将使实现这一目标简单得多。例如，研究人员现在正利用合成生物学引入许多同义突变（包括 DNA 或 RNA 序列中不改变蛋白质氨基酸序列的突变），以便制造具有更好基因组稳定性的减毒活疫苗（Wimmer et al.，2009；Martinez et al.，2016）。

考虑到所需的精度和合理设计的局限性，一种替代方法是使用组合库、高通量筛选或定向进化来测试许多候选修饰。例如，如果病原体上的免疫显性抗原表位是已知的，那么可以通过使用计算机建模、高通量筛选或定向进化来避开最有可能或最有效力的抗体或 T 细胞受体，从而定制能够规避特定免疫应答的病毒。但是，即使这种方法也会在一定程度上受到有关目标表型决定因素的可用信息量的限制，并且可能受到当前组合库规模大小的限制。不可能测试无数种变体，但资源充足的行为者使用可用的技术能够测试很多。

最后，除了开发用于测试的变体之外，还需要在细胞系中启动重组基因组。根据病毒的不同，这种启动步骤可能会遇到很大障碍，并且启动会对可进行测试的变体数量带来额外的限制。

4.2.1.2 作为武器的可用性（中高关注度）

由于病毒具有与用作武器相一致的某些特征，并且由于病毒的修饰可能会增强这些特征，因此对这个因素的关注度是中高。正如难以预测改变病毒表型所需的操作类型一样，修饰后的病毒在引入人类宿主后的行为也很难预料。此外，变化会使病毒毒性减弱这一趋势可以作为一种“自然”的消减因素，降低以这种方式生产的生物武器的效力。测试修饰后的病毒也可能存在障碍（除非行为者愿意在人身上进行测试）。例如，动物模型并不总是能够预测病毒在人体内的行为。有人认为，禽流感病毒在雪貂中传播并不意味着这些病毒也会通过空气传播途径在人与人之间传播（Racaniello，2012；Lipsitch，2014；Wain-Hobson，2014），但如上所述，如果一个工程化病毒确实获得了这种特性，那么作为武器使用的可行性将随之发生变化。

如果修饰的目的是为了使病毒通过某种方式变得更加危险，则使用修饰过的病毒进行攻击所造成的伤亡范围可能会比使用天然病毒攻击更大。如果修饰是为了使病毒更容易生产或递送，那么所产生的病毒可能会绕过一些传统的武器化障碍，如大规模扩散期间的环境稳定性。否则，修饰后的病毒会出现许多与重构已知致病病毒相同的武器化机会和挑战。

4.2.1.3 对行为者的要求（中等关注度）

修饰病毒将需要出色的分子生物学技能和该领域的先进知识。因此，了解并能够验证产物会对成功操作病毒表型构成专业障碍。但是一般来说，所需的资源和组织足迹将是适度的，类似于重构已知致病病毒所需的资源和组织足迹。因此，对这个因素的关注度是中等。

4.2.1.4 消减的可能性（中等关注度）

现有的消减措施，如公共卫生系统和抗病毒药物，可能对经修饰的病毒有效。但是总的来说，预计这些消减措施对修饰的病毒的效果要低于对设计它们时所针对的自然存在病毒的效果，因此对该因素的关注度是中等。尤其是，现有的医疗对策可能不适用于旨在赋予抗病毒耐药性或改变病毒被免疫系统识别能力的修饰病毒。在绝大多数情况下，使用测序的诊断方法可以有效地确定经修饰的病毒是实验室来源的（抗病毒药耐药性是一个明显的例外），但尚不清楚该能力是否会有效促进归因。尽管就消减的可能性而言，对这种能力的整体关注度是中等，但对具有大流行潜力的病毒（如流感）的关注度更高些，这种病毒经修饰后可能会对限制传播或减少影响的措施带来重大挑战。

4.2.2 使现有细菌更加危险

与病毒一样，行为者在试图使现有的非致病性细菌变得致病，或使现有的致病细菌更加危险时，将有许多潜在的途径可供考虑。在分析这类活动所带来的关注度时，考虑了使用生物技术可能对现有致病性或非致病性细菌所做的一些修饰。信息栏 4-2 指出了细菌与病毒相比，这些活动可能有一些不同之处。

信息栏 4-2　细菌性状

以下是选定的细菌性状的例子，旨在帮助了解理论上可以用生物技术进行修饰的性状的范围和类型。本信息栏重点介绍如何修饰细菌的性状，这可能与修饰病毒的类似性状（如信息栏 4-1 所述）有所不同。

嗜性改变

与仅是细胞内病原体的病毒不同，细菌病原体可以是细胞内的，也可以是细胞外的。一般而言，细胞外病原菌在环境中相对稳定并且环境适应性良好。即使是那些不形成芽胞的细菌，通常也能够复制并对多种组织和细胞类型以及身体的不同部位造成损伤。鉴于它们的环境稳定性，这种细菌很难根除，并且传播可能不需要宿主与宿主间的接触。细胞内的细菌与病毒相似，依赖于宿主细胞的营养物质，通常能够逃避宿主的免疫系统（Finlay and McFadden，2006）。细胞内病原菌通常通过直接接触或气溶胶扩散传播。细胞内和细胞外病原菌都依赖于黏附素和定植因子，这些因子促进与宿主靶细胞的接触，抵抗白细胞的攻击，并且是重要的毒力因子（Ribet and Cossart，2015）。

毒力增强

有许多因素可影响细菌毒力，并可能成为修饰的目标。细菌致病的主要机制包括：宿主靶细胞死亡（Böhme and Rudel，2009），通过细胞裂解（细胞内病原菌增殖所致，或细菌毒素作用的结果）或通过诱导细胞凋亡（程序性细胞死亡）；宿主生理的机械扰动（例如，侵入细菌的大小或数量或黏液生成造成的循环或呼吸道阻塞）；宿主对细菌感染的免疫应答导致的宿主细胞损伤；细菌毒素的作用。细胞死亡带来的影响取决于所涉及的宿主细胞，并且受到引入的细菌量、感染途径、宿主免疫应答诱导的并发症及感染进程的速度等因素的影响。定植潜力受到某些致病细菌（如志贺氏菌）在其感染的宿主细胞中引发过早或非预期的细胞凋亡的能力的影响（Gao and Kwaik，2000）；该过程的初始阶段包括对宿主细胞 DNA 进行酶驱动的损伤，随后对细胞完整性和细胞死亡造成大规模干扰。另一个重要的毒力因子是某些细菌（如炭疽芽胞杆菌）产生由多糖和氨基酸组成的荚膜的能力（Cress et al.，2014）。荚膜可防止细菌被中性粒细胞和巨噬细胞吞噬。其他毒力因子包括入侵因子（通常由染色体编码，但也可能由质粒携带）、噬铁素（一种使细菌与宿主细胞竞争铁摄取的铁结合因子）（Quenee et al.，2012）。

毒素生产增加

许多细菌病原体通过产生毒素导致宿主细胞和组织的损伤。这些毒素有两种形式：外毒素和内毒素。外毒素是相对不稳定、具有高度抗原性的蛋白质，分泌到宿主体液中。一些外毒素在合成后与细菌细胞壁结合，并在侵入的细菌裂解时释放（Sastalla et al.，2016）。通常情况下，革兰氏阳性菌和革兰氏阴性菌都会产生剧毒的外毒素。有些外毒素只对某些类型的细胞起作用，有些则影响广泛的细胞和组织。有些细菌病原体仅产生一种毒素（如霍乱、白喉、破伤风、肉毒杆菌），有些则可合成两种或更多种不同的毒素（如葡萄球菌、链球菌）。宿主通常会迅速产生抵抗外毒素的抗毒素抗体。外毒素的遗传决定因素通常存在于染色体之外的元件上，通常是质粒或噬菌体。

另一方面，内毒素则是一些革兰氏阴性菌外膜中相对稳定的脂多糖成分，在某些情况下可起到毒素作用（Zivot and Hoffman，1995）。脂质 A 似乎是毒性成分，在表达它的完整细菌内能够发挥作用。内毒素通常具有弱免疫原性，引起宿主发热。内毒素可能由于血管通透性增加和血管舒张而引起低血压，进而导致休克。内毒素的遗传决定因素是染色体。

行为者可能试图修饰细菌以增加其天然毒素产量或将毒素生产引入不会天然产生毒素的细菌。第 5 章将进一步讨论这些方法。

逃避免疫的能力

与病毒一样，可以工程化改造细菌来预测或逃逸免疫应答。

逃避检测的能力

与病毒一样，实验室鉴定细菌最常用的方法是基于实时 PCR 检测的方法，其中特定引物和荧光标记探针被设计为与细菌染色体或染色体外 DNA 的保守区和独特区相结合。临床微生物实验室中另一种广泛使用的方法是 MALDI-ToF（基质辅助激光解吸-飞行时间质谱），这是一种电离大分子并通过质谱法将它们与参考标准物相比较的鉴定方法。诸如基于阵列的检测和下一代测序等非靶向检测方法是可用的，但尚未广泛用于临床和商业实验室。培养方法已不再使用（Carleton and Gerner-Smidt，2016）。

抵抗治疗方法的能力

与抗病毒药物相对较少相反，有许多抗生素可用于抵抗各种各样的细菌病原体。但是细菌可以对抗生素具有内在的耐药性，或者可以通过染色体突变和基因水平转移获得耐药性。有三种主要的抗生素耐药机制（Blair et al.，2015）。首先，细菌可以通过降低抗生素对细胞壁或细胞膜复合物的渗透性，或通过促进抗生素从细菌中流出并远离靶标，从而阻止抗生素接近其靶标。其次，可以通过基因突变导致靶标被修饰或被保护，从而改变抗生素靶标。最后，可以通过直接修饰抗生素本身，通过水解使其失活，或通过化学修饰使其失活，从而获得抗生素耐药性。这些机制已被充分研究，并可能适用于有目的地创建具有抗生素耐药性的致病细菌。

传播能力增强

与病毒一样，细菌在空气中传播的特性是复杂的，取决于多种宿主因素和病原体因素，特别是环境稳定性和组织嗜性。细胞外病原菌对环境的适应性极强，并且传播可能不需要宿主与宿主接触，使得这些病原体难以根除。此外，在细胞外复制的许多病原菌能够对不同的细胞和组织类型造成损害。另一方面，许多细胞内病原菌是可传染的（即能够进行宿主间传播），这就促进了在人群中的快速传播，并因此表现出更大的威胁公共卫生的能力。

稳定性增强

细菌的环境稳定性取决于其生理机能和生命周期。通常，由于细胞壁的组成和结构，革兰氏阳性菌比革兰氏阴性菌具有更好的环境稳定性。另外，当遭受干燥等恶劣的环境条件时，一些革兰氏阳性菌形成的芽胞能够在环境中存活数十年，尽管处于代谢休眠状态。例如，炭疽芽胞杆菌的芽胞可以在环境中存活长达一个世纪（Friedmann，1994；Repin et al.，2007；Revich and Podolnaya，2011）并构成该病原体的传染形式（繁殖体形式不存在传染性）。行为者可能发现这样做是有利的：对细菌细胞壁进行改造，使其更接近革兰氏阳性菌，以增加气溶胶传播期间的存活率，并使生物剂能够在长时间内保持活力和对目标宿主的感染能力。

这里总结了对使现有细菌更加危险的关注度评估，并在下文详细介绍。

	技术的可用性	作为武器的可用性	对行为者的要求	消减的可能性
对使现有细菌更加危险的关注度	高	中	中	中

4.2.2.1 技术的可用性（高关注度）

一般来说，使现有细菌更加危险的技术要求相对较低，这导致对该因素的关注度相对较高。虽然从头开始设计和制造细菌在技术上很难实现，但使用分子和遗传方法改变现有细菌相对容易。这些能力使得“设计-构建-测试”循环的“设计”阶段相对简单，尤其如果是通过一个已阐明的基因或通路（例如，已知的抗生素抗性或毒素生产基因）来赋予所需性状。就“构建”步骤而言，已有完善的技术可以对现有基因进行插入、删除或更改操作（Selle and Barrangou，2015；Wang et al.，2016；H. Zhang et al.，2017）。进行这样的修饰并不一定需要合成生物学方法，但合成生物学技术可以促进这种过程。一些细菌种类比其他种类更容易进行基因操作。一般来说，如果遗传变异的规模较小或数量较少，则这一步骤会更容易；而如果是较多或较大范围的修饰，则该步骤会更困难。另外，如果所需的病原体具有非致病性近缘株，则研究人员可将病原体基因组的相关部分剪接到近缘株的基因组中。

一般来说，操作细菌比操作病毒更容易。部分原因是由于细菌和病毒基因组的相对大小；对于病毒来说，为了保持其基因组较小，会存在对基因组包装的适应压力和限制，从而随着时间的推移趋向于削弱修饰。细菌基因组中的修饰更有可能持久存在，因为它们的基因组在遗传上更稳定。在病毒中，一种表型的增强通常导致另一种表型的减弱，这种因素在病毒中难以克服，但在修饰细菌时则带来较少的障碍。

某些类型的细菌修饰比其他类型更容易实现；工程化改造细菌的复杂性状，需要更多关于性状决定因素以及如何设计通路来产生性状的知识。这类修饰中比较难的一个方面是改变嗜性，这涉及许多细菌基因之间复杂的相互作用，而这些基因是特定细菌生理学的基础（Pan et al.，2014）。与病毒的嗜性相比，使用合成生物学方法改变细菌的嗜性是不太可能的；但是，仍然有一些可以探索的途径。细胞内和细胞外细菌病原体都依赖于黏附素和定植因子来促进与宿主靶细胞的接触（Ribet and Cossart，2015）。使用合成生物学技术和大数据分析能力来设计和表达新的黏附素或定植因子等这些细菌蛋白质类似物，并通过将它们编码在附加体上或将它们整合到染色体中来引入，可能是可行的。鉴于宿主与病原体相互作用的复杂性，人类细菌病原体的传播能力和可传染性也很难被赋予或改变。同样，操作细菌病原体以获得有效的空气传播将具有挑战性。除其他特征外，病原体的成功还将取决于环境稳定性，这是其生理和生命周期所固有的特征。从技术上讲，还不可能从根本上改变细菌病原体的环境稳定性，例如，将革兰氏阴性菌转化为革兰氏阳性菌，或将无芽胞细菌转化为产芽胞细菌。尽管如此，合成生物学方法与标准的分子生物学方法相比，将更有可能在这个领域取得成功。

另一方面，细菌毒素（内毒素和外毒素）显然是很容易根据数据分析进行修饰或设计的重要毒力因子。鉴于内毒素是由染色体表达的，并且是所讨论细菌的生理机能固有的，因此行为者可能需要使用合成生物学与标准分子生物学相组合的方法来修饰现有的内毒素或创建新的内毒素。此外，通过标准的分子生物学技术来获得抗生素耐药性相对来说并不困难［很多年前已被证明（Steinmetz and Richter，1994）］，而合成生物学方法将进一步实现靶向突变，从而创建一种耐药表型。

4.2.2.2 作为武器的可用性（中等关注度）

总的来说，使细菌病原体更加危险的武器化潜力受到中等关注。历史上，规模扩大和环境稳定性是细菌武器化的关键障碍。合成生物学不会彻底改变这种状况。尽管对抗生素耐药性和毒素生产等一些性状有了深入的了解，但正如上述“技术的可用性”中所指出的那样，与作为生物武器使用的细菌的生产和递送有关的知识仍然有限。

4.2.2.3 对行为者的要求（中等关注度）

设计基因修饰以影响细菌性状所需的专业知识差异很大，具体取决于修饰的性质（例如，以新方式改变细菌生物学的修饰将更具挑战性）以及关于所涉基因的可用信息量（例如，关于毒素生产和抗生素耐药性的信息已经得到很好的阐明，因此专业知识较少的人也可使用）。因此，随着关于更多性状的更多信息的发布，设计对这些性状进行修饰所需的专业知识水平降低了。根据目前的知识状况，这个因素所带来的关注度是中等。

进行实际的修饰将需要传统分子生物学专业知识和细菌遗传学方法方面的经验，但不一定需要经过高级合成生物学技术的培训。

4.2.2.4 消减的可能性（中等关注度）

目前该因素的关注度是中等。正如在重构已知病原体的背景下所讨论的那样，管制生物剂清单和自愿筛查指南不足以遏制或阻止经修饰的细菌病原体的发展。在后果管理方面，针对一种具有独特特征的、自然发生的新生物体作出应对，与针对一种作为有目的地部署的生物武器、经过改造的细菌病原体作出应对相比，一个根本的区别就是一个精于算计的敌对者。尽管公共卫生系统的组成部分，如美国疾病控制和预防中心的国家症状监测计划（NSSP）等，可能确实很适合检测和控制新的自然产生的细菌威胁，但具有抗生素耐药性的工程化病原体将对公共卫生体系的应对能力带来挑战。因此，后果管理能力在面对专门能够逃避它们的工程化细菌病原体（如通过疫苗或抗生素耐药性）时效果会降低。

4.3 创造新病原体

合成生物学领域的一个主要愿景是设计和创造对人类有益的新生物体。在生物武器的背景下，我们考虑了这种愿景被用于生产全新的病原体的可能性。与关于修饰现有病原体的讨论相反，这里使用“新”一词来描述来自多个生物体的遗传部件的新组合，其产物不像主要来自一个来源那样容易识别。这可以包括在自然界没有近亲、通过计算设计的遗传部件。这一类潜在生物武器的范围非常广泛，但也说明了未来某些时候可能会出现更具挑战性的应用。

新病原体的一个例子是由许多不同的天然病毒的部件构建而成的病毒。例如，这种混搭方法可能组合了一种病毒的复制特性、另一种病毒的稳定性，以及第三种病毒的组织嗜性。多种实验方法适用于这一目标。定向进化方法可用于对病毒 DNA 部件的随机组合进行抽样；虽然每个组合的成功概率很小，但抽取大量组合会增加成功的机会。更明确的设计方法可能是开发软件，以对特定设计的属性进行建模和预测，然后通过“设计-构建-测试”循环的多次迭代来构建、测试和改进。正如在“使现有病毒更加危险”部分所讨论的，即使对现有病毒进行简单改变也会导致关键的病毒特性产生严重缺陷，从而使得任何此类努力都特别困难。尽管如此，将噬菌体基因组的结构重新组合成模块化片段的工作（Chan et al.，2005）表明，病毒序列的全新组合也许是可行的，但目前还缺乏能够设计具有高度成功信心的病毒的工具。

新病原体的另一个例子是基于合成的“遗传电路”（参见附录 A）。合成生物学的一个主要目标是利用遗传物质任意编程特定功能的能力。这些努力在 DNA 编码的程序的工程化中得到了很好的体现，这项工作严重依赖于源自信息论和计算机科学的概念，例如，从单个开关函数构建逻辑门。重要的是，编码这些函数的遗传物质原则上可以来自任何地方——来自生命之树的任何分支，或来自自然界从未观察到的全新 DNA 序列。随着时间的推移，对组件抽象化和标准化的依赖性增加，遗传电路设计的复杂性也大大增加（参见 Toman et al.，1985，作为一个早期例子）。图 4-3 显示了一个近期开发的软件的例子，该软件总体上支持这样的高级设计，但不专门用于病原体。

尽管已经设计出许多可在培养的人类细胞系中发挥功能的遗传电路，但在人体内使用遗传电路的应用仍处于起步阶段（Lim and June，2017）。因此使用这种技术在人体内造成伤害的可能性仍然属于猜测的范畴。新型电路（理论上）可以用于将健康细胞转化为癌症细胞，或引发自身免疫应答。借助能够打开或关闭宿主基因（例如在转录或翻译水平）的工程化因子，可以设计这样的电路来作用于宿主 DNA。这种通用开关的多种机制已被证明，包括使用天然或人造 microRNA 分子以及使用 CRISPR/dCas9 型可编程基因抑制或激活（Luo et al.，2015）。重要的是，这些机制的实例在靶向哪些宿主 DNA 序列方面表现出高度的可编程性。同样，遗传效应器的潜在可编程性也可能带来能够基于细胞的状态或类型（Weiss et al.，2003），或者甚至是基于特定的遗传特性进行感知和计算的遗传电路。在某些情况下，遗传电路可以使用非复制型递送机制递送至少数宿主细胞，这种递送机制可以是病毒衍生的，如某些基因治疗中使用的（参见第 7 章 7.2.1 节“基因治疗”），也可以基于非生物材料。

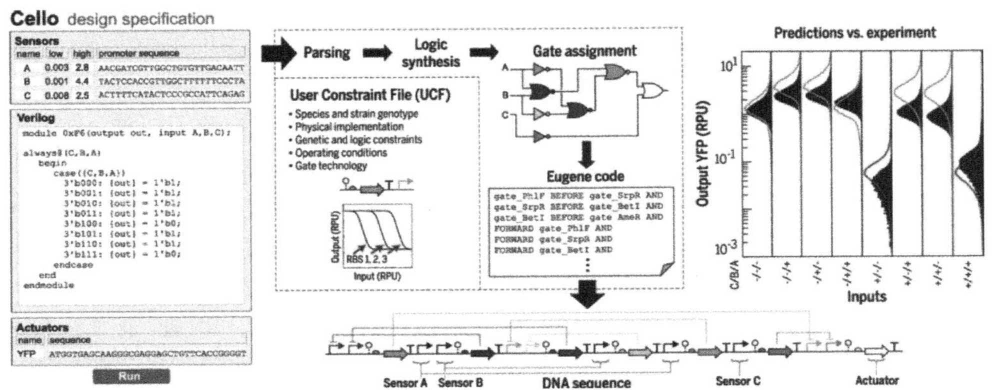

图 4-3 将电路的说明和设计与电路功能预测模型相结合的软件环境促进遗传电路工程的示意图。注：遗传电路是合成生物学工作的常用工具，允许用户将来自感知、计算和驱动等大类的多种功能组合在一起。来源：Nielsen et al.，2016。

最为困难（以及可行性最低）的是工程化设计与地球上已知生命极不相同的生命形式。“异源生物学”（附录 A 中描述）提供了一些可能性——例如，一种利用脱氧核糖核苷酸和核糖核苷酸的不同组合来编码其遗传信息的细菌（Y. Zhang et al.，2017）。关于这种努力的长期合理性，专家们有各种各样的意见。

这里总结了对创造新病原体的关注度评估，并在下文详细介绍。

	技术的可用性	作为武器的可用性	对行为者的要求	消减的可能性
对创造新病原体的关注度	低	中高	低	中高

4.3.1 技术的可用性（低关注度）

由于创造新病原体面临多种主要的知识和技术障碍，包括关于病毒和细菌存活力的最低要求以及上文讨论的对病毒组织的制约的知识，因此目前对这一因素的关注度非常低。但这仍是一个值得持续关注的领域的明显例子。如果未来能够克服相关的技术障碍，那么关注度将大幅增加。例如，最近核衣壳［一种能够包装其自身遗传物质的蛋白质结构，令人联想到病毒（Butterfield et al.，2017）］的工程化设计展示了如何在不依赖病原体 DNA 的情况下模拟类似病原体的一些功能。尽管如此，这种尝试距离创造真正的新病原体所需的大量工程化设计还很远。尽管包装遗传物质是病毒的一项基本功能，但在工程化设计高效的宿主或组织靶向性、细胞入侵、基因组复制，以及病毒颗粒成熟、出芽或释放中还存在更多的障碍。优化所有这些功能以使其有效地协同工作会面临更多的困难。可靠地设计一种全新的病毒以在宿主中引起特定症状可能更具挑战性。

4.3.2 作为武器的可用性（中高关注度）

对作为武器的可用性的关注度为中高，主要是由于两个因素。首先，有可能创造出具有以前未见特征的病原体。这些特征可以包括诸如使用遗传逻辑靶向特定组织或细胞类型的能力，或者产生异常神经系统影响的能力。同样，这类病原体可以采用新的定时机制，在暴露时间和症状发作之间产生延迟。其次，从理论上讲，从头设计的病原体可能具有更大的杀伤力，因为人类以前可能没有接触过类似的病原体，因此可能没有免疫保护力。

4.3.3 对行为者的要求（低关注度）

设计、构建和测试一个全新的病原体需要尚未证明的能力。虽然就可以产生的病原体的具体类型及特征而言，这种能力极为广泛，但预期的技术难度很高，导致对行为者的要求的关注度总体较低。此外，这种雄心勃勃的项目能否产生预期结果本身具有高度不确定性，可能导致行为者远离这样一条道路而趋向更确定有成效的努力。总的来说，人们会认为，这种雄心勃勃、挑战极限的项目需要团队资源充足，并在多种不同的技术方面拥有丰富的专业知识。一个成功的项目还需要有先进的设计技能和工具，特别是能够模拟和预测病原体特性（包括宿主-病原体相互作用）的软件平台。此外，探索这个未知领域通常需要“设计-构建-测试”循环的多次迭代，并在开发过程中进行大量测试。因此，成功设计和部署一种新的病原体可能需要一组拥有大量时间、资金和其他资源的行为者来对该过程进行投资，并需要一个永久运行的、设备齐全的设施（而不是一个移动的或临时的实验室）。

4.3.4 消减的可能性（中高关注度）

一种全新的工程病原体可能会以多种方式阻碍现有的消减方法，因此对这一因素的关注度为中高。首先，试图通过分子生物学方法［如 PCR、测序或酶联免疫吸附试验（ELISA）］鉴定病原体的方法将会遇到阻碍，因为病原体不会产生与已知病原体完全匹配的结果（事实上，在某些情况下，可能与多种病原体的一部分匹配）。但是，分析新病原体的基因序列可能表明存在新的生物实体，提供了重要信息。其次，新病原体的症状可能会对诊断产生误导，诊断时最初怀疑的都是常见病原体。最后，即使确定了生物剂，对新病原体的正确治疗选择也无法确定。但是，各种疾病中采取的常见治疗措施（即消炎药、休息、补液）可能仍然是密切相关的，并且有一定的效果，因为这些方法不仅与特定病原体的特定特征相关联，而且针对的是人类疾病的一般症状类别（如发烧、肿胀、充血、炎症）。

4.4 小　　结

- 已知病原体可以被重新构建。这种重构的难度将随着基因组大小的增大而增加。
- 可以对病毒进行工程化改造以使它们更具致病性。由于知识的限制以及变化通常对病毒有害，使得设计会很具挑战性；但是，可以通过构建和测试多个变体直到出现更具致病性的病毒来解决这些挑战。
- 可以利用现有技术对细菌进行工程化改造，设计具有多药耐药性等特征的细菌是近期受关注的领域。
- 关于制造新病原体，随着与自然病原体亲缘关系距离的增加，难度会增加。

几个世纪以来，人类早已将病原体用作战争的工具。现代生物技术为创造生物武器开创了新的机遇，合成生物学进一步增强和扩大了这些机会。本报告对与重构已知致病病毒和细菌、修饰现有非致病性和致病性病毒和细菌以及产生全新致病病原体有关的当前能力及未来预期进行了审查。

重构已知致病病毒的可能性引起了相对较高的关注度。这种关注度主要由合成病毒（尤其是那些基因组较小的病毒）的技术易用性和现有病毒的已知致病性（从而使其成为潜在可靠的生物武器）所导致。但是，由于目前的消减方法是针对自然病毒设计的，因此这些方法能够很好地消减已知病毒的合成版本。展望未来，必须对使合成越来越大的病毒变得更容易的技术进展进行监控，这些进展预计将扩大能够使用合成生物学作为生物武器生产的病毒的数量。

重构已知致病细菌的可能性引起了相对较低的关注度，主要是因为技术难度较高。由于细菌的基因组要比病毒大得多，因此构建和启动细菌需要大量的专业知识、时间和资源。考虑到这一过程的技术难度，行为者可能会发现，通过从头合成以外的其他方法来获得致病细菌要容易得多（事实上，这也同样适用于病毒，尽管它们的合成比细菌的合成更容易）。另外，与病毒一样，现有的消减方法预计能够很好地应对利用合成的已知病原菌发动的攻击。但是，两项发展可能会导致关注度增加。如果使用酵母的技术可以使启动合成的细菌基因组更加可行，或者如果一项突破使得能够在不产生剪切的情况下更容易地处理大规模DNA片段，那么重构已知致病细菌可能会引起更多的关注。

使用合成生物学使现有病毒更加危险引起了中等的关注度。虽然修饰病毒以改变其表型在理论上可能是一种有吸引力的选择，但是这一步骤需要克服重大障碍。这种尝试将对抗具有数百万年进化历程的精细的病毒-宿主动力学，其中一个关键的因素是对病毒的修饰通常会导致病毒减毒。在“设计-构建-测试”循环中，最大的障碍在设计和测试阶段。尽管修饰病毒需要病毒生物学方面的大量专业知识，并且由于无法在人体中进行合乎伦理的病毒测试而使“测试”阶段可能遭遇挑战，但构建经修饰的病毒仍将相对简单。高通量和定向进化方法可能降低与“设计”阶段有关的障碍。

使用合成生物学使现有细菌更加危险引起了相对较高的关注度。这很大程度上是由于修饰细菌基因组的技术易于使用，以及有关抗生素耐药性和毒素生产等性状的基因的信息具有广泛的可获得性。出于各种有益的目的（例如，生产生物燃料和药物），人类经常对细菌进行修饰，而同样的技术和知识基础可能会证明对出于更邪恶意图的修饰有用。

从头开始创造新病原体目前引起的关注度相对较低，主要是因为追求这种目标所需的知识和技术尚处于起步阶段。很可能需要在设计能力上有一个（或不止一个）重大突破才能实现这一能力。

表4-1总结了对每种能力需监控的相关进展。

表4-1　目前限制所考虑能力的瓶颈和障碍，以及未来可能减少这些限制的进展。注：阴影表示可能由商业驱动因素推动的进展。组合方法和定向进化等方法可能有助于运用较少的明确知识或工具来拓宽瓶颈或克服障碍。

能力	瓶颈或障碍	需监控的相关进展
重构已知致病病毒	启动	启动具有合成基因组的病毒得到展示
重构已知致病细菌	DNA合成和组装	用于处理更大DNA构建体的合成和组装技术得到改进
	启动	启动具有合成基因组的细菌得到展示
使现有病毒更加危险	对病毒基因组组织的限制	关于病毒基因组组织的知识增加和（或）能够促进病毒基因组更大规模修饰的组合方法得到展示
	工程化设计复杂的病毒性状	关于复杂病毒性状的决定因素以及如何设计通路来产生这些性状的知识增加
使现有细菌更加危险	工程化设计复杂的细菌性状	组合方法取得进展和（或）关于复杂细菌性状的决定因素以及如何设计通路来产生这些性状的知识增加
创造新病原体	关于（病毒和细菌中）存活的最低要求的知识有限	关于病毒或细菌存活能力要求的知识增加
	对病毒基因组组织的限制	关于病毒基因组组织的知识增加和（或）能够促进病毒基因组大规模修饰的组合方法得到展示

5. 与生产化学物质或生物化学物质有关的关注度评估

微生物代谢工程是一门有几十年历史的学科，已被用于制造包括燃料、通用化学品和专用化学品、食品配料和药品在内的各种产物。代谢工程的核心原则和成功是基于生物系统本质上是化学系统这一观察。具有功能的细胞，无论是来自微生物、人类还是其他来源的细胞，本质上都是在由细胞壁、细胞质膜或其他包膜特征所限定的有限物理空间内发生的生物化学反应的集合。这些反应产生的结构同时提供物理形式和功能。代谢工程师利用生物化学通路增加了生物体天然产生的化合物的产量（例如，上调酵母细胞的乙醇产量），并诱导生物体产生对该生物体而言新颖的化合物［例如，改变酵母中的麦角甾醇生物合成通路以产生植物萜类化合物（Kampranis and Makris，2012）］。

合成生物学的概念、方法和工具使代谢工程师可以遵循图 5-1 中概念化的整体工作流程来生产一系列越来越复杂的化学产品。例如，Westfall 等（2012）利用工程化的酵母生产青蒿酸，一种原产于青蒿植物的抗疟药。Galanie 等（2015）在酵母基因组中添加了超过 20 种编码非酵母原生酶的基因，以产生多种基于植物的阿片类药物。微生物甚至被工程化改造用于生产尚没有经阐明的天然生物通路的化合物，如 1,4-丁二醇（Yim et al.，2011），一种常见的工业化学物质，也被用作消遣性药物。

随着合成生物学领域致力于“改进基因工程的过程”（Voigt，2012），整个代谢工程学界正在共同努力来论证在开发工具和方法以减少实现具体生产指标（如效价、速度和产量）所需资源的同时，通过生物学生产日益复杂的分子（NRC，2015）。因此，值得考虑的是，这种技术将如何被滥用以生产用于恶意目的的化学物质或生物化学物质。这种产物可能包括以下三类。

（1）毒素[⑦]。毒素是由生物系统产生的、已知对人类或其他动物有害的分子。毒素表现出广泛的结构多样性，包括小分子和多肽。鉴于已知毒素会造成伤害，因此毒素显然是有此目的的行为者进行工程化合成的候选物质。

（2）抗代谢物和小分子药物。抗代谢物是干扰细胞正常代谢能力的化合物。尽管一些抗代谢物可用于治疗目的，如使用化疗药物破坏癌细胞中的代谢通路，

⑦ 整篇报告中使用的“生物化学物质”一词包括毒素。

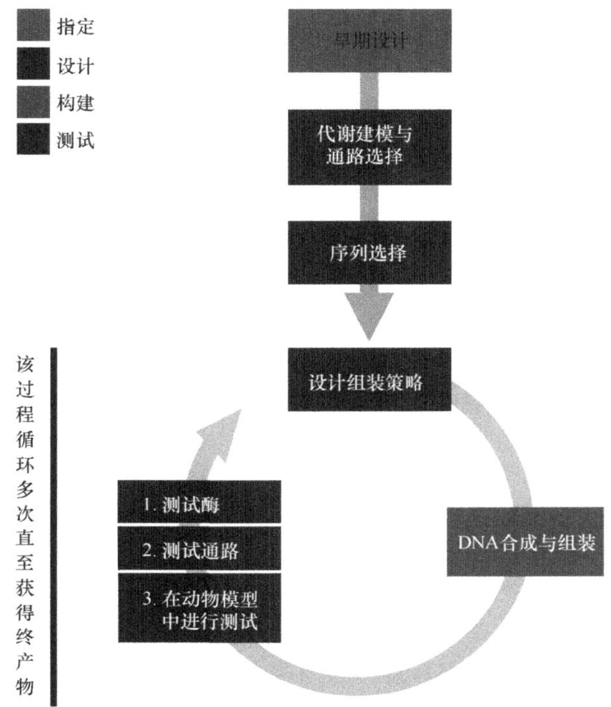

图 5-1　工程化改造生物体以产生所需化学物质或生物化学物质所涉及的活动。注：“设计”阶段的考虑因素可能包括选择宿主生物体、建模以预测代谢通路的性能，以及生物勘探以寻找生产所需产品的适当的酶。图示的是“设计-构建-测试”循环的多轮循环。在早期循环中，测试可首先关注酶功能，然后测试通路性能，最后在原位应用情况下于动物模型中测试性能。

但在正常组织中靶向正常细胞的化合物可导致功能障碍或疾病。化学合成的小分子药物也可能导致健康组织发生功能障碍。抗代谢物和小分子药物都可以通过生物系统进行合成。

（3）受控化学品。合成有机化学已经产生了多种生物来源未知的化合物。许多化合物提高了人类的生活质量，而有些化合物则可被用来制造爆炸物、化学武器和其他类型的危险化合物。其中一些化合物（或功能相当的类似物）可以通过生物合成来获得，替代传统的有机化学途径。

尽管这些化合物的分类对于考虑最终用途具有指导意义，但出于本报告的目的，区分天然存在的产物（在非工程化生物宿主中产生的产物）和人造产物（已化学合成的产物）也很有用。这种区分会影响使用合成生物学生产特定目标化合物的实验方法和技术难度。此外，考虑生产模式也很有用。例如，目标化合物可以在实验室中少量生产，也可以在生物反应器中大规模生产（类似于生物基化学品的工业生产），甚至可以在人类宿主中原位生产，如通过肠道微生物菌群中的微生物生产毒素。这些不同的模式在生产、递送和消减机会方面，都面临着不同的挑战。

考虑到潜在目标化合物的不同类型以及合成生物学技术可能被用于生产这些化合物的不同方式，我们确定了三种可能引起关注的主要活动类型：利用天然代谢通路制造化学物质或生物化学物质、通过创建新代谢通路制造化学物质或生物化学物质，以及通过原位合成制造生物化学物质。本章基于四个框架因素评估每种潜在能力所带来的相对关注度：技术的可用性、作为武器的可用性、对行为者的要求和消减的可能性。

5.1 利用天然代谢通路制造化学物质或生物化学物质

由植物和微生物细胞天然产生的生物化学化合物作为药物已经使用了几个世纪。这些产品被制备成两种形式：一种是植物提取物，其活性成分是配方中众多化学结构中的一种；另一种是高纯度单一化合物，它是通过在大型生物反应器中培养生产生物随后纯化产物而制成。此类产品已被用于治疗从微生物感染到高血压的很多疾病。作为止痛剂的阿片类药物现在也可通过微生物发酵获得，但是尚未对这种“自酿”过程的优化开展严谨的探索（Endy et al.，2015；Galanie et al.，2015）。

每种天然存在的生物化学物质都是一系列化学反应的结果，它们将简单的原料（如葡萄糖）转化为感兴趣的最终产物。这些转化是由宿主生物体 DNA 编码的酶所介导的。由于生物技术使编码必需酶的 DNA 能够独立于原始宿主而被利用，因此现在可以制造此类产品而不依赖于天然产生它们的生物体。

这里总结了对利用天然代谢通路制造化学物质或生物化学物质的关注度评估，并在下文详细介绍。

	技术的可用性	作为武器的可用性	对行为者的要求	消减的可能性
对利用天然代谢通路制造化学物质或生物化学物质的关注度	高	高	中	中高

5.1.1 技术的可用性（高关注度）

尽管在微生物宿主中生产天然产物并不是一件容易的事，但对目标分子代谢通路的工程化改造完成“设计-构建-测试”循环的一次迭代所需的核心技术很容易获得，并且通过基本水平的分子生物学和微生物学专业知识就可以相对容易地使用这些技术。因此，对这个因素的关注度相对较高。假设行为者可以获取易处理的宿主生物（如大肠杆菌、酿酒酵母、恶臭假单胞菌），具备设计基因并将其插入宿主的能力、培养重组宿主和（必要时）诱导基因表达的能力，以及对最终产物进行分析的能力，那么试图设计代谢通路以产生目标毒素或其他化学物质或生物化学物质，总体来说就是一个相对简单的命题。虽然经过“设计-构建-测试”循环的一次迭代后获得成功的可能性不大，但重复的工作循环通常会提高性能。

至关重要的是，该通路（即从指定的起始底物到最终产物的一系列特定化学反应）是否已被完全阐明。如果通路尚未完全了解，则可能面临严重的瓶颈或障碍，因为同时需要结合生物信息学和实验技术才能识别缺失的酶和反应步骤，这就需要更高级的专业知识、更多的时间及更多的科学资源。如果一种化学物质或生物化学物质在设计产生该通路的宿主生物体内不能很好地被耐受，则难度也会增加。代谢工程的难度还取决于目标分子的复杂性；工程化设计生产结构较简单的分子的通路，通常比设计生产较复杂的分子的通路更加可行。例如，抗癌药紫杉醇首次在太平洋紫杉树中被发现已经过了大约 50 年，其完整的生物合成通路仍未认识清楚。

一旦通路已知，并且一旦明确了编码通路酶的基因，下一步就是酶的功能性表达。这一步骤通常具有挑战性，因为酶从一个宿主转移到另一个宿主可能失去与其活性相关的局部结构特征，或者可能会与必需的辅助蛋白分离。合成生物学工具可以用来解决这些失去的结构性功能或提供替代途径，但是这会带来更复杂的命题，如下文“通过创建新代谢通路制造化学物质或生物化学物质”中所讨论的。但是，如果新宿主中缺失的翻译后修饰对酶活性来说至关重要，那么这可能是一个难以逾越的障碍，至少短期内如此。

5.1.2 作为武器的可用性（高关注度）

代谢工程不仅仅提供新的递送机制或实施模式，更提供了更多的材料。简而言之，代谢工程本身并不能促进武器化，而是提供了一种在较短时间内获取大量有害物质的潜在手段。

简单地将一系列功能性酶引入合适的宿主中来产生化学物质或生物化学物质，并不能保证足以引起关注的生产率。在评估工程化生物体中产品形成的有效性时，有三个指标至关重要：产率（单位时间内生产的产物量）、效价（工程化生物体外部产物的浓度）和产量（转化成产物的可用原料的量）。尽管这些指标在自然环境中无关紧要（因为大多数生物化学物质和多肽天然产生的量很少），但这些参数对于需要大规模生产的化学物质或生物化学物质的武器化非常重要。

例如，如果某种毒素在浓度为 50mg/kg 时对人类是致命的，那么以 5mg/L 的效价生产该毒素就需要每千克体重摄入至少 10L 发酵液。而按照 10g/L 的效价，每千克体重只需要摄入 5mL 发酵液。实现更高效价可在较小的生物反应器中达到有效剂量，从而可能需要更少的资源。产率、效价和产量决定了制造有用（即有害）量的化合物所需的细胞生长和原材料的体量，以及生产所需的时间长度。

总体来说，工程化设计生物体以提高产率、效价和产量将变得越来越困难。目前，工程化设计微生物以生产超过 1g/L 有毒小分子产物可能需要拥有现代分子生物学实验室的专业代谢工程师经过辛勤的努力才可实现，而在专业知识、科学资源较少的情况下效价则可能较低。因此，可以预期，高效力毒素对于恶意行为者而言将是更理想的目标。但是，从行为者的角度来看，可能需要在生产特定化学物质或生物化学物质的相对难度与造成伤害所需的量之间作出权衡。纯度、产率及目标分子的复杂性也将成为这种权衡的因素。如果一种化合物必须具有高纯度才能有效地作为武器，则在生产或下游加工（如从裂解物中纯化）中实现这种纯度水平的难度可能会构成障碍。低产率通常与底物浓度不足和（或）活性低（即反应速度太慢）有关；如果酶活性不足以达到所需的转化率，即使酶以高水平表达，可能也需要增加设计-构建-测试循环的迭代才能达到所需的产率水平。

一旦行为者能够生产足够数量的目标化学物质或生物化学物质，那么假设行为者选择了已知的会导致伤害的目标化学物质或生物化学物质，结果的可预测性就会很高。例如，大规模生产肉毒杆菌毒素不需要对发酵产物进行测试，因为已知其暴露的影响。的确，与合成病原体相比，行为者可能对通路已很清楚，对使用合成生物学方法生产的化学物质或生物化学物质的有效性或致死性有更大的信心。合成病原体肯定需要测试来验证是否能够实现预期的表型结果。

利用天然代谢通路生产的化学物质或生物化学物质的预期伤亡范围取决于生产的数量、效力及递送。化学物质、生物化学物质和毒素不会像病原体一样自行传播，因此即使该化合物具有高效力，进行大规模攻击仍需要向目标种群递送足够的数量。但是，化学物质或生物化学物质有许多潜在的递送方式，当它们以与病原体相同的方式暴露于环境中时不会降解，因此，它们将能够在比病原体更广泛的递送情景下保持效力。

总之，工程化改造微生物以利用天然代谢通路生产化学物质或生物化学物质，在作为武器的可用性方面引起了相对较高的关注度，主要是因为结果的可预测性，即生产已知的有毒物质将导致产生具有已知毒性的产品。另外，化学物质或生物化学物质比病原体更稳定。这些考虑因素超过了扩大生产规模以大量生产一种物质的难度是瓶颈或障碍这一事实，因为有许多物质效力很高，因此极少量就可发挥毒性作用。

5.1.3 对行为者的要求（中等关注度）

一般来说，在代谢工程中执行“设计-构建-测试”循环的核心能力只需要相对低水平的代谢工程专业知识，特别是对于已经完全阐明的天然代谢通路。但是所需的专业知识取决于代谢通路和目标分子的复杂性。实现高水平的合成，尤其是困难目标的合成，确实需要更多的专业知识和经验；例如，在很多情况下，行为者需要关于如何将各种途径组合为一个运转良好的整体的实际知识。为了填补代谢通路中未完全阐明的空白，行为者需要获得生物信息学能力以分析基因组和转录组数据，以及检测和识别中间体的实验能力。基于上述原因，利用天然代谢通路来制造化学物质或生物化学物质，在对行为者的要求这一因素方面的关注度被认为是中等。

所需的组织足迹取决于所需产物的数量（而所需产物的数量又取决于效力和效价等因素）。获取小批量化学或生物化学物质可以通过相对较小的组织足迹实现，但是在生物反应器中放大规模大量生产则需要较大的组织足迹和更多的资源。

5.1.4 消减的可能性（中高关注度）

总体而言，对这一因素的关注度是中高，主要原因是一些毒素还没有可用的应对措施。稍微减轻关注的是这样一个事实：预计攻击会很容易被识别。该评估假设行为者将尝试使用代谢工程来生产具有已知特性的化合物。由于大多数已知的可能被滥用于攻击的生物化学物质在自然界中存在量极少，因此疾病的出现将是发生蓄意释放的强烈迹象，从而使快速识别攻击成为可能。但是由于最终产物是从产生它的生物体中纯化出来的化学或生物化学物质，因此无法获得与生物体有关的特征以确定攻击是否是由经有意工程化改造以产生危险化学或生物化学物质的生物体所导致的，而且，将一种工程化的生物体归因于特定的行为者会更加困难[⑧]。

后果管理的能力取决于所使用的化学或生物化学物质。各国政府已经研发了用来防御已知毒素攻击的医学应对措施，但还有其他毒素尚未成为此类工作的重点。不管是自然产生的还是使用合成生物学生产的化学物质或生物化学物质，预计应对措施和公共卫生应对将是相同的。

---

⑧ 但是，请注意，联邦调查局已经探索了使用同位素比值进行化学和生物化学物质的归因（Kreuzer Martin and Jarman, 2007）。

5.2 通过创建新代谢通路制造化学物质或生物化学物质

尽管自然界提供了大量可用于靶向合成的生物化学化合物，但酶介导的转化也可用于生产生物体不能天然产生的化学物质。生物催化长期以来一直用于生产自然界中不存在的药物中间体和活性成分（Bornscheuer et al.，2012）。在这些过程中并非总是需要使用活的微生物；相反，可以在反应容器中以类似于传统有机合成的方式使用纯化的酶。从根本上说，设计一种新的生物合成通路包括指定一系列酶促步骤，这些步骤可将一个固定的起始底物转化为所需的最终产物。实际上，起始底物通常是已知的初级代谢物（如乙酰辅酶A）（Savile et al.，2010），并且所提出的反应步骤是基于已知的酶促化学反应。

不遵循现有自然蓝图的工程化代谢通路已被用于商业化化合物的生物生产（Yim et al.，2011）。生物合成的真正极限是未知的，而蛋白质设计和工程的进展正在迅速扩大酶催化反应的范围（Siegel et al.，2010；Kan et al.，2017）。研究人员还发现，可以通过融合植物和微生物生物合成的机制，将通常在生物系统中少量存在的物质（如卤素）掺入到天然产物中（Runguphan et al.，2010）。这些例子表明，通过生物合成可以获得的分子范围比迄今已经证明的要大得多。

这里总结了对通过创建新代谢通路制造化学物质或生物化学物质的关注度评估，并在下文详细介绍。

	技术的可用性	作为武器的可用性	对行为者的要求	消减的可能性
对通过创建新代谢通路制造化学物质或生物化学物质的关注度	中低	高	中低	中高

5.2.1 技术的可用性（中低关注度）

与合成天然代谢通路相比，产生新代谢通路可能在技术上更具挑战性，并且可能需要“设计-构建-测试”循环的多次迭代。因此，对技术的可用性的关注度是中低。技术方面的挑战主要来自于这样一个事实，即工程化设计新通路通常需要工程化设计酶活性[通过合理的（计算）设计或者通过定向进化]，才能实现目的通路所需的活性和特异性。此外，酶在许多情况下可能作用于自然界中尚未遇到的底物；在这种情况下，如果底物结构与所用酶的天然底物类似（Hadadi et al.，2016），则成功的可能性更大。对于某些反应来说，产生高酶活性可能单纯在技术上就是不可行的，但是这一点可能无法预测，并且可能需要多次“设计-构建-

测试”循环才能确定已经走到了死胡同。总体来说，如果目标是工程化设计一条基于现有通路的新通路，而不是设计一条全新的通路，那么难度可能会降低。

5.2.2 作为武器的可用性（高关注度）

对于新代谢通路，武器化、规模化、结果的可预测性、递送和伤亡范围等方面的考虑因素大部分与天然代谢通路相似，因此大规模生产成为障碍或瓶颈。如果产物对生产它的细胞具有毒性，扩大产量可能对新代谢通路提出额外的挑战，从而造成另一个障碍或瓶颈。在递送方面，通过新代谢通路产生的化学物质可能比天然生物化学物质在储存和运输上要更加稳定。

5.2.3 对行为者的要求（中低关注度）

虽然有计算工具和已建立的方法用于创建新代谢通路，但代谢工程在很大程度上仍是一门“艺术”，而不是“科学”。由于直觉在实验设计的成功实施中始终发挥着重要作用，因此创建功能性新代谢通路与利用天然通路相比，很可能需要更高水平的专业知识和经验。特别是，如果一条新通路需要酶作用于新的底物，那么蛋白质工程的专业知识（超出了经验丰富的代谢工程师的典型技能范围）也是必需的。关于如何设计新通路和如何设计酶活性的知识都是这个领域的瓶颈或障碍。因此，对这一因素的关注度是中低。

5.2.4 消减的可能性（中高关注度）

有关通过创建新代谢通路制造的化学物质或生物化学物质的消减能力的考虑因素，在很大程度与通过天然代谢通路产生的化学或生物化学物质的消减能力相似。

5.3 通过原位合成制造生物化学物质

人体微生物菌群，特别是肠道微生物菌群，已经成为代谢工程的目标。肠道微生物影响其宿主的代谢，并且能够产生各种各样的生物化学物质。尽管微生物菌群对宿主代谢的影响程度仍是一个活跃的研究领域，但在为诊疗目的而工程化设计肠道微生物方面已经取得了重大进展。工程化微生物目前正准备用于治疗代谢紊乱的临床试验，但通过代谢通路工程化设计高通量仍未被证明（Synlogic，2017）。

随着这项研究的兴起，我们有必要考虑是否可以利用人体微生物菌群来制造生物化学物质（在共生生物的细胞内），并将其递送至人类宿主而造成伤害。除了肠道微生物菌群之外，皮肤微生物菌群也可能是原位合成这类化合物的另一个潜在途径。相关概念包括操作人体微生物菌群导致肠道菌群失调或作为水平基因转移的途径（详见第 6 章 6.1 节“修饰人体微生物菌群”）。能够产生毒素、抗代谢物或受控化学品的微生物在环境中扩散也可以被认为是一种潜在的原位递送机制，其结果难以预测。无论是要在大型容器中培养生物体然后纯化目标分子，还是要将生物体引入环境或人类宿主中以原位生产和释放生物化学物质，在微生物中进行通路工程化设计的基本原理都是相同的。但是，工程化工作的范围可能会有很大差异，因为在容器中生产可能需要达到更高的生产效价。例如，与在发酵容器中培养和纯化所需的每升数十克相比，原位递送纳克级的有毒物质就足以产生有害影响。在评估关注度时，考虑这种差异很重要。

这里总结了对通过原位合成制造生物化学物质的关注度评估，并在下文详细介绍。

	技术的可用性	作为武器的可用性	对行为者的要求	消减的可能性
对通过原位合成制造生物化学物质的关注度	中高	中	中	高

5.3.1 技术的可用性（中高关注度）

从工程学的角度来看，创造一种能够原位合成生物化学物质的微生物，与工程化设计代谢途径以在生物反应器中生产化学物质或生物化学物质带来许多相同的机会和挑战，但也存在一些额外的挑战。虽然在生物反应器中制造化学或生物化学产品的过程中通常可以测量产率、效价和产量，但微生物菌群中的条件却与实验室中有很大的不同。这使得一旦微生物被递送至微生物菌群（或环境）中，则很难预测和控制实验室中的产率、效价和产量的测量结果是否会转化为相似的数字。目前需要多次“设计-构建-测试”循环，包括在细胞培养物和动物模型中进行大量测试，才能获得具有功能性遗传电路的工程化肠道微生物（Lu et al.，2009；Kotula et al.，2014；Mimee et al.，2015；Matheson，2016）。加速开发并减少多轮资源密集型体外和体内试验的一种潜在方法是将人类受试者暴露于大量的原型微生物库中，如果观察到毒性，就对微生物菌群成分进行测序以鉴定成功的毒性原型微生物。但是，这种建库方法有很大的局限性。例如，如果一种能够产生高效价毒素的原型微生物以单一培养物形式被引入肠道，则其效果可能因大量无效原型微生物的存在而被稀释，从而导致难以检测和鉴定出成功的原型微生物。另外，产生高效价毒素的微生物可能比很少或不产生毒素的原型微生物生长得慢，这使得很难将信号与噪声分离。最后，当前肠道微生物菌群测序和组装的技术水平不能保证成功的原型菌株能够被正确构建并与所有其他引入的文库菌株区分开来。尽管如此，许多微生物将自身的毒素作为其感染性生命周期的一部分这一事实，意味着将致病性和进化适应性协调起来并非不可能，而且事实上，建立原位毒素的最简单的手段之一可能是借助一个已知的病原体，如下文“作为武器的可用性”及第 4 章信息栏 4-2 中所讨论的内容。

总体而言，操作肠道和皮肤微生物菌群中的微生物所需的知识仍然很有限，如第 6 章 6.1 节“修饰人体微生物菌群”中进一步讨论的那样，生物化学物质的原位生产在未来几年可能会面临不可预见的挑战。但是，该领域一直在迅速发展。研究人员已经证明了操作某些人体肠道微生物的能力，并且使用微生物菌群递送药物是一个活跃的研究领域。因此，这一领域的高速发展和高投资率将导致对这一因素的关注度是中高。必须监控该领域内可能会加剧滥用机会的研究和认识方面的突破。

5.3.2 作为武器的可用性（中等关注度）

对作为武器的可用性的关注度是中等，主要是由于当前在使引入的微生物在微生物菌群中持久存在的能力上受到限制。但是微生物菌群工程是一个活跃的研究领域，并且重大进步（例如，已证明能够引起肠道微生物菌群的持久性变化）将引起关注度升高。

已知肠道微生物菌群拥有数千个基因簇，并且已经证实这些基因簇的产物以高微摩尔浓度存在于肠道中（Donia and Fischbach，2015）。因此，应该可以工程化设计出能产生相似水平有害小分子的肠道微生物。但是，尽管微生物菌群中存在这些天然通路，但工程化设计类似通路以原位产生其他产物的原理尚未确定。对一种毒素的生产进行工程化设计，使其具有足够的效价且生产的时间足够长从而可以对宿主造成损伤，并不一定是一件简单的事情。而且，工程化微生物在被递送至宿主微生物菌群中后，需要定植并持久存在才能发挥长期作用。减毒疫苗株的实验表明，为了使引入的工程化微生物在肠道中持久存在，有必要清除一些已有的微生物，这增加了有目的地渗透宿主微生物菌群的复杂性。也许更可能的情景是，可以对现有的肠道或皮肤微生物进行操作以增加其有害化合物的天然产量或使其能够抵抗抗生素或其他应对措施，从而使生物剂的递送不受将新微生物渗透到天然微生物菌群的障碍。另外，在瞬时导入一种原本不可能定植的微生物之后，存在于广泛的宿主载体上的通路可能被水平地转移到本地物种中；在第 6 章 6.1 节“修饰人体微生物菌群”中进一步考虑了原位工程化通路的水平转移。

虽然化学产品将由细胞制造，但生物反应器或者烧瓶可能需要产生足够数量的细胞，才能使向目标人群递送成为可能。与那些生产低效力化学物质的工程化微生物相比，分泌较少量即造成较大伤害的高效力生物化学物质的工程化微生物更值得关注。但如何有效地将工程化微生物递送至目标人群中仍然面临很大的障碍。冷战时期对细菌武器化的研究与这一概念相关。污染食物可能是一种有效的传播方式，但可能受到冷藏、烹饪等标准食品安全措施以及限制受污染食品扩散的机制的阻碍。原位生物合成造成的伤亡范围预计相对较小，因为需要将生物剂递送至每个个体，然后在肠道或皮肤中持续存在足够长的时间才能造成伤害。尽管如此，即使通过低水平生产的化合物来轻微或逐渐改变人类生理和行为的能力，也可能会极大地削弱一个现代的民族国家。

5.3.3 对行为者的要求（中等关注度）

对微生物进行工程化改造以在微生物菌群中主动分泌产物所需的专业知识，通常比工程化设计天然代谢通路要求更高水平，但不如设计新的代谢通路复杂，这导致对这一因素的关注为中等。由于需要“设计-构建-测试”循环的多次迭代，因此行为者可能需要在很长一段时间内使用大量的实验室资源。另一方面，与在生物反应器中生产化学物质或生物化学物质相比，原位合成在规模扩大和下游加工方面的障碍较少，并且一旦开发出足够的工程化微生物，少量的生产和递送就不再需要大量的技术专长。

5.3.4 消减的可能性（高关注度）

基于原位合成生物化学物质的攻击在归因方面面临挑战，并且识别和阻止攻击存在困难，导致对这一因素的关注度相对较高。与控制自然食源性病原体暴发有关的政策和程序应能很好地用于控制产生毒素的工程化肠道微生物。事实上，相比其他攻击媒介，强大的食品安全公共卫生基础设施的存在以及应对受污染食品暴发的措施，可以阻止技术熟练的行为者利用工程化的肠道细菌实施攻击，转而选择其他攻击媒介。此外，虽然对微生物进行工程化改造以抵抗传统应对措施（如使用广谱抗生素）可能会提高伤亡率，但对受污染的设施进行控制和隔离仍有望限制这类生物剂的传播。但是，食物并不是将工程化微生物递送至肠道的唯一潜在攻击媒介或递送工具。开发一种能够渗透到皮肤微生物菌群的工程化微生物，或开发一种可高效递送肠道微生物的方法，可能不太容易受到现有消减措施的影响，从而显著增加了所需的关注度。但是，这些递送模式目前还只是理论性的。

无论公共卫生基础设施是否可以有效遏制攻击，要识别攻击（即区分自然疾病暴发与将工程化微生物故意引入到受影响人群的微生物菌群）都可能是极其困难的。这种困难是造成对消减的可能性的关注度相对较高的主要原因。某些类型的攻击比其他类型更容易识别；例如，出现罕见的肠毒素或对现有应对措施的极高抵抗力可能更容易被识别为攻击的迹象，而将非典型肠道问题（例如，在肠道中制造的阿片类药物）的影响追踪到工程化的肠道微生物菌群则将是一项艰巨的任务。

与本章所讨论的代谢工程的其他应用相反，在原位合成的情况下，工程化微生物的遗传物质仍然保留在武器化的产物中。对受影响个体的临床样本进行测序可以使研究人员确定攻击中所使用的基因序列或生物体。但是，这项工作将面临重大的技术挑战。首先，如果工程化微生物的含量较低，则样品中的大部分序列数据将来自非工程化的共生微生物。更复杂的是，工程化微生物的基因组中预计只有一小部分包含新的 DNA。例如，工程化大肠杆菌的基因组可能包含少于 10 个异源基因，将需要在包含 4000 多个基因的其余基因组中检测出这些异源基因。肠道微生物菌群组成的高度复杂性和变异性增加了将测序数据中存在的未表征基因与外源基因相混淆的可能性。

即使在临床样本中可以鉴定出工程化微生物的基因序列，也可能仍然难以将攻击追溯到责任行为者。一种可能的方法是尝试确定生产合成 DNA 的供应商。但是，随着 DNA 合成技术的日益普及，可能难以查询到所有能够生产合成 DNA 的公司。此外，从核苷酸组装合成 DNA 可以避免对商业公司 DNA 合成的需求。虽然追踪工程化微生物来源的调查工作可能比关注外源基因 DNA 序列提供更多有用信息，但如果能够在行为者的实验室中找到匹配的材料，则这些序列对于将可疑行为者与武器材料联系起来非常重要。

5.4 小　结

- 合成生物学为制造有害化学物质和生物化学物质（包括毒素）提供了新途径。
- 通过操作生物组件生产的化学物质和毒素可能效力很高，需要少量即可造成伤害，也可能效力较低，需要较大的量。尽管合成生物学在两种情况下都可以促进发展，但高效力的化学物质或生物化学物质在生产和递送方面需要较少的下游专业知识。生产和递送足够数量的低效力化学物质或生物化学物质将需要更多的专业知识和更先进的技术，才能达到适当的性能指标并进行适当规模的生产。
- 由于在酶工程以及阐明并说明代谢通路方面存在挑战，生产非自然发生（并且没有已公布的已知代谢通路）的化学物质或生物化学物质需要特定的专业知识。

- 生物化学物质的原位生产受到更高的关注，主要是由于针对这种新方法的消减能力有限，包括识别攻击的能力有限以及可能缺乏有效的应对措施。

本章考虑了合成生物学技术可能用于生产化学物质和生物化学物质（如毒素、抗代谢物、小分子药物或用于攻击的受控化学品）的各种方式。概括来说，使用微生物原位合成生物剂引起最高水平的关注度，使用天然代谢通路合成生物剂引起中高水平的相对关注度，而创建新代谢通路来制造生物剂则构成中等水平的关注度。

必须继续监控人体微生物菌群操作方面的进展，因为制药领域的工作可能会推动进步并减少该领域持续发展中的瓶颈和障碍（参见表 5-1）。虽然通过肠道或皮肤微生物菌群原位制造生物化学物质的确定性水平低于本章描述的其他代谢工程过程所涉及的确定性水平，但微生物菌群的操作是一个活跃且快速发展的领域。总的来说，这种潜在的能力需要更高水平的关注，因为通过操作人体微生物菌群实施的攻击可能难以识别和追踪。然而，目前对微生物菌群动力学的认识仍然相对有限，并且可能需要相对较高的专业知识以及“设计-构建-测试”循环的多次迭代，才能开发出能够在人类宿主微生物菌群中定植、制造足够数量的生物化学物质并存留足够长的时间以造成伤害的微生物。

对潜在利用天然代谢通路的相对关注度是中高，主要原因包括可获得的知识水平相对较高、所需的专业技术水平相对较低、具有多种可用的递送机制及难以追踪攻击的来源。天然代谢通路可能成为攻击者的选择，因为一般而言，使用微生物制造复杂的化学物质或生物化学物质比使用化学合成技术更容易。但是规模放大仍然是一个瓶颈，而制造足够数量的化学物质或生物化学物质以实施大规模攻击将需要很大的组织足迹。鉴于此，这种方法可能更适用于制造药物，如阿片类药物。这种方法的难度很大程度上还取决于目标化学物质或生物化学物质本身的复杂性及其代谢通路的复杂性。对于某些目标化学物质或生物化学物质，行为者可能得出结论：在生物反应器中培养天然宿主生物体来生产一种生物化学物质可能比使用代谢工程更为可行（例如，培养肉毒杆菌，而不是异源生产肉毒毒素）。

开发新代谢通路以生产化学物质是一个技术上具有挑战性的命题，为了开发必需的酶活性，需要代谢工程和蛋白质工程两方面的专业知识，为了使新通路能够产生足够数量的产物以用于攻击，还需要更多的努力。这需要“设计-构建-测试”循环的多次迭代。如果新代谢通路使用天然代谢通路的步骤、酶或底物，难度就会降低。事实上，最近在蛋白质设计和工程方面的进展已经迅速扩展了工程化设计新型代谢通路的能力。最可行的代谢通路可能是那些已经被证明（如在学术文献中）的通路，因为概括一个工程化的通路比从头开发一个通路要容易得多。

但是，即使在生物合成可用于生产受控化学物质或其他产物的情况下，当涉及的通路是新的时，传统的化学合成也可能证明是更可靠、成本效益更高、更隐蔽的方法。一个熟悉代谢工程领域、能够设计高效价菌株并能够获得合适的科学资源的行为者，也有望有足够的技能来获得并可能选择这些其他选项。

表 5-1 总结了对每种能力需要监控的相关进展。

表 5-1 目前限制所考虑能力的瓶颈和障碍，以及未来可能减少这些限制的进展。注：阴影表示可能由商业驱动因素推动的进展。组合方法和定向进化等方法可能有助于运用较少的明确知识或工具拓宽瓶颈或克服障碍。

能力	瓶颈或障碍	需监控的相关进展
利用天然代谢通路制造化学物质或生物化学物质	合成毒素的宿主生物体对该毒素的耐受性	通路的阐明、电路设计的改进及宿主（“底盘”）工程的改进，使合成毒素的宿主生物体耐受该毒素
	通路未知	通路得以阐明和（或）组合方法得到展示
	大规模生产的挑战	细胞内产率和工业产率得到改进
通过创建新代谢通路制造化学物质或生物化学物质	合成毒素的宿主生物体对该毒素的耐受性	通路的阐明和（或）电路设计的改进和（或）宿主（“底盘”）工程的改进，使合成毒素的宿主生物体耐受该毒素
	工程化设计酶活性	关于如何修饰酶功能以制造特定产物的知识增加
	有关设计新通路的要求的知识有限	定向进化得到改进和（或）关于如何从不同生物体构建通路的知识增加
	大规模生产的挑战	细胞内产率和工业产率得到改进
通过原位合成制造生物化学物质	对微生物菌群的认识有限	关于宿主微生物菌群定植、遗传元件的原位水平转移以及微生物菌群中微生物与宿主过程之间的其他关系的知识增加

6. 与改变人类宿主的生物武器有关的关注度评估

虽然我们通常从病原体（第 4 章）或生物化学物质（第 5 章）的角度来思考生物防御，但技术的进步正在使与人体本身更密切相关的附加能力和攻击手段成为可能。本研究包括思考：对微生物菌群和免疫系统认识的增加如何使递送生物剂的新方法成为可能；通过并非基于病原体或毒素的生物武器所特有的方式（如通过遗传修饰）进入人类宿主的可能性；基因本身如何可能被用作武器。虽然其中一些潜在的活动与前几章讨论的活动有所重叠，但是，为了评估知识和生物技术工具的进步如何可能进一步改变可供恶意行为者利用的脆弱性和武器的形势，从以宿主为中心的角度思考这些活动是有价值的。

6.1　修饰人体微生物菌群

人类健康高度依赖于人体微生物菌群，即生活在我们身体表面和身体内部的微生物，特别是那些与肠道、口腔、鼻咽腔和皮肤有关的微生物。这些微生物种群可能比人类宿主本身操作起来容易得多，使得微生物菌群成为一种可能易于使用的攻击媒介。人体微生物菌群是许多学术和商业研究的焦点，微生物菌群的操作是一个正在迅速发展的领域，这也在第 5 章讨论过。以下思考了几种通过操作微生物菌群而造成伤害的可能方式；同时从整体上分析了这些可能性，以确定需要的关注度。

借助微生物菌群递送有害物质　　正如第 5 章所讨论的那样，对微生物进行工程化改造以生产危险化学物质或生物化学物质（包括毒素）引起了中高水平的关注度，而借助微生物菌群在原位制造化学物质或生物化学物质的可能性需要高水平的关注度。微生物菌群也可以用作其他类型有害物质的媒介。例如，微生物经修饰可产生功能性小 RNA（如 miRNA），这些小 RNA 可借助肠道或皮肤微生物菌群[⑨]转移至宿主体内从而对健康造成各种影响[⑩]。例如，也可对微生物进行工程化改造以将遗传物质水平转移到本地微生物菌群中，使宿主自身已成熟建立的微生物产生有害生物化学物质。在这种情景下，有害物质将由已建立的微生物菌群中的生物体来制造，因此工程化微生物需要渗透到微生物菌群中并存留足够长

---

⑨ 小 RNA 的转移已在其他生物中得到证实（Zhang et al., 2012），高等生物循环中发现了直接来自饮食的小 RNA 和其他核酸（Yang et al., 2015）。

⑩ 在人类皮肤中，使用抗酪氨酸酶 siRNA 会导致皮肤色素沉着的暂时变化（Kim et al., 2012）。

的时间，才能将其携带的“货物”转移到足够数量的本地微生物中。因此，这种方法将规避在已被占领的小生境中建立工程化微生物所带来的挑战。现在已知有许多自然水平转移事件导致毒素产生的实例（Kaper et al.，2004；Strauch et al.，2008；Khalil et al.，2016）。可以通过增加携带这种遗传物质的媒介或噬菌体［针对细菌的病毒 （Krishnamurthy et al.，2016）］的传播来给一个种群造成伤害。合成生物学方法可以提高这种能力，例如，通过工程化设计毒素-抗毒素偶联物以帮助确保质粒的存留。同样可以想象的是，有朝一日可以通过工程化改造的微生物将基因直接水平转移到人类细胞中。

利用微生物菌群提升攻击效果　　微生物菌群也可能被用于设计更有效的生物武器或提升攻击的效果。关于人体微生物菌群的知识可用于修饰病原体或其递送机制，以使病原体能够在种群内部或种群之间更加高效繁殖，例如，通过利用人与动物之间细菌的频繁交换。特别是，家畜可被用作借助微生物菌群传递的工程化生物剂的载体，例如，可以通过掺入饲料中，或有目的地污染动物收容所或宠物商店中的种群来建立经工程化改造的狗或猫微生物菌群，随后将其传播给人类。动物与人类接触产生的自然转移，如寄生虫弓形虫从猫转移到人类、弯曲杆菌从狗转移到人类，说明了这种方法的可行性（Jochem，2017）。同样，研究微生物菌群在发病机制中的作用可以为如何改进病原体以更好地得到其他微生物的支持提供路线图。研究广泛的基于转座子或 CRISPR 的病原体缺失文库（Barquist et al.，2013）为可能具有两用性的发病机制提供了许多启示，而这些文库可能有助于识别哪些基因与内源性菌群进行有效或特异性的相互作用，从而促进病原体的建立。

除了借助微生物菌群来传播毒素和病原体之外，操作微生物菌群也可能成为其他生物威胁的有用辅助手段。例如，最近的研究表明，真核生物病毒利用细菌来增加感染概率（Kuss et al.，2011）。同样可以想象的是，行为者可以向一个种群中引入一种“启动剂”以引发大范围的广谱抗生素治疗，然后利用被治疗种群的“清洁状态”、借助（当时已被破坏的）微生物菌群引入或扩展工程化微生物。行为者通过这种两步法甚至可以在最初的攻击中加入抗生素或抗病毒药耐药性元件。

工程化设计菌群失调　　我们对人体微生物菌群认识的日益增加可能为工程化设计菌群失调（即对正常情况下健康的微生物菌群进行有目的的扰动）带来机会。这可以通过造成已知的菌群失调或工程化设计新的菌群失调来实现，两种情况都可能涉及引入其他非致病微生物，从而导致人类健康和机能的降低。由于微生物菌群可能在人体免疫中起关键作用（Kau et al.，2011），因此菌群失调也可能被用来造成种群抗病力长期减弱。肠道、口腔、鼻腔和皮肤微生物菌群可能成为这种方法的目标。恶劣气候下持续开展军事行动导致军事准备水平下降是一个长期存在的问题。通过有针对性地添加或改变微生物菌群从而加重发炎、皮疹、

风伤和瘙痒，可能使上述情况变得更糟。虽然这些问题看似微不足道，但随着时间的推移，它们可能会降低军事能力，达到影响战备的程度。

这里总结了对修饰人体微生物菌群的关注度评估，并在下文详细介绍。

	技术的可用性	作为武器的可用性	对行为者的要求	消减的可能性
对修饰人体微生物菌群的关注度	中低	中	中	中高

6.1.1 技术的可用性（中低关注度）

出于上述任何目的对微生物菌群进行工程化改造在短期内都很困难，导致对这一因素的关注度为中低。鉴于目前对微生物菌群的认识水平，产生预期表型变化所需的遗传修饰尚不确定。实现所需的表型结果可能需要引入特定的菌种、菌株和（或）这些菌种、菌株的特定遗传修饰。在大多数情况下，由于需要进行涉及多个共生微生物菌群的多次基因导入或编辑，微生物菌群的工程化可能会变得更加复杂。对微生物群落的基因组多样性和可塑性的认识有限，也可能阻碍这一领域的活动。现在的基因组数据库是围绕共有序列建立的，并没有充分存储或链接来自单个样本的基因组变异。当美国食品药品监督管理局首次应用全基因组测序来追踪大肠杆菌疫情时，观察到基因组可塑性的差异大得惊人，凸显了这种方法的不足（Eppinger et al.，2011），也表明工程化改造微生物菌群存在固有的困难。

对于如何对环境进行合理操作以支持特定的微生物组成的认识也存在类似的障碍。例如，世界各地人类饮食的巨大差异造成了大量不同的微生物环境，很难进行一致的工程化改造。即使致病微生物的插入可能实现，但培养物中的代谢与宿主中存在巨大差异，以致如果为了获得特定的表型而改变特定的代谢通路，那么人类宿主可能会开启替代通路或次级通路，因此可能阻止或妨碍微生物菌群表型的工程化改造出现期望的结果。然而，微生物菌群是一个非常活跃的研究领域，各方面能力在迅速提升，特别是在关于环境扰动如何影响物种表现的认识（Candela et al.，2012；Ghaisas et al.，2016）及关于针对细菌的噬菌体的开发方面。必须监控新的进展，因为对于人类共生菌对人类健康影响的巨大兴趣持续推动着研究和投资，并将影响当前对微生物菌群的认识有限所带来的瓶颈。

6.1.2 作为武器的可用性（中等关注度）

将细菌引入种群中有许多已知的途径。通过摄食、皮肤或其他暴露途径，经由从受污染的食物或水到喷雾等多种渠道都可能渗透到肠道、口腔、鼻腔或皮肤的微生物菌群。对于作战人员来说，食品供应链的统一性可能会使食品成为特别受关注的攻击媒介；此外，益生菌和蔬菜补充剂等许多战士日常使用的产品（Hughes et al.，2010；Daigle et al.，2015）也可能被利用。也有可能工程化设计一种针对具有特定微生物菌群特征的种群的生物武器；如果敌对者开始在解析、存储和分析所收集的越来越多的关于人体微生物菌群的数据这项工作中做得更好，则他们也将在概率性靶向微生物菌群中处于更有利的地位（另见第 7 章，7.1.4 节“靶向”）。然而，操作微生物菌群的结果的可预测性将很低，并且与传统病原体不同，其通过人际传播扩散的机会减少。总的来说，由于缺乏可预测性，引入细菌的途径是有限的，这导致对该因素的总体关注度为中等。

6.1.3 对行为者的要求（中等关注度）

益生菌产业已颇具规模并分布广泛；世界各地的人们在使用基本设备的小规模设施中以相对较低的专业知识水平在对益生菌进行工程化改造和生产。一旦建立了成功的微生物菌群工程化方法，随后的生物武器生产就可能以相对较小的组织足迹实现。但是，实施所需的工程化改造需要高水平的专业知识。总的来说，克服技术挑战所需的专业知识以及较低的组织足迹，导致对此因素的关注度为中等。

6.1.4 消减的可能性（中高关注度）

识别并有效应对涉及微生物菌群的攻击的能力可能取决于所使用的方法。鉴于对微生物种群演替的认识尚处于初级阶段，一般来说，对人体微生物菌群的靶向性操作可能难以检测或归因。暗中引入的工程化威胁造成的影响可能很容易被当作微生物组成正常变化的一部分而被忽略，特别是如果该影响是缓动的或慢性的表型（例如，精神健康缺陷、免疫抑制、皮疹）。如果检测到攻击，人体微生物菌群的个体性和可塑性可能会使归因变得困难。此外，鉴于生产益生菌的设施大量增加，可能很难将有害益生菌的有意生产与污染或正常生产质量控制中的其他故障所引起的自然问题区分开来。但是，肠道及其他微生物菌群是强健的，在扰动之后会定期重建微生物平衡，并且现有的抗生素很可能是对抗工程化微生物的有效措施。因此，治疗攻击的受害者可能相对简单，现有的公共卫生和疫情应对措施可以很好地控制攻击。虽然引入抗生素耐药性基因可能会限制治疗的可能性，但这个问题与传统上对抗生素耐药性在种群中传播的担忧没有什么差别，并且可以通过使用新型抗生素来克服，特别是在小群体中。对这个因素的总体关注度是中高；这种攻击很难检测到所带来的高度关注，在一定程度上由于能够在检测到后进行治疗而有所降低。

6.2 修饰人体免疫系统

人体免疫是抵御传染病的堡垒。有两种基本系统对自然环境中的各种威胁作出反应。第一种是先天性免疫系统，即由病原体相关的分子模式（例如，来自革兰氏阳性菌的脂磷壁酸或病毒 DNA 中的未甲基化 CpG 序列）触发的一系列非特异性保护机制。第二种是获得性免疫系统，其产生专门针对单个疾病和疾病变体的高度特异性抗体及 T 细胞应答。许多天然病原体通过抑制免疫应答（如免疫缺陷病毒）和上调某些应答［如呼吸道合胞病毒，其诱导免疫系统促进涉及Ⅱ型 T 辅助细胞（Th2）的应答并随后增加哮喘倾向（Lotz and Peebles，2012）］两种方式来操纵人体免疫系统。这些例子表明，开发能够操纵或“改造”免疫应答的生物武器是可行的。下面思考了这种生物武器的几种潜在形式。

工程化设计免疫缺陷　对目标人群进行操作以降低其免疫力可能会提升生物攻击的效果。这一目标可以通过操作病原体以同时降低免疫力并引起疾病来实现（Jackson et al.，2001），也可以通过将免疫抑制剂和生物武器分别引入目标种群来实现。用于引起免疫缺陷的生物剂可以是病原体［如暗中传播 HIV（人类免疫缺陷病毒）］或化学物质（参见 NRC（1992）和 IPCS（1996）关于导致免疫毒性的化学物质的讨论）。也可以通过工程化改造病原体以避开现有的获得性或先天性免疫屏障，或通过实际利用这些屏障，从而根据一个种群的免疫状态来定制病原体（进一步讨论参见第 7 章 7.2.5 节“健康相关数据和生物信息学”）。

工程化设计高反应性　工程化设计免疫缺陷的反面是试图引起免疫高反应性。已经证明病原体和化学物质都会产生细胞因子风暴，这是一种由免疫应答中的正反馈环引起的危险状态。也许可以设计一种生物剂来故意触发这样的级联反应。例如，有人提出，将炭疽致死毒素引入较为温和的疾病媒介可能引发细胞因子风暴（Muehlbauer et al.，2007；Brojatsch et al.，2014；不同观点参见 Guichard et al.，2012）。同样，人类对少数众所周知的过敏原已有广泛的应答（ACAAI，2017）这一事实可能提供工程化设计生物威胁的手段，可以引发威胁生命的 IgE 介导的免疫应答。新免疫疗法的开发和测试也可能为潜在工程化设计威胁提供路线图，例如，临床研究发现抗 CD28 抗体引起危及生命的细胞因子风暴（Suntharalingam et al.，2006），行为者可能从中加以借鉴。

工程化设计自身免疫　天然自身免疫疾病会导致严重的残疾和死亡。可以工程设计一种使身体启动自身免疫的疾病。现在已有刺激自身免疫的小鼠模型。例如，通过用引起免疫应答的抗原（自身抗原）进行免疫，已在小鼠中诱导了模拟人类多发性硬化症症状的实验性自身免疫性脑脊髓炎（参见 Miller et al.，2007）。

正常情况下，通过确保排除激活自身反应的抗体和T细胞的机制能够阻止这种自身免疫，但是一些病原体可能存在与人体自身蛋白质非常相似的抗原，以至于最初的免疫应答从病原体扩展到新的人体目标。对检查点抑制剂（旨在释放人体免疫系统以根除肿瘤的化合物）的研究也可能为有意识工程化设计自身免疫的工作提供信息。已证明检查点抑制剂通过过度刺激免疫系统而引起自身免疫，通常伴随结肠炎的发生（June et al.，2017）。此外，一些特殊化合物已证明会导致肝脏的自身免疫性疾病（Tanaka et al.，2017，2018）。一种潜在的攻击途径可能是借助微生物菌群引入这种化合物。

这里总结了对修饰人体免疫系统的关注度评估，并在下文详细介绍。

	技术的可用性	作为武器的可用性	对行为者的要求	消减的可能性
对修饰人体免疫系统的关注度	中	中低	低	高

6.2.1 技术的可用性（中等关注度）

很难准确预测工程化改造对免疫系统这样复杂的系统的影响。直到现在，我们才对免疫系统识别外来抗原的机制有了更全面的认识，而许多免疫机制，如免疫记忆如何指导未来的应答，仍然不清楚。此外，这一领域的许多研究都是以动物为对象，结果并不一定能很好地映射到人类身上。而且，尽管关于自身免疫原因的新研究激增，但自身免疫性疾病的发病仍很特殊（Rosen and Casciola-Rosen，2016），并且针对美国这样具有基因和免疫多样性的种群，可能很难创造出能够产生可靠效果的免疫调节武器。特别是，虽然免疫缺陷病毒的大流行曾经自然出现过，但工程化设计免疫缺陷的扩散目前仍难以想象。

然而，在这一领域即使非目的性的努力也可能取得成功，这一点值得关注。在用白细胞介素-4（IL-4）增强鼠痘病毒的实验中（Jackson et al.，2001），早期研究已发现，经IL-4修饰的鼠痘病毒在小鼠中的毒力增加（van den Broek et al.，2000），但令人惊讶的是，经修饰的鼠痘病毒也可以抵抗鼠痘疫苗的保护。另一个例子是抗CD28抗体的临床试验失败，患者在接受比在小鼠模型中证明安全的剂量低500倍的剂量后，出现了危及生命的细胞因子风暴（Suntharalingam et al.，2006）。虽然建模研究表明所用的剂量几乎会使人类的T细胞种群饱和（提示可能过度激活），但这些意外的结果仍凸显了无意行为引发免疫高反应性的可能性以及免疫调节研究的两用性潜力。随着免疫系统知识的不断增加，工程化设计细胞因子风暴的概念可能成为一个需要关注的问题，特别是在易感亚群中。例如，对过度刺激免疫的超抗原了解越来越多可能进一步增加这种活动的可行性。

我们对人类免疫的认识也代表了一个日益增长但未知的受关注领域。例如，随着新一代测序技术的出现，现在可以在分子水平上详细描述 B 细胞和 T 细胞对疫苗的应答范围。同样，先天性免疫系统的模式识别受体的效应分子逐渐明确，使得工程化设计免疫应答（出于治疗或其他目的）成为可能（Macho and Zipfel，2015；Brubaker et al.，2015）。此外，免疫治疗工作的不断扩大可能为开发免疫调节武器创造路线图。随着对这一现象认识的增加以及工程化改造蛋白质结构能力的提高，创造已知存在于自身免疫疾病中的抗原的合成模拟物的机会将增加。工程化设计自身免疫的机会可能会受到可利用的潜在自身抗原的多样性阻碍，但随着可用的个性化健康数据越来越多，这也可以被视为一种靶向疾病的手段（参见第 7 章 7.2.5 节“健康相关数据和生物信息学”）。

总的来说，考虑到所面临的挑战以及短期和长期的机会，对于免疫调节可能被用作生物武器的各种方式所涉及的技术的可用性的关注度为中等。

6.2.2 作为武器的可用性（中低关注度）

对能够影响免疫力的因素与个体的实际免疫应答之间的联系仍然知之甚少。虽然可以想象人体免疫系统的一般性退化、过度或错误刺激，但最初很难将这些威胁靶向特定的个体或种群，因此从整体上影响一个种群的健康或军事准备和响应也就很难有一个明确而可预测的路径。但是，尽管对于试图造成大规模即时死亡或衰弱的敌对者来说，免疫调节可能不一定是最有效的方法，但这种方法可能破坏一个国家的国力。1918 年的流感大流行可能是由病毒的传染性和公共卫生状况欠佳相互作用引起的，是第一次世界大战军事准备工作的一个主要因素（Byerly，2010）；这个历史事例提醒我们，即使在今天，免疫力普遍下降也会对军事机器产生战略性影响。尽管如此，由于除了通过对人类自身开展大规模实验之外，几乎没有其他方法可以模拟或操作人体免疫系统，因此通过“设计-构建-测试”循环改进这种特殊威胁的可行性极小，并且结果的可预测性可能在短期内仍然是一个巨大障碍。因此，对这一因素的关注度为中低，其中适合递送免疫调节因子的递送系统的工程化改造是一个需要监控的领域。

6.2.3 对行为者的要求（低关注度）

保证调节人体免疫力所需的专业知识水平可能相当高。特别是，选择用于测试免疫调节干预措施的合适的动物模型仍然是仅有少数从业人员才能胜任的一种技术（Taneja and David，2001；Benson et al.，2018）。此外，所考虑的方法中有几种要求行为者不仅要成功开发和部署免疫调节武器本身，而且要将免疫调节武器与另一种生物攻击（例如，在最初造成免疫缺陷的攻击之后使用病原体）或专业的公共卫生知识（如疫苗接种模式造成的脆弱性，参见第 7 章 7.2.5 节“健康相关数据和生物信息学”）相结合，成功计划并执行多层次攻击。因此，这种方法提高了发动免疫调节攻击所需的本已很先进的专业知识的水平，导致对此因素的总体关注度为低。但是，在未来几年，快速发展的免疫疗法研究可能会使这类障碍减少一些并扩大相关知识和技能的可获得性。

6.2.4 消减的可能性（高关注度）

调节或逃避人体免疫系统已经成为许多病原体的标志，其中许多病原体不断发展新的手段以逃避免疫监视（例如，流感在每个季节采用新的糖基化位点）（Tate et al.，2014）。还可能有许多未知的或者特征不明确的病原体目前在影响免疫应答。这些自然的动态变化将使区分天然和合成的威胁成为一项巨大挑战。对于一个引起自身免疫的病原体变体的特定表位，想要识别是出自设计者之手还是自然界的机会主义可能特别艰难。缺乏关于辨别自我与非我的机制的知识也会增加与识别攻击和采取有效对策有关的挑战。由于这些原因，对这个因素的关注度相对较高。

虽然公共卫生措施可能有助于应对涉及免疫调节的威胁，但认识到问题并部署适当的对策不一定很容易或很迅速；在这方面，近 40 年前对艾滋病疫情的迟钝应对可能是一个具有警示性的故事。目前关于免疫的知识状况使得制造一种免疫调节武器比对这种武器作出有效的应对要容易得多。即使可以制定出良好的对策，其花费也可能过高，尤其是对于较为普遍的针对种群免疫的攻击。

6.3 修饰人类基因组

除了使用合成基因通过病原体或对微生物菌群的修饰来影响人体生理外，还可以通过水平转移将工程化的基因直接插入到人类基因组中，换句话说，利用“基因作为武器”。通过水平转移递送遗传信息的能力最近有所提高，例如，借助 CRISPR/Cas9 等工具，可能为合成的或跨物种的遗传信息转移到人类宿主基因中开辟道路。除编码蛋白质的基因外，编码 RNA 产物［如短发夹 RNA（shRNA）或 miRNA］的基因也可能被用作武器。对系统生物学的深入了解与基因修饰或基因表达技术相结合，可能会为引发某些不属于生物防御通常关注的威胁类型的疾病开辟新的机会。下面思考了运用合成生物学方法将遗传信息水平转移到人类目标以造成伤害的几种方式。

基因的缺失或添加　如果研究人员能够基于特定基因的缺失或添加来建立特定疾病状态的小鼠模型，那么接下来，如果人类的基因组可以进行类似的修饰，

则这些修饰可能会导致各种各样的非传染性疾病。特别是，几十年来对肿瘤发生相关基因（癌基因）的研究已经产生了很多基因改变导致癌症的例子，包括通过病毒和细菌感染（Robinson and Dunning Hotopp，2014；Cui et al.，2015；Sieber et al.，2016）。癌基因可能通过非自然手段水平转移到人体细胞中。在这方面，CRISPR/Cas9 已被用于在生殖细胞和体细胞中产生点突变、缺失和复杂的染色体重排，以建立癌症小鼠模型（Mou et al.，2015）。

表观遗传修饰 正如程序化的遗传修饰是可能的，使用水平转移来改变生物体的表观遗传状态从而造成伤害也可能被证明是可能的。表观遗传修饰在基因表达中显然是非常重要的，并且与疾病状态和致病性有关。例如，现已证明根据肿瘤的表观遗传状态来预测肿瘤发生的过程是可能的（Jones and Baylin，2007）。在其他物种（如植物）中，序列特异性的表观遗传修饰可以通过小 RNA 进行，但在人类中并不广泛（He et al.，2011）。但是，Cas9 和其他 CRISPR 元件的序列特异性结合能力可能使融合蛋白能够进行序列特异性的表观遗传修饰（Brocken et al.，2017）。有些化学物质也能够产生相对非特异性的表观遗传变化（Bennett and Licht，2018）。

小 RNA 小 RNA 是可以水平转移的功能性遗传信息的另一个例子。小 RNA 很重要，虽然其本身不是一种基因组修饰，但小 RNA 可能被证明能够修饰基因表达并引起表型变化，给来自多个物种及不同物种（包括人类）的细胞的大量 siRNA、shRNA、miRNA（Zhang et al.，2007；Huang et al.，2008）和其他小 RNA 文库的研究提供了一个潜在的路线图，有助于揭示哪些序列可能导致哪种疾病状态，或者如何调节疾病防御。同样，已经有许多可以编码和表达小 RNA 的病毒载体和其他载体。已有许多病毒性病原体似乎编码有助于其致病性的小 RNA，这一事实进一步凸显了这种可能性。例如，致癌的γ疱疹病毒 EB 病毒（EBV）和卡波西肉瘤相关疱疹病毒（KSHV）编码的 miRNA 很明显是免疫抑制的介质（Cullen，2013）。尽管 CRISPR 元件可能会促进大多数基因递送机制，但在许多细胞类型中已证明可以经由脂质体或其他载体直接递送小 RNA（Barton and Medzhitov，2002；Wang et al.，2010；Miele et al.，2012），并且最近证实，递送整个信使 RNA（mRNA）对于疫苗接种和细胞重编程是有用的（Steinle et al.，2017）。裸露的 RNA 通常被认为是脆弱的，因为它对细胞中的核糖核酸酶敏感，并且其递送主要局限于实验室环境，但是在许多应用中有一些方法可以稳定 RNA［例如，使用脂质体、纳米颗粒、合成聚合物、环糊精、核糖核蛋白和病毒衣壳（“装甲”RNA）］。RNA 可以从基因表达，该基因的递送可以作为简单的表达载体、作为对病毒性病原体适应性负担很小的“货物”或通过 CRISPR 元件插入。RNA 递送是潜在的生物威胁的一个原因是，即使是基因表达中一个很小的初始偏差（例如，通常由 miRNA 导致的基因表达变化），也可能大大改变原有细胞变化的可能性。

尽管少量的靶向 RNA 不会修饰基因组本身，但可能允许或刺激细胞开始向肿瘤自我转化的过程，已发现大量致癌基因 miRNA 这一事实证实了这一点（O'Bryan et al.，2017）。除了由病毒产生的 RNA 之外，细菌也产生了许多小的调控 RNA；将这些 RNA 引入到内源微生物菌群中可能导致菌群失调。更大的 mRNA 也可以通过脂质体和纳米颗粒或为疫苗生产而开发的 RNA 复制策略来递送（参见第 8 章 8.3.3.3 节“快速开发 mRNA 疫苗”）；这些方法可用于表达毒素或癌基因等有害物质，类似于与 DNA 载体相关的威胁。

CRISPR/Cas9　可以利用 CRISPR 元件对基因进行位点特异性切割，然后通过双链断裂修复或其他机制进行同源重组。这项技术彻底改变了基因组工程。DNA 识别可以通过简单修饰 RNA 元件来编程，这一事实使得对基因组变化进行精确靶向比先前的技术［如锌指核酸内切酶和 TAL 效应器核酸酶（TALEN）等］介导的序列特异性 DNA 识别要容易得多。CRISPR 技术的另一个优势是其广泛的宿主范围；CRISPR 元件能够识别并结合其最初进化的物种之外的其他物种中的 DNA 序列。因此，CRISPR 等基因编辑技术使得可以在动物模型中实现直接影响健康和发病机制的基因组变化这一事实进一步说明，可能可以通过操作生殖细胞或体细胞来在人类中做出这样的改变。值得注意的是，CRISPR 元件的序列特异性也可能使采用基于等位基因分布的基因武器进行种族特异性靶向成为可能（另见第 7 章 7.2.5 节“健康相关数据和生物信息学”）。就递送而言，CRISPR 元件可能会被装载到病原体上或通过微生物菌群来递送，从而修饰人类基因组，对个体或种群造成伤害。

人类基因驱动　由于 CRISPR 元件可以修饰基因组，因此可以将它们重新用作自私的遗传元件，在这种情况下，将它们引入天然基因组中会导致其位点特异性的建立。在有性繁殖的生物中，经过适当修饰的 CRISPR 元件或其他归巢核酸内切酶基因在用作基因驱动时，可以在整个种群中传播。基因驱动在自然界中是众所周知的，例如，果蝇 P 元件，其基于有性（垂直）转移在天然种群中非特异性地移动。基因驱动最近已被证明在工程化改造蚊子种群使其不育方面非常有用（Hammond et al.，2016），并且已有人提出将基因驱动用于减弱其他不良物种的适应性（详情请参阅 National Academies of Sciences，Engineering，and Medicine，2016）。我们把对在人群中使用基因驱动的关注与其他涉及水平基因转移的潜在方法分开进行评估，因为这些不同类型活动所涉及的机制存在根本性的差异，造成显著不同的关注度。这里总结了对使用人类基因驱动修饰人类基因组的关注度评估。

	技术的可用性	作为武器的可用性	对行为者的要求	消减的可能性
对使用人类基因驱动修饰人类基因组的关注度	低			

为了使基因驱动在种群中传播，通常需要多个繁殖周期，基因才能从一代垂直转移到下一代。由于人类的生殖成熟年龄导致我们的世代周期相对较长，因此基因驱动将需要数千年才能以这种方式传遍整个一个人类种群。另外，一些对基因驱动的抗性机制已经越来越明显地成为使用它们的障碍(Champer et al.，2017)。总之，由于人类生殖周期长度这一根本的、不可克服的限制，对人类基因驱动的关注度非常低，并且没有分析技术可用性之外的其他因素。

这里总结了对通过基因驱动以外的方法修饰人类基因组的关注度评估，并在下文详细介绍。

	技术的可用性	作为武器的可用性	对行为者的要求	消减的可能性
对通过基因驱动以外的方法修饰人类基因组的关注度	中低	低	中低	高

6.3.1 技术的可用性（中低关注度）

对基因进行工程化改造以渗透到个体的基因组并造成伤害可能是一项技术上具有挑战性的工作，导致对这一因素的关注度是中低。可以使用侧重于基因或小RNA的瞬时水平转移的方法（例如，通过修饰的病毒载体）以及系统生物学的知识，来工程化设计基因或基因表达变化以引起非传染性疾病（如癌症或神经衰弱）或降低免疫力。例如，利用现有的知识和技术，使用工程化的病原体来递送能够导致健康细胞引发肿瘤的小RNA可能是可行的。但是，确定合适的靶点或编辑对象、将遗传物质包装入病毒载体并将其递送至适当的宿主细胞中将面临巨大挑战。

基于CRISPR的基因组编辑技术正在迅速发展，可用于创建能够借助工程化致病载体传播或通过水平转移到人体细胞中的基因修饰。但是，这种基因组修饰可能难以实施，部分原因是DNA识别和切割所需的基于蛋白质的机器很大，这将给病原体（可能是病毒）带来沉重的适应性负担，除非该机器以某种方式与病毒的生命周期相关联。换句话说，病毒病原体并没有切割基因组的需求，并且这可能会限制携带基因组切割机器的病毒的生存能力。尽管如此，使用普遍存在的CRISPR/Cas9系统的新替代品可以减少这种障碍，如较小的Cpf1（Zetsche et al.，2015）、金黄色葡萄球菌Cas（Ran et al.，2015）或新发现的CasX和CasY（Burstein et al.，2017）。

如果一个行为者试图在目标个体中引起癌症，那么可能只需要修饰少量细胞即可启动癌症发生并导致具有自持性和潜在转移性的癌症。因此，递送机制的效率可以相对较低，并且可能不需要复制型病原体即可实现初始分布。例如，通过导入CRISPR元件的核糖核蛋白（RNP）自身而不是基因，并附带一个蛋白转位结构域以穿过细胞膜，即可实现足够的基因修饰（Liu et al., 2015; Kouranova et al., 2016）。这使得 CRISPR RNP 可能更像一种毒素，而不是传统的致病性生物威胁。同样，DNA 不需要复制即可在细胞中表达；有许多环状和线性质粒载体可以被瞬时转染到宿主中，从而即使是大型“货物”也可瞬时表达（Nafissi and Slavcev，2012）。该途径可以用于促进 CRISPR/Cas9 及其伴随的致癌向导 RNA 递送到宿主中。此外，由于最近大力研发基于 RNA 的疫苗，许多基于 RNA 的基因递送机制应运而生（Kranz et al.，2016；Pardi et al.，2017）。这些方法导致最初引入的核酸扩增，但不会在个体间传播。因此，它们可以用于促进特定目标人群的肿瘤发生。

6.3.2 作为武器的可用性（低关注度）

即使利用基因来引起癌症发生、神经退行性疾病、免疫破坏或其他不良状态在技术上会越来越可行，但在缺乏病原体或非常先进的非自然水平转移机制来促进基因扩散的情况下，行为者为这些目的而递送基因的能力是有限的。因此，考虑到这个障碍，对作为武器的可用性的关注度相对较低。扩散机制（病原体本身除外）的收率可能会很低，形成疾病状态的可能性可能会很小，疾病状态的发作可能不是很快。然而，这些限制并不一定妨碍行为者追求这样的武器，特别是因为这样的武器仍然可以显著影响士气和战备。此外，如果能够将皮肤而不是血液作为侵入途径，那么这些设想的基因武器中有许多将变得更加隐蔽，而皮肤递送途径的改进可能会大大改变威胁形势。使用 siRNA 作为靶向酪氨酸羟化酶或酪氨酸酶从而治疗着色色素的疤痕的手段（Xiu-Hua et al.，2010），对于这种途径的可操作性具有指导意义；必须监控这一领域的未来进展。

6.3.3 对行为者的要求（中低关注度）

几乎所有可能有助于将基因用作武器的技术都仍然处于转化的初期阶段，主要在研究实验室中而不是在临床中进行实践。因此，对行为者的要求的关注度是中低。实现所设想的潜在生物武器类型可能需要先进的研究知识和经验，而不仅仅是技术能力。即使最适合开发两用性技术（如 siRNA）的先进公司，也尚未完全开发出适用于所需生物医学应用的递送方法。开发旨在引起癌症的生物武器可能是一个例外；从关于环境中的化学物质如何影响癌症流行病学的知识以及关于如何在动物体内诱发癌症的实验室数据中，可以推断出这种攻击的可能途径。另外需要注意的是，借助 CRISPR 元件工具集的基因组工程技术的快速普及可能会降低行为者进入的障碍。例如，基因编辑可以用来设计基因驱动进入地方性昆虫或其他害虫种群，以帮助递送有毒或有传染性的生物剂。在这种情景下，即使是功能较差的基因驱动也可能不必长时间有效即可产生效果。

6.3.4 消减的可能性（高关注度）

总体而言，对基因武器的消减的可能性的相对关注度为高。尽管某些类型的影响会很容易被识别出来并归因于有目的的攻击，但有些影响要追溯到生物武器上是极其困难的，如新型癌症的流行。这种攻击可能非常缓慢地显露，逐渐扭转一个种群的健康状况。这种情况将使消减工作变得非常困难，正如过去几十年对有毒废物场所附近的癌症重灾区进行鉴定、追踪和处理的经验所预示的那样。消减蓄意的癌症流行所面临的巨大挑战是造成对这一潜在威胁的消减的关注度较高的主要因素。但是，一旦威胁被识别出来，现有的消减方法（如隔离）和潜在的新方法（如治疗性基因组编辑）可能对某些类型的基因武器有效。

鉴于外显子组序列数据正以指数级速度生成，在人类或其他高等生物中引入 CRISPR 元件可能会被迅速鉴定出来并立即引起警惕。在已知通常不携带癌基因的病毒中出现以前未知的癌基因也将是引起警惕的一个直接原因。但是，致癌性小 RNA 序列的暗中传播，特别是如果其嵌入蛋白质编码基因内，可能不那么明显，从而逃避检测。

6.4 小　　结

- 通过不同于传统病原体的机制改变人类是一个重要的潜在受关注领域。未来关键瓶颈和障碍的减少或消除可能会使本章讨论的一些方法更加可行。
- 随着对微生物菌群认识的增加，滥用的可能性也增加，运用合成生物学来工程化改造微生物菌群以转移有毒基因、削弱人体免疫力、增强病原体进入或传播、造成菌群失调可能变得可行。
- 人体免疫调节所带来的威胁受到当前知识的限制，但知识正在迅速积累，可能足以使对人体免疫系统进行可预测的修饰变得更加可行。
- 以不良方式修饰人类基因组或改变基因表达的策略包括基因编辑、RNA 分子递送以及使用具有表观遗传效应的化学物质，但是仍存在限制其可行性的重大技术和递送障碍。

虽然传统的生物防御模式将病原体或化学物质等生物剂置于威胁和脆弱性考虑的中心，但本章试图通过思考与人类宿主的相互作用和潜在修饰如何改变威胁形势来重塑这一模式。随着对人体微生物菌群、人体免疫力和人类基因组认识的增加，滥用的可能性也随之增加。此外，对个体遗传变异性的认识和利用个体变异的能力方面的进步可能使得将修饰宿主的攻击靶向个体或亚群更加可行（在第 7 章 7.2.5 节“健康相关数据和生物信息学”中进一步讨论）。

目前对人体微生物菌群的认识正在迅速增加，运用合成生物学来工程化改造微生物以转移有毒基因、削弱人体免疫力、增强病原体进入或传播、造成菌群失调有可能是可行的。然而，除了原位生产有害化合物（详见第 5 章 5.3 节“通过原位合成制造生物化学物质”）之外，这些潜在的威胁比传统的以病原体和化学物质为中心的攻击受到的关注更少。尽管微生物菌群是一个活跃的研究领域，但仍未被完全认识，创建一种可以在已建立的共生群落中定植并存留的微生物是一项重大挑战。此外，合理使用抗生素可能是应对通过微生物菌群传播的攻击的有效对策。事实上，鉴于通过微生物菌群的研究和工程化来改善人类健康具有强大的推动力，基于微生物菌群的应对措施可能比相应的威胁具有更大的机会。

人类免疫调节所引起的总体关注度与微生物菌群工程引起的总体关注度类似，其原因也相似。一方面，现有知识的限制可能会阻止这种潜在的脆弱性在不久的将来被大量利用；另一方面，知识积累的速度非常快，以至于对人体免疫系统进行可预测的修饰可能变得更加可行，而且所需的专业知识在未来几年内可能会更加普遍。此外，即使不可预测的修饰也可能造成伤害。虽然可以预测 IL-4 插入鼠痘病毒基因组会导致病毒能够抵抗疫苗接种的保护（Mullbacher and Lobis，2001），但仍不清楚在病毒的人类变体进行相同类型的修饰是否会有类似的可怕后果。相反，根据对临床试验的严格审查，开发抗 CD28 抗体被判定是足够安全的，但也被证明会危及生命（Suntharalingam，2006）。总体而言，工程化设计超免疫和随后的发病机制似乎比工程化设计免疫力降低或自体免疫威胁更大。前者是急性的，更适合于单个病原体和武器化的情景；后者是慢性的，如果有足够的远见，可以通过控制传染病的常规公共卫生措施在社会层面上予以处理。

在上述分析的基础上，虽然评估侧重于人体免疫系统，但需要记住的是，还有其他系统也可能被证明容易受到操作。例如，人类的神经生物学极其复杂，已经有各种控制个人的整体心理健康的遗传和化学手段。尽管如此，很难为保证特定的结果而设计这样的系统。必须在未来几年继续监控与认识和修饰这些复杂系统有关的进展。

基因作为武器的概念包括开发可以改变人体生理的合成基因，可以单独使用；也可以作为已知病原体的增强物来递送。这一概念还包括递送可能通过干扰机制影响宿主生理机能的小 RNA 的合成基因（或合成的小 RNA 本身）。基因在众多生物威胁类型中有独特的地位，可以位于基因组片段之间的某个位置，在这种情况下，它们可以被视为病原体的一部分，也可以是毒素，即无需复制即可造成伤害的化合物。基因武器的递送存在许多困难，而且敌对者只有在几个有限的军事情景下才会发现利用比单次战斗或战役更长的时间来改变人体生理是值得的。尽管如此，有些情景，如通过真皮转染来产生改变人体生理机能的shRNA或miRNA，或使用基因驱动来改变昆虫种群以将有害化合物递送给人类，从敌对者的角度而言可能是更具吸引力的选择。

此外，与水平基因转移相关的威胁与病原体威胁的协同作用可能会产生新的攻击模式。正如免疫治疗的临床试验逐渐成为工程化设计细胞因子风暴的路线图，越来越多的关于人类细胞的基因缺失、基因添加和小 RNA 修饰的知识也可能为诱导非感染性疾病状态提供路线图，而病原体工程可以加剧非感染性疾病状态（反过来，感染性疾病状态可以促进病原体自身的传播，如通过免疫缺陷病毒）。

表 6-1 总结了对每种能力需要监控的相关进展。

表 6-1　目前限制所考虑能力的瓶颈和障碍，以及未来可能减少这些限制的进展。注：阴影表示可能由商业驱动因素推动的进展。组合方法和定向进化等方法可能有助于运用较少的明确知识或工具来拓宽瓶颈或克服障碍。

能力	瓶颈或障碍	需监控的相关进展
修饰人体微生物菌群	对微生物菌群的认识有限	关于宿主微生物菌群定植、遗传元件的原位水平转移，以及微生物菌群中微生物与宿主过程之间的其他关系的知识增加
修饰人体免疫系统	工程化设计递送系统	关于病毒或微生物递送免疫调节因子的潜力的知识增加
	对复杂免疫过程的认识有限	关于如何操作免疫系统（包括如何在人群中引起自身免疫和可预测性）的知识增加
修饰人类基因组	工程化设计水平转移的手段	关于通过遗传信息的水平转移来有效改变人类基因组的技术的知识增加
	缺乏关于人类基因表达调控的知识	关于人类基因表达调控的知识增加

7. 可能影响合成生物学武器攻击能力的相关进展

合成生物学是一个复杂的可编程平台，理论上可以用于开发各种各样的生物和化学武器。但是，在本研究的背景下，一种能力要值得关注，不仅必须能够在实验室中创造一种生物剂，还必须能够使用该生物剂来发动攻击。对于所考虑的合成生物学的许多潜在恶意应用，技术能力引起的关注度受到多种制约条件的阻碍，包括要大量生产生物剂才能达到预期伤害范围，要保持稳定直到使用并以能够产生所需伤害的方式将其递送到种群中。尽管合成生物学和其他现代生物技术提供了令人印象深刻的能力，但这些要求（其中许多与过去制约生物武器发展的武器化方面的障碍相同）在许多情况下是制约合成生物学武器的重要因素。

但是，未来通过合成生物学的进步或其他领域的发展可能会克服这些挑战。本章将探讨在未来几年内可能在这方面变得更为重要的一些进展。尽管对合成生物学以外的技术进行全面分析并非本研究的内容，但提出这些实例旨在强调一些有必要监控的领域，因为它们可能与合成生物学的进展会聚并最终减少或消除使用合成生物学武器的障碍。

7.1 使用生物武器的障碍

在作为武器的可用性这一因素中，本报告中用于评估使用合成生物学生产的生物剂的武器化潜力的框架，确定了有关生产、保真度、稳定性、递送、测试和靶向的问题。第 4～6 章讨论了这些属性与合成生物学的特定潜在应用有关的方面；下文将简要介绍更广泛的挑战以及与这些挑战有关的考虑因素。一般来说，每个属性带来的挑战在很大程度上取决于蓄意攻击的潜在性质和范围，例如，其范围可以从针对性暗杀一个人到造成整个一个种群的大规模伤亡。虽然在本报告中提出的评估考虑了各种可能的情况，但一般认为，行为者会设法隐蔽地开发生物武器，并在部署后尽量减少归因的可能性。但是，对生物攻击进行归因的可能性并不一定对恐怖组织起到威慑作用，恐怖组织可能会选择确认自己的责任或势力，并且可能不害怕被发现以及随后被惩罚。

7.1.1 生产

与生物剂生产相关的挑战在很大程度上取决于所需的数量。生物武器的大规模生产极具挑战性，因为许多生物剂在规模放大过程中丧失了传染性或其他特征。尽管合成生物学技术可能有助于实现细胞培养方法的改进、发酵技术的创新以及大规模生产特定化学和生物组分方法的改进，但生物武器的大规模生产仍然可能需要大量的财力和智力资源。另一方面，实施较小规模、较集中的攻击或可通过复制型病原体传播的攻击可能不需要大规模生产。

7.1.2 保真度与测试

尽管可以在不进行测试的情况下设计和构建生物结构或系统，但重要的合成生物学成就通常源于重复的“设计-构建-测试”循环，其中测试是该过程的关键步骤。在计算机模拟、细胞培养和动物模型中进行测试是一个劳动力和时间密集型的过程，并且从测试过程中学习以便为下一次“设计-构建-测试”迭代进行设计改进可能需要大量的专业知识和经验。由于进化压力存在差异，计算机模拟、细胞培养和动物模型的成功并不一定能保证在人类中的成功。保真度也无法保证，开发一个每次都能可靠地产生相同结果的系统需要反复的过程改进，尤其是在规模上。一些合成生物学方法（如定向进化）将测试与过程中的其他步骤集成在一起，可能提供更简化的选择来规避资源密集型的测试步骤。同样可以想象的是，恶意行为者会放弃一些其他研究人员会执行的严格测试，因为创造能够造成“足够”伤害的生物剂的成功标准与在科学期刊发表结果的标准明显不同。恶意行为者也可能能够并且愿意在人类受试者中进行测试，而不受指导其他研究工作的道德考虑和伦理框架的阻碍。尽管有这些警告，但是开发一种合成生物学生物武器可能仍需要进行一些重要测试才能获得足够可靠和有效的产品以满足行为者的目的。

7.1.3 递送

生物武器开发中一个关键的考虑因素是将其递送给预期目标人群的能力。在较小规模上，递送生物武器非常简单，例如，污染食物或水、用针刺伤受害者，甚至在受害者的皮肤上涂抹生物剂（CBC，2017）。较大规模的攻击通常涉及某种形式的气溶胶散布（如通过喷雾或爆炸），这可能要求该生物剂不仅要制备成可吸入的最佳粒度，而且还应能够承受冷冻干燥、悬浮于气溶胶制剂、包装过程、长期储存以及紫外线日光或极端温度等不利环境条件（Frerichs et al.，2004）。即使采用现有的生物技术，这些要求也可能对生物武器发展造成重大障碍。虽然合成生物学可能被用于增加病原体的环境稳定性、感染性、传播性或武器递送系统的耐受性，但在整个生产、储存和递送过程中保持效力或生存能力仍可能是巨大的挑战，特别是对于大规模的攻击。

在生产规模和递送方面，生物剂在人与人之间传播的能力是一个重要的考虑因素。从理论上讲，可以在多个地点以小剂量部署传染性生物剂，并允许其自行扩散。一些行为者甚至可能寻找愿意通过感染自己来传播感染的志愿者，类似于自杀式爆炸袭击者。

7.1.4 靶向

攻击可能针对个人，或拥有共同的地理、职业、种族或其他属性的人群，或整个种群。历史上，生物武器的靶向主要基于目标受害者的地理位置。生物技术的进步可能会使恶意行为者有新的机会可以改变攻击的总体效果或受影响的特定个体，这样可以在一个广泛的地理区域部署生物剂，但只引起目标个体患病。例如，行为者可以考虑设计一种生物武器，根据目标人群的基因或之前的接种疫苗情况来靶向特定的亚群，或者甚至试图抑制受害者的免疫系统以使一个种群为随后的攻击“做准备”。这些能力在数十年前就令人担忧，但从未达到任何可信的程度，现在可能因健康数据和基因组数据的广泛可用性而变得越来越可行。尽管一些根本性的障碍仍然可能限制这种努力的成功和可靠性，例如，美国的遗传多样性可能使美国人对基于种族的靶向具有抵抗力，但持续对可能促进靶向特定人群的进展进行监控仍然至关重要。

7.2 相关的会聚技术

与使用合成生物学武器进行攻击有关的挑战可以通过新兴能力或会聚能力来克服。就技术而言，当不同技术（通常来自不同领域）结合在一起会产生推动能力显著提高的协同效应时，就发生会聚（Roco，2008）。在其他情况下，会聚被描述为形成一个能够解决多个领域交汇处存在的科学和社会挑战的框架（NRC，2014）。在两种概念中，不同领域专业知识的融合都可以激发创新，从基础科学发现到转化应用，这对有益的和恶意的目的有同样的推动作用。会聚可以随着时间的推移而逐渐形成，也可以突然发生，让所有人都感到意外。本研究思考了多个领域的发展如何与生物技术发展交汇，从而在“设计-构建-测试”循环中实现新的突破，或在推动合成生物学能力方面充当“力量倍增器”。当然，会聚可以双管齐下；正如合成生物学可以整合其他领域的技术，其他领域也会整合合成生物学的方法，这可能导致更多的跨学科协作和进一步的突破。尽管技术之间的协同作用被纳入技术的可用性的框架之内，但考虑新兴和会聚技术如何在与武器化有关的方面实现取得针对性突破是很有用的，因为这些因素在许多情况下被认为是重大的限制。

为此，我们确定了几个实例，以探索各领域正在研究的一些技术，这些技术的目标与合成生物学不直接相关，但可能通过帮助克服与利用合成生物学制造武器有关的一些挑战来与生物技术发生会聚。这些技术包括基因治疗、纳米技术、自动化、增材制造、基因组数据和健康信息学。这些技术的潜在影响将在下文讨论，并在表 7-1 中进行了总结。

表 7-1 选定的会聚技术实例如何影响利用合成生物学武器进行攻击所面临的各种挑战。阴影表示每个实例最接近哪个属性。

	生产	稳定性	保真度	测试	靶向	递送
基因治疗			■	■	■	■
纳米技术		■			■	■
自动化			■	■	■	
增材制造	■		■	■		
健康信息学					■	

7.2.1 基因治疗

几十年来，基因治疗一直处于用于治疗的开发阶段（Moss，2014），它可以采取多种形式。在一种被称为体外基因治疗的方法中，组织在细胞培养中接受遗传改变，然后移植入体内（Hacein-Bey-Abina et al.，2002）。尽管体外基因治疗不太可能成为递送生物武器的可行方法，但在体外转导细胞和组织的能力可以为载体的改进和设计提供信息，并为新的物质递送方式提供原理验证，从而为小规模生物武器的设计和开发提供体外测试能力。

另一种被称为体内基因治疗的方法可能对生物武器的开发具有其他意义。使用这种方法，将一个组件（通常是病毒载体）引入体内（可能是一个特定的目标组织），在那里该组件递送的遗传物质产生所需的治疗功能（Naldini et al.，1996；Kay et al.，2001）。通常选择病毒载体作为递送工具，因为它们拥有自然进化的靶向人体特定细胞的能力；它们的致病基因被去除并被工程化的遗传元件所替代。随着基因治疗的病毒载体针对治疗用途不断被优化，它们作为生物武器（如产毒通路）递送工具的能力（如第 5 章 5.3 节“通过原位合成制造生物化学物质”所述）也将快速发展。

正在研究的基因治疗载体包括腺病毒、腺相关病毒、甲病毒、疱疹病毒、逆转录病毒/慢病毒和痘病毒（表 7-2）；使用逆转录病毒、腺相关病毒和腺病毒的基因治疗已经进入人类临床试验阶段（Edelstein et al.，2007），在某些情况下已经获得了临床批准（FDA 2017a，2017b；Spark Therapeutics，2017）。这些载体将基因转移到细胞中的能力以及它们所做的编辑的持久性因载体而异。病毒基因组的大小也很重要，因为可以转移的工程化基因的大小仅限于病毒能够成功携带的范围。虽然宿主免疫应答、脱靶效应和持续表达的衰退等问题已成为基因治疗成功的障碍（Verma and Somia，1997；Mingozzi and High，2013），但解决这些障碍的工作正在开展，而且只要目标受害者经历了预期的疾病或死亡，对于试图使用该方法递送生物武器的行为者而言，这些挑战可能并不值得关注。随着基因治疗载体的效率不断提高并能够携带更大的外源基因，基因治疗研究可以为规避与生物武器递送有关的一些障碍铺平道路。

今天的大多数基因治疗都是通过注射到目标组织进行递送的，这种途径不适合隐蔽或广泛地递送武器化的基因治疗载体（但也许是靶向性暗杀的可行策略）。但是，可吸入基因治疗正在迅速发展，特别是用于治疗呼吸系统疾病，如慢性阻塞性肺病和囊性纤维化（Zarogoulidis et al.，2013）。随着气溶胶疗法市场持续推动疗法创新，这些进展未来可能会进一步扩大能力。气溶胶疫苗方面的工作也在迅速推进；这项研究可能有助于基因治疗递送途径的创新（Low et al.，2015）。随着这些技术的不断进步和新疗法的上市，制造气溶胶化疗法的设施可能激增，不仅增加了这种方法被滥用于制造生物武器的可能性，也增加了表面上光明正大的生产设施掩盖开发生物武器递送系统的颠覆性计划的可能性。

尽管用于基因治疗的病毒载体经过大量工程化改造去除了致病基因，并且这些病毒是在防止扩散的严格条件下使用，但病毒有围绕约束条件进化的历史，一次性使用的基因治疗载体仍有可能变得具有“裂解性”，从而导致疾病的传播。对于涉及表 7-2 中许多病毒的工作而言，这一点受到的关注有限，因为这些病毒通常经过大量的工程化改造而不会在宿主中传播。然而，对于所谓的溶瘤疗法（病毒在癌细胞中复制并扩散到周围细胞），病毒的使用有所增加，特别是麻疹病毒和痘病毒（Haddad，2017）。未来的研究将绘制出溶瘤病毒在人类宿主中的进化过程，这可能成为设计和构建有效生物武器的路线图，仅仅是因为它们能够极大地减弱对嗜性、传播和病理学影响最大的病毒特征。

表 7-2　用于基因治疗的病毒载体的特征。

	腺病毒	腺相关病毒	甲病毒	疱疹病毒	逆转录病毒/慢病毒	痘病毒
基因组	双链 DNA	单链 DNA	单链 RNA（+）	双链 DNA	ssRNA（+）	双链 DNA
基因组大小	39kb	5kb	12kb	120～200kb	3～9kb	130～280kb
宿主基因组整合	否	否	否	否	是	否
外源基因表达	瞬时	可能持久	瞬时	可能持久	持久	瞬时
最大外源基因片段	7.5kb	4.5kb	7.5kb	30kb	8kb	25kb

7.2.2 纳米技术

纳米技术正在推动基因治疗和其他疗法的递送方面的创新。能够使用纳米技术工具的行为者可以将这些平台用于恶意目的，这对病原体或毒素的递送以及攻击的靶向性均有影响。较小的载体通常具有更好的药代动力学和药效学特性，使它们能够更有效地穿透组织和细胞。用于药物制剂的纳米颗粒包括印迹聚合物、树枝状大分子、囊泡、纳米球、纳米胶囊、胶束、碳纳米管、脂质体和纳米乳剂（IAP，2015）；其他纳米载体也在研究中，包括基于 DNA 和基于病毒的系统。

工程化的纳米技术可用于以多种方式帮助生物剂武器化（Kosal，2009）。例如，纳米技术可用于制造包裹生物剂并改善稳定性或递送性能的微胶囊或纳米胶囊（Koroleva et al.，2016）；使递送颗粒在环境中更稳定；为生物制品制造存储设备；制造可应对紫外线（Jalani et al.，2016）、可远程激活、经改造以逃避免疫系统（Zolnik et al.，2010；Rodriguez et al.，2013）的特殊纳米粒子；赋予穿透皮肤或侵入肺内微小的细支气管、穿过血脑屏障（Saraiva et al.，2016）或靶向其他特定组织的能力；提供先进的气溶胶化能力。信息栏 7-1 讨论了一种纳米颗粒制剂及其作为递送平台的应用实例。

信息栏 7-1　纳米脂蛋白颗粒作为体内递送平台

作为信息收集过程的一部分，委员会收到了劳伦斯利弗莫尔国家实验室的 Amy Rasley 博士关于纳米脂蛋白颗粒（NLP）的报告。NLP 是一种仿生平台，可在体内递送各种核酸、蛋白质、碳水化合物和小分子有机化合物。NLP 被制造成一个圆形的脂双层“筏”，构成它的两亲性（兼具疏水性和亲水性）磷脂由两亲性脂蛋白组成的支架固定在一起。

NLP 由生物相容性组分制成，能够避开目标生物体的免疫系统（即选择的支架蛋白质能够匹配目标生物体的蛋白质）。NLP 组装简单，很容易扩大规模。NLP 也可以冻干，从而避免了冷链储存的需要。NLP 的大小可以在 8～25nm 范围内，允许进行调整以通过多种途径（如吸入、注射）递送。NLP 也是全能型的，能够与蛋白质、肽、寡核苷酸、碳水化合物或小分子有机化合物结合。

NLP 的所有组分都可以在不使用任何活体系统的情况下进行合成生产，并且 NLP 可以针对特定应用进行定制，其有效负载在尺寸、电荷、疏水性和功能方面差异很大。因此，NLP 技术在医学治疗方面具有广泛的灵活性和可能的用途，并且还有可能被滥用作为有害物质的递送平台。检测使用 NLP 的生物武器将十分困难，因为支架蛋白将是一种天然的人类蛋白质，NLP 的体内半衰期很短且不能自我复制。

消息来源：Fischer et al.，2013，2014

7.2.3 自动化

自动化几乎在所有领域都在快速发展。在生物学领域，自动化的发展在微流体、质谱、生物信息学和机器学习等技术整合到实验室工艺的过程中显而易见。自动化工具使研究人员能够对更大范围的遗传序列或物理样本进行筛选，以获得各种各样的特性；现在可以在几周内生产并筛选数十万个克隆和变体。恶意行为者可以利用这些能力，例如，简化生物剂的测试、提高保真度，以及在可能避开恶意活动检测或筛查机制的同时调节靶向性。尽管序列注释变得越来越精确，但许多算法仍然必须使用未经验证和未经证实的数据（Poptsova and Gogarten，2010）。这会在系统中产生“噪声”，噪声可以为生物剂的设计提供信息，或者使恶意行为者能够破坏合法研究，例如，故意将不正确的基因组数据提交到公共数据库中，以掩盖自己的工作或破坏他人的检测工作。

现在几乎任何实验室都能够使用标准的实验室机器人技术。这些工具通过支持大规模的扩大实验和测试，可以大大缩短整个“设计-构建-测试”循环的时间，并可能增加产生所需生物功能的可能性。微流体工具提供处理小体积、控制层流流动以及测量生物系统内的扰动和时间尺度的能力，这种工具正变得特别普遍，并被广泛用于各种研究领域，包括药物开发和用于检测生物标志物、生物危害品或污染物的传感器的开发（Dittrich and Manz，2006；Berkeley Lights，2017）。在合成生物学中，正在采用微流体工具来使生物产品或系统的测试快速、廉价、稳健。这些工具通过促进对许多生物剂进行小规模和可能低成本的测试，使恶意行为者能够通过系统性结合多个基因变异以合成和筛选多种变体（一种组合方法）来开发生物武器，而不是通过精确的、基于知识的方法。此外，质谱技术支持的蛋白质设计自动化使得可以借助机器学习算法对数十万种变体进行测试、评估并用于改进蛋白质性质的设计（Huang et al.，2016）。自动化设计与微流体技术结合使用可能使行为者能够以小规模、低成本及相对有限的关于如何设计所需表型结果的先验知识来快速开发和测试一种潜在生物剂的多个版本。对于期望的结果（如致死率），组合设计和筛选还可以提供对生物剂行为的足够的信心，使行为者可能不需要进行更大规模的测试，并且提供一种方法来为促进扩大生产期间的保真度实现原理验证。最后，特别是微流体技术还可以通过促进产生用于生物剂递送的均匀的纳米颗粒，从而与纳米技术等其他领域产生协同作用。

7.2.4 增材制造

增材制造技术也称为 3D 打印，该技术的出现是为了创造性能卓越、对环境影响较小或具有新功能的先进材料。多种具有复杂生物结构的材料已经在合成系统中成功模拟出来，如蜘蛛丝和皮革（Qin et al.，2015）。虽然绝大多数常用的3D打印技术都无法维持活细胞，但这种能力正在迅速发展（Richards et al.，2013）。实例包括：开发3D打印机以生成替代器官或药物测试组织，如肝脏和心脏（Robbins et al.，2013）；使用改进的喷墨打印机来打印多层大肠杆菌（Lehner et al.，2017）；将活的纳豆菌打印到衣物中（Yao et al.，2015）；提出使用3D打印来产生溶瘤病毒（Swenson，2015）。

可以想象，人们可以用生物3D打印来生产工程化的微生物、病毒、毒素或其他生物产品。这种能力也可以用于制造生物材料，将这些生物材料作为一个以相对较低的成本测试生物剂的平台，或用于探索确保生物剂保真度的技术。这种活动可能秘密进行，因为使用3D打印机创建少量高传染性的生物剂是很难发现的。

目前，专为生物制品定制的3D打印机仍然相当昂贵，并且需要高水平的专业知识；它们不像基于塑料的3D打印机那样在图书馆和其他公共场所中向公众开放。但是，随着技术的不断发展，成本可能会降低，这些设备可能会得到更广泛的应用。

7.2.5 健康相关数据和生物信息学

在基因组学时代，设计适合个体或群体基因构成的医学疗法已变得越来越可行。这种被称为“精准医疗”的方法依赖于积累大量人类基因组数据的能力。但是，仅有序列数据是不够的，还必须了解基因型-表型的功能关系，这通常需要追踪表观遗传修饰、代谢和蛋白质表达随环境或其他因素的变化。认识这些问题所需的数据可以从血液检测、尿液分析及存储在个人健康记录中的一系列其他数据点中提取。

试图将人类基因组数据与其他健康元数据联系起来的方法正在成为制药行业的首选模式，这使其成为一个非常活跃的研究领域。这不仅有助于寻找更多“精准的”药物靶标，而且在健康元数据的背景下，基因组数据还可以允许采用逆向工程方法合成具有治疗潜力的新型小分子药物（Kim et al.，2016）。

如果没有复杂的生物信息学和机器学习能力来链接、关联和分析数据，这些方法都是不可能的。这些复杂的技术还高度依赖于足够的、经正确注释的数据，从而能够确定识别特定的、感兴趣的人体疾病所需的生物标志物。这可能会成为一种障碍，特别是对于罕见或复杂的多变量疾病；超过500万个已知的人类遗传多态性的存在［Hall，2011；但GHR（2018）估计高达1000万］意味着即使有数千个精心挑选的病患样本，试图确定致病因素仍然很困难。

虽然针对亚种群或个体定制疾病（或疾病传播）不是一门精确的科学，但相对经验丰富的敌对者仍可能试图利用基因组和健康数据。基因组数据、健康元数据和定制的生物信息学在制药研究领域的运用将持续取得进展，而这些进展可以增强生物武器开发的靶向能力。目前有大量的医疗保健数据可以通过电子方式获取并有多次对这些数据的入侵记录（包括外国势力的入侵）（Krebs on Security，2013；Ponemon Institute，2013；Filkins，2014；Perakslis，2014），这提出了一种可能性，即敌对者绕过网络安全障碍，找出特定亚种群的独特脆弱性，然后开发针对这些脆弱性的生物武器。例如，这种方法可以用来开发种族特异性生物武器。逆转录病毒在感染后会整合到基因组中，而理论上这些病毒的整合机制可以进行改变以倾向于一种基因型而不是另一种。同样，受体蛋白序列和结构中种群特异性差异的存在表明，可使用计算机建模、高通量筛选或定向进化来更精细地引导生物剂靶向特定亚种群。虽然这种靶向性对于已知的遗传亚型（如种族亚群）可能更容易实现，但也可以根据人类种群中的等位基因分布半选择性地靶向地理区域或民族国家，甚至可能推动靶向达到更精细的水平，从而引发关于“个性化恐怖主义”的担忧。

对人体免疫系统和个体对疾病的反应范围的认识不断增加，也可能为概率性靶向亚种群提供机会。例如，可以利用现有病原体的种族流行性或免疫表型的国家流行性（由于不同国家的疫苗接种策略不同而引起），设计生物武器来靶向那些患有某种疾病或接种某种疫苗的个体。降低免疫力的一般工程化改造（在第 6 章 6.2 节“修饰人体免疫系统”中讨论）可能导致额外的局部内源性病毒再激活。同样，鉴于即使是高度交叉反应的过敏原也具有某些地域性，从（盗取的）健康记录中获得的亚种群知识可能为过敏性休克的概率性靶向提供线索。

更隐蔽的是，有些疾病可能被设计成不仅能够靶向目标，而且能够积极利用已知的免疫率，特别是与疫苗接种有关的免疫率。一个经验非常丰富的敌对者如果事先知道特定病原体可能的适应性状况，则可能会释放出一种工程化改造的病原体，这种病原体被设计成在遇到最可能的人体免疫应答时会以特定的方式“进化”。例如，如果免疫显性表位是已知的、如果先前的建模或实验已经指出为了应对因接种而存在的抗体可以进行的序列置换的范围、如果这些序列置换中有些导致与细胞表面受体的接合增加，那么该病原体的序列可以预先准备好进化出更大的杀伤力或传播能力。从恶意行为者的角度来看，这种方法的优势在于，较轻微的疾病形式可以广泛传播，然后由于“设计的进化”而“自我激活”成为一种大流行病。但是，正如第 4 章所指出的那样，设计这种“新”病原体目前还远远不可行。

将疾病概率性靶向到独特的亚种群可以用来推动特定的军事结果。虽然水痘疫苗接种降低了这一特殊例子的重要性，但如果知道一群特定的军事骨干中有大部分暴露于水痘带状疱疹病毒（引起水痘）这类病毒当中并因此后续有罹患带状疱疹等疾病的风险，那么试图重新激活并加剧这种疾病可能是一种可行的攻击手段。实际上，在军事公共卫生措施几乎普遍且易于分发的时代，使用概率性靶向可能证明对于推动军事结果尤其重要。概率性靶向与借助地理分布和定时引入的靶向相结合，可能适用于采用一种较普遍的、易于被传统公共卫生应对措施检测到并消灭的病原体对某个地区进行大规模攻击。

7.3 小　　结

- 持续的会聚可能有助于克服合成生物学生物武器在作为武器的可用性方面的一些障碍。
- 商业和其他驱动因素将推动这些会聚领域的发展，而这些进展也将扩大滥用的机会。
- 医疗应用是许多重要会聚技术的关键驱动力。

尽管规模化、稳定性、保真度和递送等因素可能持续对生物剂的武器化构成障碍，但许多技术进展可能与合成生物学能力产生协同作用，使恶意行为者能够克服这些障碍。本章介绍了 5 个处于不同发展阶段的会聚技术的例子（表 7-3），这些例子可以帮助减少武器化各个方面的障碍（参见表 7-1）。必须监控这些及其他领域的未来进展以识别和评估可能促进生物武器发展的脆弱性。这些进展可能会导致与本研究中考察的合成生物学能力相关的关注度显著提高（参见图 9-1 和表 9-1）。

表 7-3　选定的会聚技术的相对成熟度。对于每一列，较深的阴影表示该技术在该团体常规使用，较浅的阴影表示新兴使用，白色背景表示很少或没有使用。

技术	开发中	技术开发者使用中	合成生物学界使用中	分子生物学界使用中	业余生物学者使用中
基因治疗					
纳米技术					
自动化					
增材制造					
健康信息学					

8. 用于消减关注的措施

本研究包括考虑消减与恶意利用生物技术有关的关注的可能性。消减的可能性是用于评估关注的框架的组成部分，详见第 3 章。如第 4～6 章所述，在评估对特定潜在能力的关注时，纳入了与消减相关的考虑因素，但这些评估没有对当前的准备和响应能力进行深入分析，也没有推测各种潜在方法的有效性。本章从更广泛的角度探讨一些当前的消减方法、合成生物学如何对这些方法带来挑战，以及反过来，合成生物学如何帮助解决挑战或加强消减方法。对当前美国或国际项目的优缺点进行全面而深入的审查不在本研究范围之内，因此，本报告不提供对消减能力的全面分析，也没有提出有关消减优先事项的建议。准确地说，本章旨在为本研究过程中出现的基本消减概念和方法提供有用的背景，并简要探讨一些潜在的新兴挑战和机会。

8.1 当前的消减方法和基础设施

合成生物学武器攻击的消减基本上有两个主要组成部分：最大限度地减少攻击发生的可能性，以及一旦发生攻击则最大限度地减少负面结果。正如第 3 章（3.2.4 节“消减的可能性”）中所讨论的那样，有助于消减的可能性的关键要素包括威慑与预防能力、识别攻击能力、归因能力和后果管理能力。广义而言，用于消减自然发生的传染病暴发或化学物质暴露（如来自环境泄漏）的许多相同工具也与消减蓄意的生物或化学攻击有关。此外，现有的消减两用性研究的惯例和规则可能与某些合成生物学能力有关。以下各节简要概述了所选定的一些可能与消减合成生物学武器攻击有关的现有消减方法和基础设施，涉及生命科学研究、公共卫生、应急响应和医疗保健能力等多个方面。

8.1.1 威慑与预防能力

威慑或预防生物武器（包括由合成生物学进步所促成的生物武器）的开发和使用，是美国国防部和国家的高度优先事项。但是，威慑或预防滥用生物进展方面存在根本性的挑战。已经有专家指出，“制造和使用生物武器所需的知识、材料和技术很容易获得，世界各地都有”（Gronvall，2017）。虽然基础研究和临床研究是推动公共卫生和医疗的引擎，但它们同时也提供两用性机会。病原体无处不在，可在医院和研究实验室、科学研究菌毒种库、人和动物感染者及环境中找到。用于解决医学、农业及其他有益学科中挑战的技能和设备与用于制造生物武器的技能和设备基本相同。在合成生物学时代取得的进展扩大了本已广泛的可能被滥用的生物技术的范围。

为了在不妨碍有益研究的情况下支持对生物技术滥用的威慑和预防，目前普遍的方法是实施多种重叠的工具，这些工具合在一起时可以提供更大的价值。这些工具分为两大类：规范和政策法规。

8.1.1.1 规范与自治

防止生物学滥用的规范是存在的，并在从全球到个人的许多层面上得到支持。《关于禁止发展、生产和储存细菌（生物）及毒素武器和销毁此类武器的公约》（通常被称为《禁止生物武器公约》[BWC]）是国际层面威慑生物武器的基石，包括那些由合成生物学制造的生物武器（UN，2017）。《禁止生物武器公约》禁止这种武器，为全球规范设定了标准，约束了参加该公约的国家，并界定了可接受的行为。曾经有过违规行为，例如，前苏联在《公约》被批准后仍保留了秘密的生物武器计划（Alibek，1998；Cox and Woolf，2002）。但是，没有哪个国家违背国际规范宣扬进攻性生物武器计划；即使是公然无视核试验国际禁令的朝鲜，也否认关于该国正在研制生物武器的指控（Independent，2017）。联合国安理会第1540号决议是另一项相关的国际协议，该决议禁止各国协助非国家行为者开发生物武器和其他类型的武器（UN Security Council，2004）。

在机构和个人层面，科学界有自治的传统和既定的规范，规定了什么是科学中负责任的行为。一个具有里程碑意义的例子是1975年的阿西洛马会议。随着重组 DNA 技术的出现，一些顶尖科学家建议暂停涉及毒素、致癌病毒和抗生素耐药性的重组 DNA 实验，直到可以评估它们的安全性（Berg et al.，1974）。为了促进这种评估，科学家和政府官员聚集在加利福尼亚州阿西洛马的一次会议上，经过进一步的研究和全国性的讨论，上述暂停在1976年解除，并为美国政府资助的所有重组 DNA 工作创建了一个新的指导体系。在阿西洛马发生的事情已经成为科学家对具有社会和伦理影响的科学发现做出反应的模板，也是科学界自治能力的象征。

在此后的几十年里，这种自治的传统已被应用于两用性生物技术。2004年，一份根据该研究项目主席、遗传学家 Gerald R. Fink 名字命名的被称为《芬克报告》（*Fink Report*）的国家科学院报告（NRC，2004）提出，科学家有道德义务避免助长生物战争或生物恐怖主义，并概述了在开展工作之前需要考量和评审的实验类型。这些实验的目的包括：使疫苗无效或赋予对可用药物的耐药性，逃避检测或诊断方法，增强或产生毒力，增加病原体的传播能力或改变其宿主范围，推动实现武器化。这些实验与本报告中所考虑的对合成生物学使用的关注类似。《芬克报告》为美国卫生与人类服务部（HHS）的一个名为国家生物安全科学顾问委员会（NSABB）的联邦咨询委员会提供了工作起点，该委员会定义了“受关注的两用性研究（DURC）”（U.S. Government，2012），并为美国联邦政府资助的涉及某些规定的管制病原体（借鉴自联邦管制生物剂计划管制生物剂和毒素清单；参见 CDC/APHIS，2017）的研究项目需要接受 DURC 研究审查这一要求建立了基础。

与合成生物学有关的另一个重要的自治领域是提供 DNA 合成服务的供应商的自愿订单筛查。在 2010 年 HHS 创建的框架的指导下，鼓励 DNA 供应商筛查订单中的受关注序列（如编码管制生物剂的 DNA）并筛查客户以确保他们是生物学的合法用户（HHS，2010）。筛查旨在确保受监管病原体（包括炭疽、天花和牛痘等的病原体）的遗传物质在未经审查和可能与政府机构进行磋商的情况下无法购买。基因合成公司的一个国际自愿联盟——国际基因合成联盟（IGSC）支持和促进了筛查，该联盟采用了 2010 年 HHS 推荐的筛查方法及更为严格的措施（IGSC，2017；PR Newswire，2018）。

自治的其他例子包括与科学家负责任行为有关的工作（例如，National Academies of Sciences，Engineering，and Medicine，2017a，b）、针对学生的生物伦理学培训、生命科学职业行为准则和针对实验室科学家的生物安全培训。尽管自治规范不会威慑或预防坚决的恶意行为者寻求开发、获取或使用生物武器（无论是否由合成生物学促成），但这些规范奠定了一定的基础。至少，它们为对科学界内不道德或恶意行为进行社会监督提供了基础。

8.1.1.2 美国的政策法规

在 2001 年炭疽芽胞信件攻击事件之后，美国国会加强了与生物安全和两用性研究相关的若干法律，这导致了联邦管制生物剂计划的正式实施（CDC/APHIS，2017）。以前的生物安全和控制指导方针是装备好实验室工作人员，使其在不伤害自己或公众的情况下开展危险病原体实验；与之相反，管制生物剂计划旨在防止未经授权的生物剂获取，这种获取行为可能会导致那些指定的、被认为最有害的生物剂和毒素被有目的地滥用。这些法规要求处理所列病原体的设施应具有适当的物理性安全保护，并要求个人在使用清单上的生物剂之前应接受安全评估。在大多数情况下，管制生物剂法规通过拒绝病原体的使用来提供安全性，这是基于这样一种假设：大多数不良行为者更愿意采用最简单的方法来获取病原体，即从实验室中窃取。

其他政策和要求适用于接受美国联邦资助的 DURC 研究人员，最近已经由美国国家科学院进行了审查（参见 NationalAcademies of Sciences，Engineering，and Medicine，2017a）。这些要求（U.S.Government，2012，2014）规定，使用 15

种病原体或毒素中的一种或属于 7 种确定的实验类别的研究活动需接受额外的监督。涉及高致病性禽流感 H5N1 的研究计划也接受 HHS 的特别评估。尽管政府最近解除了对涉及“具有大流行潜力的病原体”的功能获得性实验的禁令，但规定了在开展这些实验之前必须执行的额外审查程序（HHS，2017）。

威慑和预防的某些方面以公共卫生领域为基础。例如，针对特定生物威胁的疫苗或其他应对措施的可用性和使用本身就可以成为一种强有力的威慑，不良行为者不太可能使用对目标种群没有影响的生物剂。即使没有特定的医疗应对措施，在强大的公共卫生基础设施的支持下，一个健康的种群也可以提供抵御攻击的能力。相反，2014～2015 年，几内亚、塞拉利昂和利比里亚的埃博拉疫情造成了 11 310 人死亡，并影响到包括美国在内的其他国家，这个例子显示了在没有健全的公共卫生基础设施的情况下，一场严重传染病的自然暴发期间会发生什么。Kosal（2014）和其他人强调，加强世界所有地区的公共卫生基础设施，使其成为对生物技术滥用的一种强有力的威慑和加强国际生物安全的一种方式，这是十分重要的。

8.1.2 识别与归因攻击能力

其他有助于消减的因素涉及对新出现的健康威胁进行检测、将其确认为有目的的攻击并追溯至责任行为者的能力。流行病学、实验室诊断和环境监控是检测新兴健康威胁的系统的重要组成部分。疾病监测和生物剂鉴定所涉及的一些程序还可以帮助确定健康威胁是故意攻击还是自然暴发所致，并可能提供关于责任行为者的线索。图 8-1 概述了选定的用于确定影响美国公众和军人的、新出现的健康威胁的现有程序和系统。

在美国，传染病的监测和报告是多层次的，既有强制性的，也有自愿的。根据地方、州或领地的管辖权要求，卫生保健提供者、实验室、医院及其他民用领域的卫生保健合作伙伴如检出或怀疑某些生物剂，必须向其地区公共卫生部门报告，有时还必须提交样本用于在公共卫生实验室进行验证性测试。一旦这样的实验室参与进来，就会发出警报，以支持对类似疾病的其他病例进行鉴定，而流行病学成为疾病监测的一个重要因素。此外，在这些地区性公共卫生节点上鉴定出某些病原体（如管制生物剂）需要通过化学和生物恐怖主义实验室响应网络通知美国疾病预防控制中心（CDC）（CDC，2014a；CDC，2014b)。美国国防部有一个类似的节点系统，包括大型军事参考实验室、小型地区实验室、地方和接触点护理中心，称为“士兵-提供者-生物监视哨点”方法。美国国防部还运行一个全球新发传染病监测和响应系统以监测新发传染病（AFHSB, 2017），国防部实验室也参与了 CDC 的实验室响应网络。

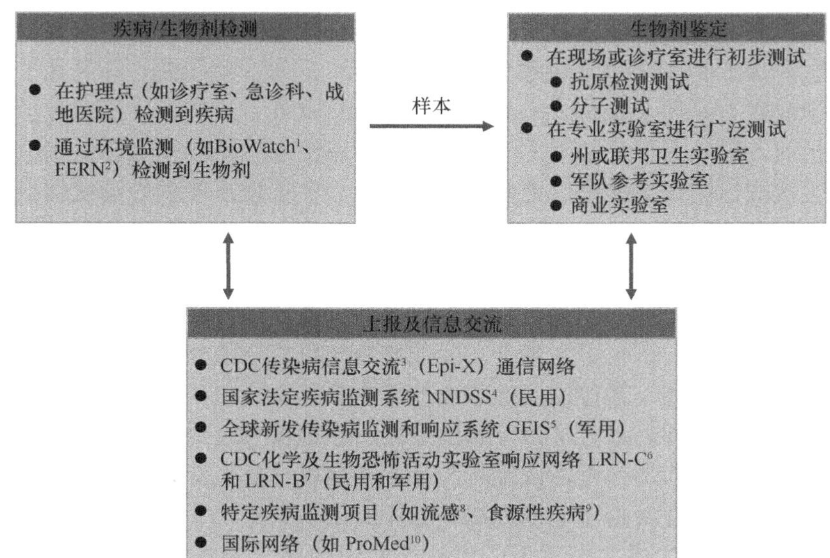

图 8-1 有助于识别新出现的健康威胁的因素示例。注：当通过卫生保健系统检测到疾病时，则在现场或诊疗室进行初步测试以确定病原体。如果初步测试无法确定，则可以在专业实验室进行更广泛的测试，如果结果符合某些标准，则可能需要向一个或多个监测和响应网络报告。这些网络根据当前对威胁的认识，反过来调整测试方法、上报要求和响应准则。一般而言，这些步骤是在民用与军用领域各自系统的权限下进行的，但是存在着交叉联系。还有一些系统旨在直接检测环境中的生物剂，以便在受影响的患者进入卫生保健系统之前提供早期预警。

[1]BioWatch 是美国国土安全部的一项计划，旨在监控公共场所的空气中是否存在管制生物剂（Firoved，2016）。

[2] 美国农业部的食品应急响应网络（FERN）负责检测食品的生物、化学和放射性污染（FERN，2017）。

[3]CDC，2017a

[4]NNDSS，2017

[5]AFHSB，2017

[6]CDC，2014b

[7]CDC，2014a

[8]CDC，2017b

[9]CDC，2017c

[10]新发疾病监控项目，一个由国际传染病学会维护的上报系统（ISID，2017）。

为了鉴定病原体，通常要将样本与从生物库或序列数据库获得的数据进行比较，如多重耐药微生物储存库和监测网络（WRAIR，2017）、CDC 的微生物网络（CDC，2017d）或 GenBank®（NCBI，2017）。在军用和民用医疗保健系统的支持下，直接抗原测试使用免疫色谱法来鉴定病原体，可以在现场或任何诊疗室进行。这些测试正逐渐被更新的、可进行护理点分子测试的平台所取代，这些分子测试大多基于 PCR 技术，能够快速检测细菌、病毒和寄生虫，并且几乎不需要技术知识或样本处理（de Paz et al.，2014；Vidic et al.，2017）。虽然分子技术只针对特定的、已知且相对常见的病原体，但可以快速确认或排除已知病原体，并提供比直接抗原测试更准确、更灵敏的结果。当在护理点提供的测试结果不确定或需要进行确认性测试时，可将标本送到公共卫生、军用或商业化参考实验室，这些实验室基于内部实验室开发的测试具有更广泛的能力。这些测试大多数基于实时 PCR 或基质辅助激光解吸电离-飞行时间（MALDI-ToF）质谱，需要实验室基础设施，执行和分析也更为复杂，但能够检测更广泛的病原体。实验室响应网络中的实验室及与其相连接的疾病监测和报告系统所使用的分子鉴定方法通过标准化方法在全国范围内进行了开发和部署，旨在提供各网络之间结果的一致性和可比性。国家过敏症和传染病研究所为了推动病原体的追踪、测序和分析方法开展了广泛的研究和开发工作，也给这些工作提供了支持。

这些监测系统支持在新出现的疾病威胁出现明显症状并可与可识别的病原体或毒素相关联时，进行早期发现和作出应对。在拥有强大公共卫生系统的国家，其监测网络对于识别攻击事件（如果发生的话）也是一种宝贵的资源（参见 Kosal，2014）。然而，在通常缺乏强大公共卫生基础设施的欠发达国家或战区，或者如果一种生物剂产生的症状不典型，则这种攻击可能需要更长时间才能被发现。另一个限制因素是在地方与国家确认疫情暴发或攻击发生之间存在上报时间延迟。

为了加强已建立的监测和通报系统，公共卫生当局正在探索使用各种更新的网络和潜在的数据来源。例如，在 2003 年中国 SARS 疫情暴发期间，电子邮件清单服务 ProMED Mail 充当了预警系统（Madoff，2004）；社交媒体已被用于补充传统的传染病监测工具（例如，参见 Milinovich et al.，2014；Velasco et al.，2014；Charles-Smith et al.，2015；Young，2015；Fung et al.，2016）；新的数据来源，如电子病历（EMR）、搜索引擎查询药品购买数据、纵向的血清阳性率或生物监控研究（Klompas et al.，2012；Butler，2013；Fung et al.，2015），可能被挖掘用于实时疾病监测目的。虽然这些较新的平台还不是经过验证的监测和流行病学数据源，仍然需要标准、先进的分析能力和解决隐私问题（Chiolero et al.，2013；Friedman et al.，2013），但它们未来可能是更早期发现自然或蓄意疾病事件的有价值的工具。

8.1.3 后果管理能力

控制和应对化学或生物攻击（后果管理）的两个关键能力是限制可传播生物

剂扩散的能力，以及使用疫苗、治疗药物或其他手段对抗生物剂的能力。

8.1.3.1 限制可传播生物剂扩散的方法

美国疾病预防控制中心（CDC）提供了关于经典的传染病消减措施的明确定义，如隔离感染者（CDC，2014c）。隔离和检疫以及接触者追踪和旅行限制在2003年SARS暴发期间被用来限制SARS传播，取得了很好的效果（Anderson et al.，2004）。这种公共卫生措施的有效性高度依赖于基本再生数（称为R_0），以及所讨论病原体的序列间隔。此外，虽然这些措施在军事环境中效果良好，但由于可接受性差和其他社会因素，在民用情况下实施起来可能较为困难，在2015年埃博拉疫情期间美国的情况就是如此。限制生物剂扩散的其他相关措施还包括个人防护装备，如用于保护应急人员在现场工作时不受污染的防渗连体服、手套和呼吸器（FDA，2017）。

8.1.3.2 医疗应对措施

医疗应对措施包括由美国食品药品监督管理局（FDA）批准的生物制品、药品和设备，用以在传染性生物剂、毒素或化学物质引起的突发公共卫生事件（无论是自然的或是人为的）中预防、治疗或改善疾病。其中包括个人防护装备等设备，以及疫苗、抗生素、抗病毒药物、抗毒素及其他药物和疗法[⑪]。

美国卫生与人类服务部（HHS）和国防部针对管制生物剂清单上的生物剂，并结合美国国土安全部提供的实质性威胁评估（PHEMCE SIP and HHS，2017b），共同负责发展医疗应对措施。研究能力、资金和临床能力方面的限制，使得需要对发展哪些医疗对应措施具有可行性做出细致决策，从研究启动到动物试验、规模放大、临床试验和生产制造。让制药企业将时间和平台投入到可能无法获得显著投资回报的药物上同样十分困难。有关如何制造这些应对措施（通常按需）以及如何分配给人群的考虑因素也很重要。尽管国家战略储备（由CDC维护）中已有一些应对措施，会在发生国家紧急情况时向国家和地方公共卫生机构提供医疗应对措施（CDC，2017e），但许多应对措施的库存极其有限，可能仅够应付暴发状态的第一天。

8.2 合成生物学带来的消减挑战

尽管出现了合成生物学，上述消减措施仍然优势和劣势并存。合成生物学使其中一些劣势更加突出，产生了新的挑战，并为改善消减能力创造了机会。

⑪ 有关公共卫生医疗应对措施的更多信息，参见FDA，2017。

8.2.1 威慑与预防所面临的挑战

总的来说，规范与自治、自愿性指导、法规和国际禁令等策略为生物研究的滥用制造了许多障碍，这些障碍可能比其各个部分的总和还要大。但是，这些策略中有许多缺乏正式的执行机制，多年来一直被批评为不足以防止有目的的生物学滥用（Palmer et al.，2015）。例如，在国际层面，《禁止生物武器公约》影响到了规范，但几乎没有有效的执行机制。随着合成生物学的出现，对这些策略弱点的担忧得到了更多的关注。以下各节讨论合成生物学已经引起特别关注的两个方面：现代生物技术对于更广泛的行为者的可及性，以及通过基于清单的筛查来检测恶意活动所存在的缺陷。

8.2.1.1 生物技术的可及性

今天的生物学所处的环境与 1975 年阿西洛马会议（建立科学自治模式的开创性事件）时显著不同。现在不仅有更多的工具可供使用，而且科学界也更加多元化。合成生物学技术可供各种各样的人使用，包括传统的学术和商业研究人员，还包括业余生物学家、不是生物学家的工程师及制造商，他们并非都遵守传统学术环境的规范。还有人认为，由于信息技术的日益复杂化，隐性知识对于成功的生物学操作变得不那么重要（Revill and Jefferson，2014）。正如第 2 章所指出的那样，尽管生物学变得“可编程”的速度和最终程度是一个存在争议的问题，但是朝向使生物学“可编程”方向的发展拓宽了可能能够设计生物组分的行为者的范围。

除了传统途径（在学术实验室工作、获得研究生学位，以及从事传统的博士后研究）之外，人们现在可以通过非传统的方式进入生物技术领域。例如，近年来，生物实验的 DIY 模式越来越流行，为非科学家进行生物学研究提供了工具和指导。正如生物技术行业分析师 Rob Carlson 于 2005 年在 *Wired* 上所写的那样（Carlson，2005），“车库生物学的时代已经来临”，他指出，一个人投入几千美元即可从事“生物黑客”的工作。从那时起这个群体开始扩大；2017 年，麻省理工学院（MIT）媒体实验室组织了一次“全球社区生物峰会”，将来自几十个国家的“生物黑客”以及独立实验室和社区实验室的成员聚集在一起（MIT Media Lab，2017）。许多 DIY 生物学活动明显具有教育性、趣味性，或与当地社区需求（如测试食物样本）相关联。然而，尽管这些 DIY 项目大多数并不复杂，但该模式确实使普通大众可以使用可用于开展高级工作的工具。例如，只要不到 200 美元，就可以获得使业余爱好者能够使用 CRISPR/Cas9 等基因编辑技术的试剂和试剂盒，只是可能需要先进的技能和其他实验室资源才能用此类试剂盒创造有害的生物剂。社区实验室也可能为恶意行为者提供场所，或者被误导牵连到犯罪事件中。

另一个非传统生物技术人员团体的例子是国际基因工程机器大赛（iGEM，2017）。iGEM 始于 2003 年麻省理工学院的一个课堂竞赛，竞赛要求学生团队使用标准的、可互换的部件（称为 BioBricks™）构建合成生物系统，并在活细胞中操作该系统。尽管 iGEM 项目由学生实施，他们中的许多人都是生物科学的新手，但一些项目已经相当复杂。现在，iGEM 是向 MIT 以外的参与者开放的年度活动，参与者包括来自世界各国的高中生、本科生和研究生。项目通常涉及工程化改造微生物、哺乳动物和植物细胞，例如，2014 年的大奖得主将蛋白质环化以使其物理性状更加稳定。

一个相对未经培训的个人可以开展复杂的生物工程工作，这一事实引发了人们对提高业余团体活动的安全性和认识的关注并启动了相关机制（Kellogg，2012；Holloway，2013；Kolodziejczyk，2017）。联邦调查局（FBI）的“看到什么就报告什么”活动向 DIY 生物学团体和 iGEM 进行了推广（Wolinsky，2016）。联邦调查局和美国科学促进会（AAAS）也联手加强了对该领域风险和收益的认识（Lempinen，2011），并探索“保护科学”的途径。

8.2.1.2 基于清单的筛查的缺陷

合成生物学能力的进步给基于清单的筛查这一威慑与预防的关键手段带来了许多挑战。特别是，由 DNA 供应商进行的自愿性订单筛查这一旨在防止管制生物剂生产的系统正逐渐失去作用（Casadevall and Relman，2010；Carter and Friedman，2015；DiEuliis et al.，2017a）。虽然客户筛查目前是并可能一直是一个重要的手段，但最近的研究实例表明，筛查这些客户订购的序列可能变得不那么有意义。使用清单可能使政策更容易执行，但基于静态清单的方法令人担忧，不仅因为自然界存在许多病原体，而且因为合成生物学现在允许创造不在此类清单上的新病原体和其他潜在有害生物成分。

序列筛查依据的是与“管制生物剂清单、澳大利亚集团清单和其他国家管控病原体清单上所有生物体的数据”（IGSC，2017）的同源性，因此，如果一个生物剂不在清单上，它就不会被标记。例如，目前的指导原则并不禁止 DNA 供应商履行已灭绝的马痘病毒基因组的订单；最近发表的马痘基因组的合成和启动（Noyce et al.，2018）令人担忧，某些用于制造这种痘病毒的技术可以用于制造天花病毒（DiEuliis et al.，2017b；Koblentz，2017），因为马痘病毒与天花病毒有很高的序列相似性（Tulman et al.，2006）。此外，尽管存在一些流程，可以在发生问题时将合成公司与美国执法机构联系起来，但是 DNA 合成是在全球范围内进行的，并且不太清楚是否所有其他国家都有这样的流程。重要的是，除了 DNA 合成筛查之外，管制生物剂清单等清单也构成了本章讨论的许多下游消减手段的基础，这些消减手段包括检测、诊断以及医疗应对措施的开发和优先级确定。过度依赖管制生物剂清单是一个系统性弱点，影响到美国目前生物防御消减能力的许多方面。

另一个弱点是少于 200 个碱基对（称为寡核苷酸）的 DNA 序列不被筛查。这引起了人们的担忧，即坚定的恶意行为者可能从商业供应商获得多个短序列并进行组装以创建全长病原体 DNA，尽管这种策略需要大量的工作和技巧，特别是对于具有大型基因组的病原体。有人认为，筛查寡核苷酸序列是行不通的，因为任何特定的短序列都有较高的预期假阳性率，而寡核苷酸订单的大量增加将加剧这种状况（Garfinkel et al.，2007；Carter and Friedman，2015）。有人提出了相反的观点，认为寡核苷酸筛查可以采用与长基因不同的方式，例如，分析一个订单（或跨多个订单）中的一组寡核苷酸，并将序列相似性阈值设置为更高的值。另一个担忧是生命科学企业的发展趋势可能会削弱供应商筛查的动机。随着 DNA 合成成本的降低，与筛查相关的固定成本占总成本的比例越来越高，这对公司的筛查产生了阻碍作用（DeEuliis et al.，2017a）。如果实施寡核苷酸筛查，这些成本可能特别高。

目前的筛查方法主要基于订单序列与特定病原体序列的同源性，而不是筛查赋予特定病原体特征的序列。随着对序列与功能关系的进一步认识，所使用的清单类型有望发展变化。因此，即使基于清单的消减策略有局限性，但其某种形式仍可以在威慑与预防工具集中发挥作用，并有必要成为包含其他策略的分层方法的一部分（参见下文，8.3.1 节“提高威慑与预防能力的机会”）。

8.2.2 识别与归因攻击所面临的挑战

在教科书中，监测疾病暴发的方法是建立在一组个体出现明确的疾病症状的基础上的，这些症状在地点和时间上有关联，并且可以归因于一种病原体。最近美洲暴发的寨卡疫情是一个很好的例子，说明了这些“完美的条件”并不总能够得到满足。80%的寨卡感染者没有疾病症状；即使有症状者，症状也很轻微，并且与受感染妇女所生婴儿的小头畸形之间的联系是无法预测的。这些例子强调，即使是识别自然疾病暴发的疾病监测工具，仍然存在弱点；这些弱点在面对某些类型的合成生物学武器攻击时可能会带来特别的挑战。例如，正如第 6 章所讨论的那样，可能可以开发出能够改变人体宿主的生物武器，并且对健康的影响不像疾病暴发或攻击那样立即显现出来，如通过降低免疫力或修饰微生物菌群。

合成生物学也可能扰乱识别生物攻击中所用病原体的能力。尽管可利用的资源库广度和深度都很大，但并不总是有可用作比较物的参考标本，特别是当生物剂与天然病原体或毒素显著不同时。目前的许多消减措施本质上是以清单为基础的（旨在检测管制生物剂），并且严重依赖于用作 PCR 引物和探针的确切基因组区域的保守性；如果敌对者确定了这些区域的序列，则可以使用密码子转换技术来改变这些区域，从而创造出有功能但不可检测的病原体。

除了与临床监测相关的挑战之外，合成生物学还可能进一步加剧环境监测能力的弱点，现有的环境监测能力试图检测环境中的生物剂，以便在患者进入医疗保健系统之前提供早期预警。对于化学威胁，化学恐怖实验室响应网络利用了多种形式的质谱分析，这使得无偏检测比在生物领域更具可行性（假设有参考标准），而生物领域的无偏检测仍然极具挑战性。虽然利用 PCR 从巨大的环境背景"大海"中识别出管制生物剂病原体这根"针"是可行的，但是目前还没有一种技术可以在环境背景中出现新型病原体（无论是天然的还是工程化改造的）时向我们发出可靠的警报。这些工具不适用于检测未知物、基因工程嵌合体，或 PCR 引物或探针结合位点被改变的生物剂。超深度宏基因组测序将能够在任何环境样品中发现大量未表征的序列，并整理全部信息直至能够明确鉴定出新的病原体，但这个过程目前成本过高且过于冗长，还无法发挥作用。生物信息学工具提供了筛选海量序列的有力手段，但它们依赖于一系列的假设，如关于分类单元由什么构成的假设，并且可用参考数据库的完整性会影响结果的准确性。另一个复杂因素是，很多室外和室内环境中的"正常"背景微生物组成缺乏明显的特征，并受到许多因素的影响（National Academies of Sciences，Engineering，and Medicine，2017c）。鉴于这些挑战，宏基因组学和环境监测等方法不可能完全满足对合成生物学武器攻击中使用的生物剂提供早期识别的需求。

如果目前的环境监测方法不能识别新型生物剂，则意味着我们只能依赖公共卫生系统来识别新型病原体的暴发，无论是自然的还是工程化改造的。依靠这种被动的方法表明，在患者出现触发卫生团体反应的症状之前，不可能采取行动减轻或控制疫情；由于这种延迟，人们可能在生病后才知道发生了攻击。为了对新型病原体进行表征并为分析其致病机制和起源奠定基础，需要通过培养（如果可能）来分离该病原体，然后进行测序（或超深度测序）和艰苦的组装。该初始表征过程可能至少需要几天，如果该新型生物剂是正常良性微生物经高度工程化改造的版本，或者在症状明显时已经不再存在于患者体内，则需要更长时间。在生物剂是病原体的情况下，一旦获得基因组，就可以快速开发出 PCR 试剂，此时该生物剂就可以被添加到可通过环境和临床监测系统检测的生物剂清单中。

对于现代生物技术（包括合成生物学）可能带来的新的伤害途径，没有可以处置所有情况的"灵丹妙药"，也没有可以应对所有出现的天然生物剂的"灵丹妙药"，SARS、MERS、西非埃博拉病毒和其他疫情即为例证。2003 年的 SARS 疫情尤其向国际公共卫生界和生物监测界强调，需要建立用于快速表征和国际信息共享的有效机制，以充分应对新型和新发威胁。本报告中评估的对合成生物学生物安全方面的各类关注为这一信息增加了紧迫性。

8.2.3 后果管理所面临的挑战

如果疾病监测和实验室基础设施无法检测、识别和表征病原体，目前可用的医疗应对措施（如疫苗和治疗药物）可能也效果不佳，在某些情况下可能无效。虽然现有的医疗应对措施可能对控制或对抗由合成生物学创造的与现有受关注病原体高度相似的生物剂非常有用，但并非所有生物剂都适合这种模式。例如，如果向细菌中引入多个耐药性突变以产生生物武器，则即使在生物剂被完全表征之前就施用广谱抗生素也可能无效。同样，如果工程化改造的病毒嵌合体携带新型表面抗原，则它不可能在暴露后被免疫球蛋白所中和。简言之，如果该生物剂对可用的疫苗、药物或抗体药物不敏感，则现有系统不太可能限制其传播，从而可能增加伤亡的范围。在这种情景下，使用传统方法来开发、测试和批准用于对抗该生物剂的药物和疫苗将导致长时间的延误以及很多人可能受到影响，这表明需要新的方法来快速制造和测试新疗法。有效实施这些方法不仅需要技术进步，还需要快速的监管批准程序，如 FDA 使用的“紧急使用协议”机制。

8.3 提高消减能力的潜在机会

尽管当前和预期的生物威胁形势带来了挑战，但仍有许多机会可以利用当前的能力并填补一些空白。事实上，合成生物学能力本身可能有助于推动某些消减工作。提供全面的技术清单并提供足够的信息来判断该清单在处理新疫情方面的有效性，这不在本报告的范围之内。本节旨在重点介绍目前正在开发的技术可以提高处理未来疫情暴发或攻击的能力的一些方式，包括一些选定的示例显示提高威慑、预防、攻击识别、归因和后果管理能力的潜在机会。

8.3.1 提高威慑与预防能力的机会

抽象化、标准化、模块化、自动化和合理设计等工程化技术可能有助于合成生物学取得重大进展。虽然计算与合成生物学工作流程的结合程度会有所不同，但对于那些依赖计算工程学的方法而言，探索消减生物防御关注的一个机会就是将恶意活动的预防、检测、识别和信息存储机制明确整合到计算基础设施中。这种方法可能与消减工作的所有方面都有关，但可能对预防和归因最为重要。下面讨论的是可以进一步探讨的各类方法的示例。信息栏 8-1 概述了在两个示例情景的各个阶段如何应用这些方法来识别或预防恶意活动。

借助机器学习进行活动筛查　可能可以开发出算法用于学习和识别与生物

威胁的产生有关的模式，如 DNA 片段或序列转换、材料转移或设备使用等。这种方法可能有助于在设计周期的早期就标记出可疑活动。但是，开发这样的算法需要大量的训练数据，而反映恶意活动的数据很难获得；因此，开发足够精确的算法可能是不可行的。

采用限制设计能力的系统　可能可以将工程化改造 DNA 构建体的规则直接编码到软件中，从而使得难以或不可能构建某些特定的遗传设计，例如，通过禁止或要求添加（去除）特定的 DNA 片段，要求进行特定的检测，防止材料转移到特定的个人或实体，以及排除或要求使用特定的宿主生物体。虽然这种方法可以帮助威慑或预防某些恶意活动，但还不足以阻止基于特定知识的设计或基于绕过生物设计工具的暴力组合测试的设计，并且其实施方式很难防止用户篡改。

维护已知专业知识和材料的注册表　可以创建数据库基础设施和支持工具，以追踪与产生生物威胁能力相关的专业知识和材料的已知来源，如关于实验室、人员和材料来源的信息。除了识别相关参与者之外，还可以分析来自他们的设计，以为个人或团体的工程化设计创建已知的“数字签名”。但是，要获得足以分析恶意用户的设计是很困难的，正如区分合法与恶意活动也很困难。

维护已知生物威胁的注册表　尽管从合成生物学能力的角度来看，基于清单的系统存在固有的局限性，但是通过系统地将这些系统连接到设计软件和自动化铸造厂，仍有机会增强这些系统的实用性。此外，筛查程序有机会从关注生物体转向关注 DNA 功能。有人认为，注重已知的致病能力（而不是管制生物剂的整个基因组，参见 IARPA，2017a）将有助于管理一个更有意义的注册表——一个直接从导致伤害的 DNA 组件中获取的注册表。例如，用于合成生物学的软件可能需要定期对生物剂注册表执行“检查”，或在识别出新的生物威胁时将其自动添加到这些注册表中。这种尝试要取得成功，就必须具备可扩展性、可搜索性和抗黑客攻击能力。恶意用户可能会被限制，只能使用其他不依赖于设计软件的方法，如 DNA 改组或诱变等实验性方法。

追踪基因设计中的数字“签名”　可能可以在自动化流水线的关键阶段部署信息技术，以确定合成遗传物质的来源和创造者，确保其来源可靠。如果发生攻击，这些信息也可能有助于确定责任行为者。然而，这种方法主要适用于采用遗传电路设计工具的策略；对通过其他手段（如通过定向进化）创造的合成材料进行归因会困难得多。用于此目的的水印可以是“生物学的”，例如，当遗传物质（如 DNA 序列）中插入了可以唯一识别样本的附加信息时（Heider and Barnekow，2008）；水印也可以是“电子的”，例如，当信息被以数字方式添加到用于传递生物信息的电子文件中时（如在编码 GenBank®文件的二进制信息中）（Cox et al.，2008）。电子水印更加成熟，在操作生物材料的实践中可能更为有用。

信息栏 8-1　说明消减机会的工作流程实例

下表着重介绍的实例展示了支持消减的计算方法如何应用于行为者在追求两种生物威胁时将实施的各种活动。这些分类并非详尽无遗，而是为了说明挑战和机会。并非所有的措施都适用于所有情况，实施这些措施也可能引发权衡方面的争论，例如，谁将获得工具、材料和信息，如何平衡安全与避免削弱合法研究的愿望，社会对隐私和监测的关注。虽然对计算生物学所提供的机会进行全面评估超出了委员会的范围，但阴影部分提供了一种感觉，即哪些活动被认为机会较低（浅灰色）或机会中等（深灰色）。

重构已知的致病病毒

活动	支持消减的潜在计算方法
早期规划 访问与 DNA 构建相关的文献和方案，操作特定的病毒	这种类型的活动可能很难与非恶意活动区分开来，而试图进行区分会产生很多误报。针对此步骤开展消减工作可能会很困难，并可能增加对合法活动的障碍
序列选择 访问病毒基因组序列的数据库	尽管可以监控数据库访问，但规范这一过程可能会很困难，并可能阻碍合法研究。此外，从数据库中删除的任何基因组序列都可能从其他来源获得
获取材料 订购试剂和设备，如遗传物质、DNA 合成设备及细胞系或动物	材料转让协议已经为材料的合法转让提供了安全机制。非法转让难以预防，基本分子生物学试剂和设备的订购可能过于普遍而无法监控
设计软件 用于 DNA 序列管理、生物操作或设计、可视化的软件	由于此步骤明确涉及计算，因此对设计文件添加电子追踪和注释可帮助指示设计的起源、目标和修改历史。电子水印可能比生物水印更容易被接受
数据管理 用于追踪项目和相关人员的软件	电子实验室笔记本等记录可以提供有关一项设计的历史及开发参与者的信息；但是，恶意用户可能会修改其身份和活动，使得此数据源不那么可靠
通用计算 计算是项目常用设备的一部分，设备包括凝胶成像系统、热循环仪和培养箱	这些计算平台可能过于通用，没有多少针对性

设计代谢通路以通过肠道微生物菌群原位合成毒素

活动	支持消减的潜在计算方法
宿主选择 选择底盘/宿主生物	在该过程中，生物体的选择可能非常早，使得无法确定是否存在有计划的恶意活动。受到生物安全级别限制的生物会发出警报，但获得这些生物的过程已经受到监管
基因选择 确定产生所需酶需要的基因	可以对某些基因的选择进行标记，例如，与违禁毒素相关的基因。然而，一般而言，基因选择这一过程可能过于普遍，在不过度限制合法研究的情况下，要可靠地检测或预防恶意活动是不可能的
设计软件 用感兴趣的基因来构建遗传设计	在设计过程中可以使用电子水印
筛选 酶活性筛选	鉴定广泛的酶类不太可能可靠地检测到威胁
调整 如果需要，工程化改造蛋白质以改变酶活性	对酶进行特异性靶向修饰能够产生可被检测到并从中学习的模式
调整 交换调节性生物组件以精细调节酶活性	组件的更改是一个定向过程，由此引起的活动变化所产生的记录可能能够推断出期望的结果

8.3.2 提高生物剂识别与归因能力的机会

由于很多天然核酸空间尚未被测序和表征，因此确定特定的基因序列是天然或非天然来源仍然非常困难。但是，目前的分析方法可以帮助识别出基因序列出现在意外位置的情况（例如，识别出来自肉毒杆菌的毒素基因被插入到大肠杆菌基因组中）。此外，遗传电路工程的产物（参见第 4 章，图 4-3）可以清楚地被辨识出是非天然的，其包含的设计模式甚至可能为归因提供线索。其他有助于人们发现序列被遗传操作的工具，或对一段序列或生物体所具有的有助于归因的特征进行分析的工具，都将成为消减策略的宝贵补充。

尽管许多美国政府机构在准备、预防和应对涉及工程化生物组件的攻击方面拥有专业知识和责任，但在这一领域没有一个机构负有领导责任。2001 年美国炭疽邮件攻击事件首次将焦点带到了生物恐怖主义及对联邦政府建立用于分析工程化生物体的标准化软件工具和实验室方法的需求上。下面简要总结几个最近的例子。

安全基因项目（DARPA，2017） 国防高级研究计划局（DARPA）的一个项目，致力于开发能够更好地控制基因组编辑活动的策略，例如，抑制细胞中的基因组编辑或防止脱靶编辑活动。

威胁的功能基因组分析与计算分析（Fun GCAT；IARPA，2017a） 高级情报研究计划局（IARPA）的一个项目，目的是帮助设计更好的筛查 DNA 合成订单的工具。

寻找与工程化相关的指标（FELIX；IARPA，2017b） IARPA 的另一个项目，旨在开发一套工具，用于区分天然生物体与经工程化改造后可能造成伤害的动物、细菌、昆虫、植物和病毒。

为帮助降低风险，美国国土安全部资助建立"感兴趣序列"数据库 将关于毒力和耐药性的遗传机制的核酸和蛋白质数据、蛋白质毒素数据，以及关于可表示自然或人为的细菌遗传变化的质粒和人工载体的核苷酸数据汇集到单一来源中（D.Shepherd，化学生物防御部，国土安全部，个人通信，2018 年）。

虽然这些项目或其他项目未作为本研究的一部分进行评估，但它们代表了各种投资的例子，这些投资将增强针对本报告中讨论的各类合成生物学能力的准备工作。

正如第 4～6 章所讨论的，合成生物学技术可用于修饰病原体、宿主和媒介物种；这些生物剂可能用于涉及多种病原体、宿主或媒介的复杂攻击。在公共卫生范式下，确定生物剂的种类和任何耐药性因素通常足以指导治疗，例如，使用特定的抗生素。但是，这一层面的信息可能尚不足以用于取证和归因，特别是在怀疑发生蓄意攻击或存在工程化改造的情况下。在这些情况下，负责的联邦机构将希望知道新样本与序列数据库中的菌株的相似程度，是常见的实验室菌株还是来自世界不同地区的菌株，新样本与在可疑设施中发现的菌株比较结果如何，以及我们对于该生物剂是天然菌株还是可能在特定类型培养基中培育而来这一结论的确定性程度如何。除了在该材料被创造的实验室中发现残留样品的情况外，在合成生物学时代证明归因似乎越来越困难，特别是对于可能需要相当长时间才能达到其预期效果的复杂攻击。因此，合成生物学时代的归因很可能要严重依赖于能够寻找分子特征的基于计算机的方法及情报工作。讨论情报活动并不在本报告范围之内，并且人们认识到，经验非常丰富的敌对者甚至可能能够逃避最精细的归因方法。

生物剂鉴定工作（在治疗、检测和归因方面）最重要的进展之一是下一代测序技术，以及它所带来的成本和时间的大幅降低。联邦调查局主导的对 2001 年美国炭疽邮件攻击样本的分析（发生在下一代测序技术出现之前）涉及对少量形态上不同的分离株进行测序，每个成本约为 10 万美元，该过程耗时数年。如果使用当今的工具分析这些样品，可以在一周内完成样品的超深度表征（HiSeq™测序系统一次全程运行约 100 亿次序列读数），试剂成本约为 10 000 美元。展望未来，很明显，下一代测序技术将成为识别合成生物学衍生的传染性生物剂的核心技术。信息栏 8-2 描述了在这种情况下，下一代测序方法可能被使用的一些方式。

信息栏 8-2　下一代测序技术所带来的机会

下一代测序技术的出现为可能影响合成生物学衍生生物剂的鉴定的三种主要方法提供了机会：培养的分离株的下一代测序，靶向性的下一代测序，无偏宏基因组（或非靶向性）下一代测序。

- 培养的分离株的下一代测序可产生高质量的完整病原体基因组（对于能够进行培养且需要完整基因组的病原体）。但是，培养需要数天或数周时间，取决于所涉病原体在培养中的生长速度。
- 靶向性的下一代测序技术是一种可扩展的混合方法，在测序前通过扩增或捕获技术富集已知病原体的大量信息区域。然而，与 PCR 类似，靶向性的下一代测序只能找到它被设计用来查找的基因组区域，因为是根据现有数据库进行结果查询的。
- 当靶向一个清单的关键生物体不够时，无偏宏基因组下一代测序技术被用于检查复杂的环境或临床样本。从患者身上检测出新型或高度工程化的病原体就是一个例子，说明了何时需要进行深入而昂贵的宏基因组测序。虽然这些技术还处于起步阶段，但人们正在开发的新技术[⑫]使这种方法更接近现场（例如，在与患者接触的地方）。一旦发现新的威胁，可迅速制备 PCR 和靶向性的下一代测序试剂，从而允许对其他样本或受害者进行更低成本和更快速的检测。

合成生物学也可能导致新的检测技术的发展。例如，Pardee 等（2014）开发了一种嵌入纸内的可编程的诊断分析方法，作为一种成本低且灵敏的寨卡病毒 RNA 诊断方法（Hall and Macdonald，2016）。在另一种新的诊断方法中，Lu 等（2013）描述了工程化改造的噬菌体用于诊断策略，其中噬菌体特异性抗体、定量 PCR 或报告分子被用于检测工程化噬菌体在遇到目标细菌时的扩增情况。Slomovic 等（2015）描述了合成生物学在开发体外和体内诊断方法方面的应用，包括开发传感细菌，其中“前哨细菌可以驻留在士兵或救援人员的肠道中并作为短期‘病历’来提醒污染或病原体感染的时间和规模”。这些工作虽然仍处于研究模式，但它们表明，合成生物学工具可以帮助解决一些对替代诊断方法的需求，这些诊断方法不基于实时 PCR 检测病原体的特定区域。

8.3.3 改善后果管理的机会

正如合成生物学扩展了可能进行的恶意活动类型一样，它也扩展了有益应用的可能性。合成生物学和相关进展（如第 7 章讨论的会聚技术）为开发医疗应对措施及其他消减工具和策略提供了新的、更系统的方法的可能性。DNA 快速合成、蛋白质设计工具、无细胞表达系统和自动化等合成生物学方法可以显著提高后果管理能力，特别是在开发和测试医疗应对措施方面。例如，这种方法可以为控制蛋白质表达水平提供灵活性，缩短成功生产应对措施的时间，并降低成本。这些方法甚至可能有助于为新识别的生物剂开发应对措施，而无需像以往那样对该生物剂本身进行培养；通过对一种生物剂的关键组分进行计算机表征，可能在检测后的数小时内即可合成用于抗体开发的抗原组分。当可能出现新的生物威胁（包括自然的和工程化的）时，这些方法对于储备应对措施可能是一种有希望的替代方案。此外，一旦确定了生物剂和可行的培养条件，合成生物学中使用的大规模检测能力即可用于筛选候选应对措施，例如，通过调查化学小分子库来鉴定先导药物，或通过测试许多与生物体相关的噬菌体来鉴定出对攻击中使用的细菌菌株可能具有致死性的噬菌体。

---

⑫例如，支持在笔记本电脑上进行分析的长读取实时测序的纳米级技术（Quick et al.，2016），以及含有 388 000 个 DNA 探针的广谱微生物检测阵列（Jaing et al.，2011，Thissenet al.，2014）。

以下各节讨论合成生物学可能在哪些方面有助于诊断、疫苗和其他医疗应对措施的开发。但是，开发合成生物学支持的疫苗或治疗药物依然存在极大的技术障碍，而且还必须注意到，在这些应对措施成为现实之前，它们的开发必须有令人信服的商业案例，以及用于批准这些应对措施的监管程序。在西非埃博拉病毒感染疫情发生近四年后，我们仍缺乏获得许可的埃博拉疫苗；同样，尽管知道阿拉伯半岛以外地区存在暴发 MERS 的严重风险，但我们距离获得许可的有效 MERS 疫苗还有很长的路要走。虽然不在本报告范围内，但对商业和监管因素的严格审查将有益于全面了解利用合成生物学来开发医疗应对措施的可行性。

8.3.3.1 通过病毒的受控减毒产生新的“疫苗株”

病毒的复制周期非常复杂，特定病毒的适应性取决于许多因素。一个重要的因素是掺入到 DNA 或 RNA 中的特定密码子；优先使用特定密码子（或密码子对），被称为密码子偏好（或密码子对偏好），被认为会影响翻译效率（Buchan et al.，2006）。优化密码子使用的努力几乎总会导致病毒的减毒，并且密码子使用偏向性被破坏得越严重，所产生的病毒就越弱（Wimmer and Paul，2011；Martinez et al.，2016）。

Burns 等（2006）和 Coleman 等（2008）提出利用这种减毒现象对脊髓灰质炎病毒中的密码子偏好进行基因组规模的操作，以开发可通过密码子置换程度控制减毒程度的疫苗。由此产生的“疫苗株”在小鼠中提供了保护性免疫力，并且由于进行了数百个置换，所以不会恢复毒力。已有人提出将使用合成生物学工具（包括大规模、低成本构建所需的基因组序列）作为制备许多其他 RNA 病毒的减毒疫苗的手段，包括流感病毒（Mueller et al.，2010；Yang et al.，2013；Fan et al.，2015）、基孔肯亚病毒（Nougairede et al.，2013）、呼吸道合胞病毒（Meng et al.，2014）、猿免疫缺陷病毒（作为 HIV 模型；Vabret et al.，2014）、蜱传脑炎病毒（de Fabritus et al.，2015）、水疱性口炎病毒（Wang et al.，2015）和登革热病毒（Shen et al.，2015）。

8.3.3.2 使用 DNA 构建技术快速获得疫苗储备

2009 年 H1N1 流感大流行事件明确表明，需要有开发流感疫苗的新方法以加快从新病毒出现到开发疫苗种子库及生产和分配疫苗株的响应速度。为了实现这个目标，Dormitzer 等（2013）开发了一种合成方法，以最小误差构建了血凝素和神经氨酸酶基因，该方法将多个交错的寡核苷酸进行退火，这些寡核苷酸之间互有 30 个碱基重叠，共同覆盖了每个基因的全长。感染性病毒从转染了合成的血凝素和神经氨酸酶基因及编码病毒骨架基因的质粒 DNA 的易感细胞中拯救获得。在与生物医学高级研究与发展局（BARDA）合作进行的概念验证研究中，以这种方式在 5.5 天内构建了 H7N9 疫苗株；测试结果表明，基于与雪貂血清的反应，由合成基因表达的抗原是有免疫原性的（Dormitzer et al., 2013）。这个例子表明，合成生物学工具可以促进疫苗株的快速获取，以应对新出现的病毒威胁。但是，以这种方式获得的疫苗的商业化和许可还需要多年时间；拥有一种可以促进新应对措施开发的合成生物学工具是一项重大进步，但与使该应对措施安全、有效且可用的要求相比，还远远不够。

8.3.3.3 快速开发 mRNA 疫苗

另一种开发合成疫苗的方法是使用 mRNA。Petsch 等（2012）证明，在体外将流感血凝素、神经氨酸酶和核蛋白的 mRNA 转录为蛋白质，能够提供针对同源流感病毒的保护性免疫。Hekele 等（2013）使用合成的自扩增 mRNA（SAM）来产生一种源自 H7N9 流感病毒血凝素基因的疫苗，由纳米颗粒递送。该疫苗是在获得序列仅 8 天后生产出来的，在低剂量下具有免疫原性。由纳米颗粒递送的针对 HIV-1（Bogers et al., 2015）和寨卡病毒（Pardi et al., 2017）的 SAM 疫苗已开发出来。在进一步的发展中，Richner 等（2017）还开发了一种由纳米粒子递送的针对寨卡病毒的 SAM 疫苗，但在这种情况下，来自寨卡病毒的结构基因经工程化改造破坏了一个保守表位，从而消除了针对登革热病毒的交叉反应性抗体的产生。这些例子提出了一种推测的可能性，即直接编码抗体分子并通过纳米颗粒递送的自扩增 mRNA 可以作为一种潜在的治疗方法。但是，正如前一节中的示例一样，由于监管和商业因素，这种方法需要几年时间才能产生治疗性应用。

8.3.3.4 使用合成生物学工具开发新的治疗药物

合成生物学还有助于开发小分子医疗应对措施。能够生产青蒿酸（抗疟药青蒿素的关键前体）的酵母菌株的开发表明，可以通过合成生物学生产复杂的植物类天然产物（Westfall et al., 2012）。最近，阿片（Galanie et al., 2015）和青霉素（Awan et al., 2017）等化合物也同样在酵母中生产出来。开发现有和新型化学物质及材料仍然是学术界和工业界的主要兴趣，因此开发化学物质生产菌株的成本和时间可能会在未来得到改善。

Krishnamurthy 等（2016）总结了合成生物学工具在开发新药物中的应用，包括生产新抗生素，以及应用 CRISPR 系统来开发噬菌体作为靶向疗法的方法。Smanski 等（2016）回顾了合成生物学在探索可用作治疗药物的天然产物的巨大多样性方面的积极作用。可以利用合成的哺乳动物遗传电路来预想药物发现平台，可以利用合成通路经工程化改造的细菌、酵母和植物来大规模生产药物和药物前体化合物（Weber and Fussenegger, 2012）。

除了利用常规应对措施（如抗体和小分子药物）进行快速应对之外，合成生物学还可以促进新型应对措施的部署。例如，正在探索利用基因驱动和其他基因编辑方法来控制疟疾和莱姆病等疾病的媒介种群（Harris et al.，2012；Esvelt et al.，2014；Hammond et al.，2016）。基于微生物菌群的用于控制胃肠道感染的干预措施也可以为对抗细菌威胁提供一个可编程的平台。例如，Citorik 等（2014）描述了使用 CRISPR/Cas 技术来创建 RNA 引导的核酸酶，这些核酸酶通过靶向特定的 DNA 序列起到抗菌剂的作用。这些 RNA 引导的核酸酶能够通过选择性敲除靶向菌株来调节复杂的细菌种群。

8.4 小 结

对当前美国或国际项目的优缺点进行全面而深入的评估不在本研究范围之内；因此，本报告不提供对消减能力的全面分析，也没有提出有关消减工作优先顺序的建议。以下观点提示了额外关注哪些领域可以帮助解决合成生物学带来的一些挑战。

总体观点

- 疾病监测系统等传统公共卫生措施对于有效消减由合成生物学创造的生物剂造成的攻击至关重要。但是，合成生物学提供了围绕当前监测系统进行工程化改造的机会，并且很可能出现当前基础设施能力不足因而需要改进的情况。
- 由于技术变革速度很快且敌对者可能追求哪种方法存在不确定性，因此需要灵活且适应各种威胁的生物和化学防御策略。

预防与威慑

- 基于已确定的生物剂清单（如联邦管制生物剂清单和毒素清单）的风险管理策略将不足以应对合成生物学应用所带来的风险。同样，尽管控制获取合成核酸和微生物菌株等实物材料的措施有其优点，但这种方法在消减合成生物学攻击方面效果不佳。需要为这些挑战做好适当的准备。

识别与归因

- 开发更灵活、非靶向、多模式的检测技术，如下一代测序和质谱分析，将有助于提高对合成生物学衍生的生物剂的识别能力。
- 开发可加强异常症状或异常疾病模式检测能力的流行病学方法（如监测和数据收集）将十分有用。

后果管理

- 基于计算机的方法可以提供许多工具来支持合成生物学所致威胁的预防、检测、归因和后果消减。这些方法是需要进一步探索的领域。
- 合成生物学在应对措施研究和开发中的有益应用，当伴随着促进整个开发过程的相应努力（包括监管因素）时，预计将为解决合成生物学所带来的关注提供机会。

应对疾病暴发（无论是自然发生的还是蓄意的攻击）的能力是相当复杂的，并且取决于许多社会、政府和生物因素。认识到疫情已经发生是这一过程中至关重要的一步。然后，必须识别生物剂并提供医疗应对措施。一种病原体可能由合成生物学创造并因此是未知且未经表征的，这种预期大大增加了这些消减活动的复杂性，并且凸显了对改进公共卫生应对系统的需求。

鉴于这种情况，维护目前在军事和民用公共卫生基础设施中使用的系统至关重要。在特定领域加强这种基础设施（包括扩大目前的监测方法），对于更好地检测不引发“正常”症状的攻击非常重要。

虽然对准备和响应能力的深入分析超出了本报告的范围，但对由合成生物学衍生的生物剂进行鉴定和表征可能是国家准备工作中的重大缺口，因为目前许多诊断能力都是基于常见的人类病原体和被指定为高风险的病原体的清单。使用多个平台并对获得的数据进行整合的非靶向性检测方法预计在识别和表征未知病原体方面将更有效。同样很显然，虽然湿式检测技术还需要改进，但基于计算机的质证和法医学方法将在支持预防、生物剂识别与归因方面变得越来越有价值。计算消减方法所取得的大规模成功要求攻击菌株是运用尚不普遍的理性工程化设计方法开发的；运用定向进化等其他方法开发的生物剂可能仍然难以预防或归因。确认归因到应对措施所需的确定性水平的难度相当大，即使对于“传统的”、非工程化的生物武器也是如此。

最后，合成生物学正推动可能对合成生物学衍生的生物剂有效的医疗应对措施的快速开发和生产方面取得进展。但是，工业界和学术界正在进行的许多此类努力仍处于研究阶段，而且这些新方法的广泛使用仍面临复杂的障碍，包括监管障碍和对行业参与的障碍。这个领域需要进行长期密切的监控。

9. 展望：结论和建议

合成生物学时代带来了改变疾病治疗、化学物质制造、燃料生产、污染治理的方法的机会，以及许多有益于人类的其他应用。但是，一些合成生物学能力具有两用性的潜力，也就是说，它们可能被误用而对人类、动物、植物和环境造成伤害。本研究重点关注这些生物技术被用于攻击美国军队或美国人民的可能性，并评估美国国防部等负责保护公共健康和国家安全的部门应该关注的程度。本研究的审议过程包括：确定在合成生物学时代生物技术所包含的概念、方法和工具，确定敌对者可能从合成生物学的误用中获得的具体能力，以及制定一个框架用于评估与这些能力有关的关注。我们将这种方法用于提供结构和透明度，而不会过于规范。然后将该框架应用于分析每种能力所涉技术的发展水平、运用该能力生产有效武器的可行性以及行为者实施攻击所需的特征和资源。在以不太深入的方式说明可采取哪些主动和被动措施来消减攻击威胁之后，我们确定了每个能力相对于所考虑的其他能力的总体关注度。我们认识到，知识或技术的未来发展可能会增加某些能力的可行性或影响，从而提高所需的关注度，因此确定了需要监控的潜在进展。

虽然本研究主要关注的是所分析的具体能力，但其同时着眼于美国生物科学技术、国防以及公共卫生的历史和结构这一更广泛的背景。滥用生物科学来开发生物武器的现象要早于合成生物学的出现。各种各样的恶意行为者已经使用或试图使用生物武器和化学武器，包括国家政府、小团体或邪教组织、甚至个人。幸运的是，实际使用生物武器的情况并不多见。关于为什么生物学的滥用很少以及这种滥用是否可能总是保持很少，专家们存在很大的分歧，但是合成生物学有可能改变滥用的可能性和后果。尽管合成生物学及相关的生物技术对于众多有益的应用很重要，但它们使新的攻击模式成为可能并降低了开发和使用生物武器（以及某种程度上化学武器）的障碍，从而改变了防御形势，可能使资源不足的行为者能够获得生物武器。美国的生物防御措施无法应对合成生物学时代可能出现的所有类型的武器（或敌对者）。这份报告的一个动机是为美国国防机构的工作提供信息，以帮助更新他们的生物防御方法，使其能够检测和应对这些新威胁。

从积极的方面看，预计合成生物学和其他技术将有助于开发出新的生物学异常检测方法、新的诊断工具和新的治疗方法，从而补充和加强现有的生物防御工具。自 2001 年以来，美国显著扩大了对抗生物威胁的努力，特别是与利用已知病原体创造生物武器有关的威胁。除此之外，还开发了多管齐下的方法，用于获取医疗应对措施、开发用于这些应对措施的储备系统、增强病原体操作的安全性，以及协调对生物武器攻击的应对工作。然而，鉴于生物武器威胁的复杂性，不可能为每一种突发事件做好充分的准备。许多可用于制造武器的病原体在世界各地的实验室和受感染的人或动物等天然储主中可广泛获取。作为武器种子库所需的传染性物质的数量很小，因为可以将几个细菌细胞培养到能够造成大规模攻击的数量。此外，使用已知病原体开发生物武器所需的基础设施和实验室培训具有两用性且相对容易获得。

合成生物学时代加剧了这些重大挑战。尽管美国现有的生物防御系统旨在防御特定的自然发生的病原体，但合成生物学能够创造出新的或经改变的病原体及新型生物武器，并且通常可在全世界获得相关技术。合成生物学还通过使生物组分可用于制造或递送化学剂，增加了生物武器和化学武器之间的交叉。在决定如何规划和应对这些不断发展的能力时，国防和公共卫生机构面临的挑战是要在考虑这些新威胁的同时，考虑其他风险，如传统生物武器威胁、自然发生的生物威胁（如流行病）对国家安全和稳定的威胁，以及与爆炸物、核武器、化学武器和放射性武器有关的威胁。在资源受限的环境中，本报告中介绍的框架和评估的使用者在确定生物威胁如何融入更广泛的威胁格局时，需要牢记这一风险背景。将合成生物学相关风险与这些其他类型威胁相关风险进行比较不在本研究的范围内。

总体建议

合成生物学时代的生物技术扩展了潜在防御关注的范围。美国国防部及其合作机构应继续推行持续的化学和生物防御战略；这些战略在合成生物学时代仍有意义。美国国防部及其合作伙伴还需要制定方案以应对合成生物学现在和未来所带来的更广泛的能力。

9.1 合成生物学能力带来的关注

本研究确定了 12 种不同的能力（即敌对者可能使用合成生物学进行攻击的方式）并将这些能力分为三大类：与病原体有关的关注，与化学物质或生物化学物质生产有关的关注，与能够改变人类宿主的生物武器有关的关注。本研究对每种能力进行了单独分析，在每个分组中确定了趋势和关键考虑因素，并且将每种能力与其他能力进行了相对排序，从而确定对关注度的总体评估。本研究同时考虑了未来可能影响能力和关注的进展。

9.1.1 对关注的总体评估

图 9-1 给出了与被分析的合成生物学能力有关的关注度的相对排序。这一排序是通过对每种能力相较于其他能力在增加或减少攻击的可能性或影响的四个因素方面进行反复讨论产生的，这四个因素即技术的可用性、作为武器的可用性、对行为者的要求和消减的可能性。正如第 3 章（3.3 节“在评估关注中应用框架”）中所讨论的那样，此评估是基于对所评估的因素和能力的整体观点，而不是一种公式化的方法。表 9-1 总结了在分析单个能力时对所考虑的具体因素的评估，图 9-2 显示了按因素组织的每种能力的相对关注度。

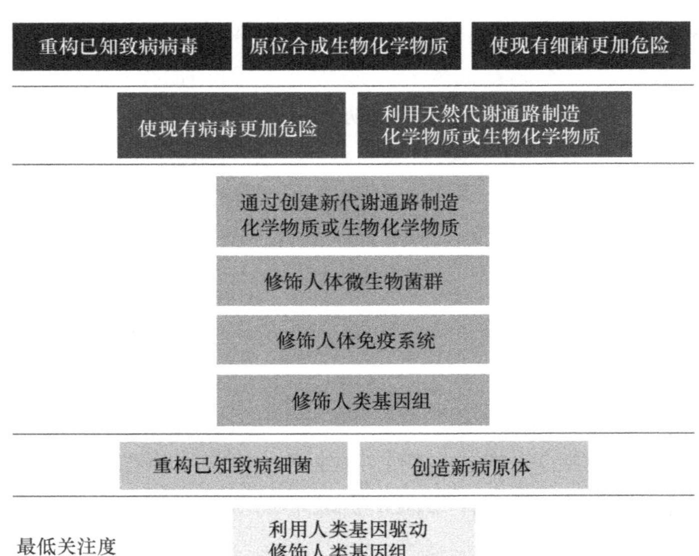

图 9-1 与所分析的合成生物学能力有关的关注度的相对排序。目前，处于顶层的能力需要相对较高的关注度，而处于底层的能力需要相对较低的关注度。

虽然根据委员会成员的专业知识及委员会讨论的广度和深度，关注度排序有着坚实的基础，但还有一些重要的局限性需要注意。其中一个是研究过程不涉及获取情报或其他涉密信息。本研究也没有考虑与具体敌对者的能力或意图有关的信息。其他人可以使用这些信息以及关于旨在阻止、检测、归因和处理生物攻击后果的政府计划的细节，来补充和扩展本报告的分析。同样，关于潜在消减措施的更多细节可以用来扩展报告的分析。此外，没有试图衡量一种可能性，即行为

表 9-1　与所考虑的每种能力的每个因素有关的相对关注度

	技术的可用性	作为武器的可用性	对行为者的要求	消减的可能性
对重构已知致病病毒的关注度（第 4 章）	高	中高	中	中低
对重构已知致病细菌的关注度（第 4 章）	低	中	低	中低
对使现有病毒更加危险的关注度（第 4 章）	中低	中高	中	中
对使现有细菌更加危险的关注度（第 4 章）	高	中	中	中
对创造新病原体的关注度（第 4 章）	低	中高	低	中高
对利用天然代谢通路制造化学物质或生物化学物质的关注度（第 5 章）	高	高	中	中高
对通过创建新代谢通路制造化学物质或生物化学物质的关注度（第 5 章）	中低	高	中低	中高
对通过原位合成制造化学物质或生物化学物质的关注度（第 5 章）	中高	中	中	高
对修饰人体微生物菌群的关注度（第 6 章）	中低	中	中	中高
对修饰人体免疫系统的关注度（第 6 章）	中	中低	低	高
对修饰人类基因组的关注度（第 6 章）	中低	低	中低	高
对利用人类基因驱动修饰人类基因组的关注度（第 6 章）	低			

者在追求一种可以通过、也可以不通过合成生物学获得的结果时，可能会选择使用合成生物学方法，而不是更“传统”的方法。例如，试图在攻击中部署已知病原体的行为者可以通过使用合成生物学重新构建，也可以通过从合法研究实验室窃取病原体的现有培养物来获取病原体。同样，试图获得特定化学物质或毒素的行为者可以选择工程化改造一种微生物来生产，也可以通过传统的化学合成来生产。在这种情况下，确定行为者更可能选择哪种方法需要关于行为者的意图、资源和能力情况的信息，这超出了本研究的范围。因此该排序无法获知这些替代路线的可用性，仅基于合成生物学为行为者提供的能力。由此而来的还有，随着技术的进步，行为者追求特定路线的倾向可能会发生改变。

这些能力根据彼此的关系被排序，并被分为五个主要关注度。我们没有试图量化相对关注度，因此，图 9-1 中的分界线并不是要表明一种能力所带来的关注度是其下面能力的两倍（或任何数量倍数）。此外，将两种能力归为同一类关注并不表示这些能力在所考虑的因素或对这些因素的相对价值方面是相同的。例如，重构已知致病细菌与创造新病原体具有相似的总体关注度，但基于不同的原因。最后，需要注意的是，这个评估是一个即时状态，代表了与每种能力相关的关注范围，例外情况或特殊情况在第 4～6 章已经提到，并且评估会随着知识和技术的进步而变化。

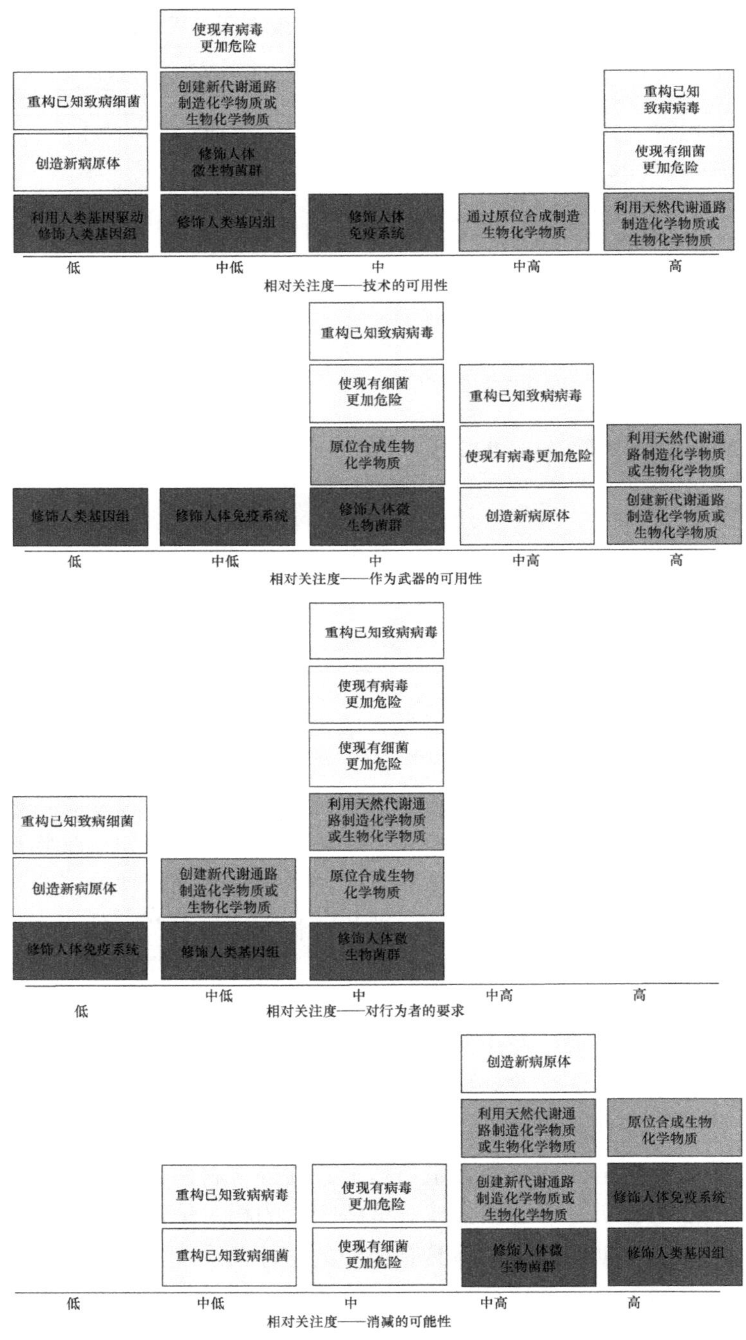

图 9-2　与所考虑的每种能力的每个因素有关的相对关注度。注：着色表示对每种能力进行的评估所在的章节：第 4 章（白色框）、第 5 章（浅灰色框）或第 6 章（灰色框）。

目前需要最高相对关注度的能力包括重构已知致病病毒、通过原位合成制造生物化学物质，以及利用合成生物学使现有细菌更加危险。这些能力所需的技术和知识对于广泛的行为者来说越来越容易获得。消减与这些能力有关的攻击的能力取决于现有应对措施（如抗生素或疫苗）对所使用的生物剂的有效性。

引起中高相对关注度的能力包括利用天然代谢通路制造化学物质或生物化学物质和使现有病毒更加危险。尽管这些能力也得到了现有技术和知识的支持，但涉及更多的限制因素，并可能受到生物学及技能两方面因素的限制。例如，虽然病毒基因组很容易在分子水平上进行操作，但这些基因组能够接受的变化类型存在局限，限制了这方面的能力。同样，目前对细菌进行工程化改造以使其表达能够有效生产一种化学物质或生物化学物质的通路需要相当多的技能。虽然这两种能力被认为在同一个分组中，但使用合理设计故意修饰病毒特征仍然是一项重大挑战，使得修饰现有病毒目前的关注度略低。与相对关注度最高类别的能力类似，这些能力的消减措施在很大程度上取决于现有的基础设施。

引起中等相对关注度的能力包括通过创建新代谢通路制造化学物质或生物化学物质、修饰人体微生物菌群以造成伤害、修饰人体免疫系统，以及修饰人类基因组。这些能力虽然可以想象到，但更具未来性，可能受到现有知识和技术的限制，如第 5 章和第 6 章所述。然而，在所有这些领域都有重要的力量推动其快速发展。通过创建新代谢通路制造化学物质或生物化学物质被置于这个分组中最高一级，因为一旦化学物质或生物化学物质的合成通路已知，用于工程化细菌（或其他）细胞以进行生产的工具就会相当成熟。虽然某些化学物质在生物体内合成的具体通路尚不清楚，但商业化应用正在推动这一领域的进展。修饰人体微生物菌群被置于该分组的第二位。虽然目前对微生物菌群这一复杂而动态的系统认识相对较少，但由于人们希望调节微生物菌群以改善人类健康，因此为增加这方面的知识开展了大量工作。修饰免疫系统和修饰人类基因组是该分组中第三和第四位的能力，很大程度上是由于目前关于基于这些能力来开发和使用生物武器所涉及的行动机制和运载工具的知识很有限。然而，由于这些领域具有明确的生物医学应用，因此也在大力推进。

引起较低相对关注度的能力包括重构已知致病细菌和创造新病原体。从设计和实施的角度来看，这些能力均面临重大挑战。尤其是，虽然合成和组装更大 DNA 片段的技术不断发展，但细菌的合成目前受到合成、操作和启动整个细菌基因组的约束条件的限制。另外，抗生素和其他治疗剂可用于抵抗许多细菌性病原体。构建一种全新的病原体面临巨大挑战。如果构建一种已知的细菌已经很难，那么从头开始设计一种细菌则更具挑战性。在这方面，行为者可能决定尝试设计一种病毒，但在这种情况下，需要克服病毒与其宿主之间数亿年的共同进化产生的进化约束所带来的巨大障碍。尽管如此，组合方法能够探索自然界尚未到达的序列空间。

利用人类基因驱动得到最低的关注度，因为依靠有性繁殖来实现基因驱动在人群中传播是不切实际的。

除了单个能力带来的相对关注度之外，本研究还考虑了如何将两种或更多种能力组合使用。这种方法可以产生协同效应，从而产生更危险的武器或使用一种能力克服当前阻碍另一种能力的障碍。例如，生产毒素的通路有可能被植入人体微生物菌群，这是一种被认为值得高度关注的“交叉”方法。同样，可能将调节免疫系统的特定基因或RNA分子导入病毒中，从而引起比基因或病毒本身更大的伤害。展望未来，必须继续考虑科学技术进步如何协同作用以改进现有方法或创造新方法。

9.1.2 对特定类型能力的评估

对总体关注的评估是基于对所考虑的12种具体能力中每一种的分析。除了与对关注进行相对评估有关的结论之外，当在同一类别的其他能力的背景下考察每种单独的能力时（例如，当评估涉及病原体的所有方法时），还会出现深层的主题和结论。下面讨论的是与病原体、化学物质或生物化学物质的生产以及改变人类宿主的生物武器有关的主题和结论。

9.1.2.1 病原体

第4章着重介绍利用生物技术创造病原体，包括重构已知病原体、修饰致病性和非致病性微生物以增强它们造成伤害的能力，以及创造新病原体的能力。DNA合成技术的快速发展使得有可能不直接接触传染性生物剂本身而获得病原体。今天，任何病毒基因组都可以根据公布的序列进行合成，并且启动该序列进入复制形式对于大多数病毒也是可行的。目前类似的细菌创造方法难度较大，因为细菌基因组较大，并且它们是活的生物体，而不是像病毒这样的专性细胞内寄生物，但是这些技术的瓶颈可能会随着时间的推移而减少。由于已知的病原体已被广泛研究，医疗应对措施的存在（或缺乏）情况也是已知的，因此在确定重构已知病毒和细菌的相对关注度方面的信心相对是较高的。例如，目前在实验室中重构病毒比重构细菌容易，但是针对这些生物剂的预防和治疗措施有时（但不总是）能够消减关注度。

操作微生物基因组以增加新表型（如耐药性）的技术已经存在数十年，并且还在不断简化。同样，将这些方法应用于细菌和病毒的可行性方面存在差异；虽然向细菌中添加基因通常不会显著影响细菌的生长和分裂能力，但病毒基因组进化的方式使它们对变化更为敏感，因此改变病毒基因组通常会降低它们的毒力和复制能力。一般而言，对病原体进行表型修饰可能会降低消减能力。一个值得注意的例子是对细菌增加抗菌素耐药性，或对少数有抗病毒药物的病毒增加抗病毒药耐药性。工程化改造细菌或病毒以抵抗现有疗法可能相对容易实现，而且可能严重削弱通过治疗受感染个体来消减攻击影响的能力。

9.1.2.2 化学物质或生物化学物质的生产

正如第 5 章所讨论的，随着研究人员对用于生产化学物质或生物化学物质的天然通路了解越来越多，并且开发了更好的工具来构建可预测的合成通路，对生物体进行工程化改造以生产这些物质变得越来越可行。正如耐药性可以通过工程化改造插入到细菌中一样，简单甚至复杂的生物合成通路也是如此。这种能力的主要驱动力是希望利用生物技术来生产有用的分子，但可能会被那些怀有恶意的人破坏。随着时间的推移，这些方法背后的商业驱动力肯定会拓宽瓶颈。此外，组合方法以及使用计算机算法来辅助通路设计将降低构建新合成通路的障碍。

消减基于这些经修饰的生物的攻击可能很难实现。目前，当出现化学攻击的迹象时，第一响应者和医疗专业人员没有接受过关于怀疑该化学物质是通过生物学方法生产或递送方面的培训。同样，将通常不产生毒素的细菌作为该毒素的递送载体可能妨碍现有的诊断试验[13]。因此，尽管目前在有效开发这些能力方面存在障碍，但消减方面的潜在不足提高了关注度。

9.1.2.3 改变人类宿主的生物武器

第 6 章重点讨论与人体本身更密切相关的可能的脆弱性和攻击手段。在这里，一个重点是对肠道、皮肤、口腔或鼻腔中的微生物菌群进行工程化改造。这种操作可用于直接影响胃肠道或皮肤的功能，引起菌群失调，或者甚至可能影响人体生理学的其他方面（如免疫或神经系统）。如果能够实现这种操作，关注度将会很高，因为消减的机会可能非常有限。微生物菌群环境中发生的详细相互作用正在深入研究中，该领域的知识也在不断增加。

本研究还考虑了可能通过诱导免疫抑制或高反应性或通过免疫抑制剂与现有病原体联用来修饰人体免疫系统的方法，以及将基因或 RNA 用作武器、使用基因组编辑或使用人类基因驱动的潜在方法。一般来说，这些方法在技术、行为者能力和组织足迹方面带来的关注度较低，因为考虑到这些研究领域的不成熟状态，获得有用的武器存在不确定性。但是，由于这些方法的新颖性，如果成功使用了这些方法，则可供选择的消减措施可能相当有限，从而使关注度有所增加。这些关注中一个值得注意的例外是利用人类基因驱动来改变人类基因组。由于基因驱动需要有性繁殖才能传播，因此如果不经过很多很多世代的等待，要影响到大量人口的变化将极其困难。因此这一能力被置于最低的关注度。但是，值得注意的是，随着人们对病原体和昆虫载体之间的相互作用了解得越来越多，利用基因驱动来改变其他生物体（如蚊媒）以提高它们传播病原体的能力（或扩大它们可以传播的病原体的范围）可能成为值得关注的问题。

---

⑬ 根据感染的部位或类型，诊断通常基于物种鉴定，因此如果该物种不是通常产生毒素的物种，则可能错过毒素的存在。

9.1.3 需监控的潜在进展

鉴于对当前技术和能力的认识，本报告的分析反映的必然是一个即时状态。随着知识和生物技术的不断发展，可以预见，当前的瓶颈将被打开，当前的障碍将被打破。为了考虑这些进展可能如何影响生物防御关注的问题，确定了一些关键的瓶颈和障碍，如果克服了这些瓶颈和障碍，可能会大大增加潜在攻击的可行性或影响，从而提高所需的关注度。我们不可能准确预测下一个类似于 PCR 工具或基因编辑平台 CRISPR/Cas9 的、具有广泛应用（和影响）的根本性技术突破何时会出现，甚至难以预测这种技术可能是什么。这些进展受到商业和学术研究方面的驱动因素的影响，也受到可能来自合成生物学领域之外的融合或协同技术的影响。使用本报告中提出的这种框架，可以确定将促进合成生物学武器的生产和使用的技术能力类型，从而有助于识别瓶颈和障碍以及确认何时瓶颈和障碍已被克服。表 9-2 给出了关键的瓶颈、障碍及值得监控的领域。根据合成生物学领域的知识，该表指出了可以加速克服这些瓶颈和障碍的商业活动领域。

表 9-2 目前限制所考虑能力的瓶颈和障碍，以及未来可能减少这些限制的进展。注：阴影表示可能由商业驱动因素推动的进展。组合方法和定向进化等方法可能有助于运用较少的明确知识或工具拓宽瓶颈或克服障碍。

能力	瓶颈或障碍	需监控的相关进展
重构已知致病病毒（第 4 章）	启动	启动具有合成基因组的病毒得到展示
重构已知致病细菌（第 4 章）	DNA 合成和组装	用于处理更大 DNA 构建体的合成和组装技术得到改进
	启动	启动具有合成基因组的细菌得到展示
使现有病毒更加危险（第 4 章）	对病毒基因组组织的限制	关于病毒基因组组织的知识增加和（或）能够促进病毒基因组大规模修饰的组合方法得到展示
	工程化设计复杂的病毒性状	关于复杂病毒性状的决定因素，以及如何设计通路来产生这些性状的知识增加
使现有细菌更加危险（第 4 章）	工程化设计复杂的细菌性状	组合方法取得进展和（或）关于复杂细菌性状的决定因素，以及如何设计通路来产生这些性状的知识增加
创造新病原体（第 4 章）	关于（病毒和细菌）存活的最低要求的知识有限	关于病毒或细菌存活能力要求的知识增加
	对病毒基因组组织的限制	关于病毒基因组组织方法的知识增加和（或）能够促进病毒基因组大规模修饰的组合方法得到展示
利用天然代谢通路制造化学物质或生物化学物质（第 5 章）	合成毒素的宿主生物体对该毒素的耐受性	通路的阐明、电路设计的改进，以及宿主（“底盘”）工程的改进，使合成毒素的宿主生物体耐受该毒素
	通路未知	通路得以阐明和（或）组合方法得到展示
	大规模生产的挑战	细胞内产率和工业产率得到改进

续表

能力	瓶颈或障碍	需监控的相关进展
通过创建新代谢通路制造化学物质或生物化学物质（第5章）	合成毒素的宿主生物体对该毒素的耐受性	通路的阐明、电路设计的改进和（或）宿主（“底盘”）工程的改进，使合成毒素的宿主生物体耐受该毒素
	工程化设计酶活性	关于如何修饰酶功能以制造特定产品的知识增加
	有关设计新通路的要求的知识有限	定向进化得到改进和（或）关于如何从不同生物体构建通路的知识增加
	大规模生产的挑战	细胞内产率和工业产率得到改进
通过原位合成制造生物化学物质（第5章）	对微生物菌群的认识有限	关于宿主微生物菌群定植、遗传元件的原位水平转移，以及微生物菌群中微生物与宿主过程之间的其他关系的知识增加
修饰人体微生物菌群（第6章）	对微生物菌群的认识有限	关于宿主微生物菌群定植、遗传元件的原位水平转移以及微生物菌群中微生物与宿主过程之间的其他关系的知识增加
修饰人体免疫系统（第6章）	工程化设计递送系统	关于病毒或微生物递送免疫调节因子的潜力的知识增加
	对复杂免疫过程的认识有限	关于如何操作免疫系统（包括如何在一个种群中引起自身免疫和可预测性）的知识增加
修饰人类基因组（第6章）	工程化设计水平转移的手段	关于通过遗传信息的水平转移来有效改变人类基因组的技术的知识增加
	缺乏关于人类基因表达调控的知识	关于人类基因表达调控的知识增加

总结提出的结论和建议依据的是对各个合成生物学能力的分析，对所考虑的所有能力的相对关注度的整体评估，以及对一旦克服则可能影响未来关注度的瓶颈和障碍的确定。

9.1.4 结论和建议：合成生物学拓展了可能性

合成生物学拓展了创造新武器的可能性。它还扩大了可以开展这种工作的行为者的范围，并减少了所需的时间。根据本研究对合成生物学方法和工具可能被滥用而造成伤害的潜在方式的分析，提出以下具体观点。

（1）在所评估的潜在能力中，目前最值得关注的有三个：重构已知致病病毒、使现有细菌更加危险、通过原位合成制造有害的生物化学物质。因技术的可用性，前两种能力受到高度关注。第三种能力涉及利用微生物在人体内产生有害的生物化学物质，因其新颖性对潜在的消减措施形成挑战而受到高度关注。

（2）关于病原体，预计合成生物学将：①扩大可产生的结果的范围，包括使细菌和病毒更加有害；②减少设计这些生物体所需的时间；③扩大可以开展这种工作的行为者的范围。越来越容易获得的技术和原材料（包括公共数据库中的

DNA 序列）推动了病原体的创造和操作。通过部分这类工作，可以探索广泛的病原体特征。

（3）关于化学物质、生物化学物质和毒素，合成生物学模糊了化学武器与生物武器之间的界限。可通过简单的遗传通路产生的高效力分子最受关注，因为可以想象，它们能够用有限的资源和组织足迹来开发。

（4）可以利用合成生物学以新的方式调节人体生理。这些方式所包含的生理变化不同于已知病原体和化学剂的典型效应。合成生物学潜在允许借助生物剂来递送生物化学物质，以及潜在允许对微生物菌群或免疫系统进行工程化改造，从而扩展了这一领域的前景。虽然这些现在不太可能实现，但随着对免疫系统和微生物菌群等复杂系统的认识不断增加，这些类型的操作可能变得更加可行。

（5）合成生物学的一些恶意应用现在看起来似乎不太现实，但如果克服了某些障碍，就有可能实现。这些障碍包括知识障碍（如构建新病原体）或技术障碍（如将复杂的生物合成通路工程化到细菌内或重构已知致病细菌）。必须继续监控可能降低这些障碍的生物技术进展。

9.2 框架的未来使用

一个既相对简单又可以持久使用的框架是有价值的。已有许多不同类型的框架被应用于与生物剂滥用有关的问题，每种框架都有其优点和缺点。本报告中提出的框架规定了一个流程，以促进考虑专家关于特定合成生物学能力或能力组合的关注度的意见。该框架的主观性质要求框架的使用者应熟悉生物技术领域，并在适当的情况下聘请领域专家提供和评估相关数据以及填补专业知识方面的空白。本研究委员会的技术深度和广度以及用于促进其讨论的流程，有助于提供全面的评估，同时防止个人观点主导讨论。

尽管如此，在本研究的背景下，该框架的使用也存在局限性。具体来说，这项研究任务没有考虑关于可能试图滥用生命科学的潜在行为者的意图或能力的情报信息，也没有全面分析美国政府在准备和消减攻击方面的能力。因此，本报告不代表威胁评估。通过将本报告对关注的评估与情报和其他信息相结合，其他人可以在未来评估脆弱性和风险，从而为决策制定提供信息。

9.2.1 结论和建议：用于评估关注的框架有助于制定规划

国防部及其机构间合作伙伴应使用一种框架来评估合成生物学能力及其影响。

（1）框架是解析不断变化的生物技术格局的宝贵工具。

（2）使用框架有助于识别瓶颈和障碍，并有助于开展工作以监控能够改变可

能性的技术和知识进展。

（3）框架能够为将必要的专业技术纳入评估提供机制。一个框架使合成生物学和生物技术方面的技术专家以及辅助领域（如情报和公共卫生）的专家能够参与进来。

9.3 合成生物学时代的生物防御意义

科学和政治领导人在许多场合都说过，21 世纪是生命科学的世纪（NRC 报告：为新千年的科学和安全服务，1998 年；Ted Kennedy，国会记录，2000 年 6 月 29 日）。许多兴奋和期待来自生物技术进步为社会带来的希望。但是，与以前的技术能力扩张一样，潜在的利益也伴随着潜在的风险，即技术可能被滥用而造成伤害。因此，对于美国政府来说，密切关注合成生物学等迅速发展的领域是明智的，就像冷战时期关注化学和物理学的进步一样。效仿应对冷战威胁的方法不足以解决合成生物学时代的生物武器和生物学支持的化学武器问题。此外，美国防备自然发生的疾病的经验为制定预防和应对新兴生物威胁及生物化学威胁的战略奠定了坚实的基础。虽然这项研究并不构成威胁评估，也没有就解决目前的脆弱性提出具体的建议，但确定了在美国寻求加强准备和防御能力的过程中值得关注的几个领域。

9.3.1 结论和建议：需要一系列准备和响应策略

许多传统的生物和化学防御准备方法将与合成生物学相关联，但合成生物学还将带来新的挑战。美国国防部和伙伴机构需要采取生物和化学武器防御措施，以应对这些新挑战。

（1）国防部及其在化学和生物防御体系中的合作伙伴应继续探索适用于各种不同化学和生物防御威胁的策略。由于技术变革速度很快，因此需要灵活的生物和化学防御策略，而且由于不确定敌对者可能采取哪种方法，这些策略还需要适用于各种各样的威胁。

（2）合成生物学武器的显现方式具有潜在不可预测性，给监控和检测带来了额外的挑战。美国国防部及其合作伙伴应对国家军事和民用基础设施进行评估，这些基础设施为针对自然的和蓄意的健康威胁进行基于种群的监测、识别和通报提供信息。评估应考虑是否需要以及如何加强公共卫生基础设施才能充分识别合成生物学攻击。持续开展评估将支持随着技术进步而开展的响应性和适应性管理。

（3）美国政府应与科学界合作，考虑比当前基于生物剂清单的方法及获取管控方法更好的新兴风险管理策略。基于清单（如联邦管制生物剂计划的管制生物剂和毒素清单）的策略，将不足以控制合成生物学应用所带来的风险。虽然控制获取合成核酸和微生物菌株等实物材料的措施有其优点，但这种方法在消减各种类型的合成生物学攻击方面效果不佳。

9.3.2 探索领域

虽然全面评估现有军民防御和公共卫生体系的准备和响应能力以及确定如何弥补差距已超出本研究的范围，但**为了解决合成生物学带来的一些挑战，建议探索以下领域**。

（1）发展检测合成生物武器可能显现的不寻常方式的能力。对于后果管理，扩展流行病学方法（如监测和数据收集）的开发将增强检测异常症状或疾病异常模式的能力。加强流行病学方法的另一个好处是会增强应对自然疾病暴发的能力。

（2）利用计算方法进行消减。随着合成生物学越来越依赖计算设计和计算基础设施，计算方法在预防、检测、控制和归因方面的作用将变得更加重要。

（3）利用合成生物学推动检测、治疗药物、疫苗和其他医疗应对措施的研发。利用合成生物学的有益应用进行应对措施的研究和开发，以及相应的促进整个开发过程的努力（包括监管方面），有望被证明是有价值的。

有益生物学研究或开发所需的大量科学知识、材料和技术可能会被滥用。但是，防止这种情况的发生极具挑战性，因为科学界依赖获取出版物、基因序列和生物材料来推动科学的发展及重现其他科学家的成果，以验证发现并在此基础上加以发展。生物技术呈现出“两用性困境”（NRC，2004），合成生物学是这种困境的一部分。尽管两用性研究对科学家和国家防御来说仍然是一个挑战，但有理由乐观地认为，通过对生物技术能力的持续监控以及对生物防御的战略性投资，美国可以促进科学技术取得富有成效的进步，同时最大限度地降低这些进步被用于造成伤害的风险。

参 考 文 献

ACAAI(American College of Allergy, Asthma, and Immunology). 2017. Allergy Symptoms.
Available at: http: //acaai.org/allergies/symptoms. Accessed November 3, 2017.

AFHSB(Armed Forces Health Surveillance Branch). 2017. Global Emerging Infections Surveillance and Tesponse System. Available at:https: //health.mil/Military-Health-Topics/Health-Readiness/Armed-Forces-Health-Surveillance-Branch/Global-Emerging-Infections-Surveillance-and-Response.Accessed November 14, 2017.

Alibek, K. 1998. Behind the Mask: Biological Warfare. Perspective 9(1). Available at: http: //www.bu.edu/iscip/vol9/Alibek.html. Accessed November 14, 2017.

Anderson, R.M., C. Fraser, A.C. Ghani, C.A. Donnelly, S. Riley, N.M. Ferguson, G.M. Leung, T.H. Lam, and A.J. Hedley. 2004. Epidemiology, transmission dynamics and control of SARS: The 2002–2003 epidemic. Philosophical Transactions of the Royal Society London B 359(1447): 1091–1105.

Atkinson, N.J., J. Willeveldt, D.J. Evans, and P. Simmonds. 2014. The influence of CpG and UpA dinucleotide frequencies on RNA virus replication and characterization of the innate cellular pathways underlying virus attenuation and enhanced replication. Nucleic Acids Research 42(7): 4527–4545.

Aubry, F., A. Nougairède, L. de Fabritus, G. Querat, E.A. Gould, and X. de Lamballerie. 2014. Single-stranded positive-sense RNA viruses generated in days using infectious subgenomic amplicons. Journal of General Virology 95(Pt. 11): 2462–2467.

Awan, A.R., B.A. Blount, D.J. Bell, W.M. Shaw, J.C.H. Ho. R.M. McKiernan, and T. Ellis. 2017. Biosynthesis of the antibiotic nonribosomal peptide penicillin in baker's yeast. Nature Communications 8: 15202.

Baker Lab. 2017. Rosetta. University of Washington. Available at http: //boinc.bakerlab.org/rosetta. Accessed November 8, 2017.

Barquist, L., C.J. Boinett, and A.K. Cain. 2013. Approaches to querying bacterial genomes with transposon-insertion sequencing. RNA Biology 10(7): 1161–1169.

Barton, G.M., and R. Medzhitov. 2002. Retroviral delivery of small interfering RNA into primary cells. Proceedings of the National Academy of Sciences of the United States of America 99(23): 14943–14945.

Becker, M.M., M.M., R.L. Graham, E.F. Donaldson, B. Rockx, A. Sims, T. Sheahan, R.J. Pickles, D. Corti, R.E. Johnston, R.S. Baric, and M.R. Denison. 2008. Synthetic recombinant bat SARS-like coronavirus is infectious in cultured cells and in mice. Proceedings of the National Academy of Sciences of the United States of America 105(50): 19944–19949.

Benner, S.A., and A.M. Sismour. 2005. Synthetic biology. Nature Reviews Genetics 6(7): 533– 543.

Bennett, R.L., and J.D. Licht. 2018. Targeting epigenetics in cancer. Annual Reviews of Pharmacology and Toxicology 58: 187–207.

Benson, R.A., I.B. McInnes, P. Garside, and J.M. Brewer. 2018. Model answers: Rational application of murine models in arthritis research. European Journal of Immunology 48(1): 32–38.

Berg, P., D. Baltimore, H.W. Boyer, S.N. Cohen, R.W. Davis, D.S. Hogness, D. Nathans, R. Roblin,

J.D. Watson, S. Weissman, and N.D. Zinder. 1974. Potential biohazards of recombinant DNA molecules. Science 185(4148): 303.

Berkeley Lights. 2017. Berkeley Lights Automates Biological Processing to Reduce Drug Development Timelines and Bring Therapies to Market Faster. News: September 12, 2017. Available at https://www.berkeleylights.com/berkeley-lights-automatesbiological-processing-reduce-drug-development-timelines-bring-therapies-market-faster/Accessed January 31, 2018.

Black, J.B., P. Perez-Pinera, and C.A. Gersbach. 2017. Mammalian synthetic biology: Engineering biological systems. Annual Review of Biomedical Engineering 19: 249–277.

Blair, J. M., M.A. Webber. A.J. Baylay, D.O. Ogbolu, and L.J. Piddock. 2015. Molecular mechanisms of antibiotic resistance. Nature Reviews Microbiology 13: 41–51.

Blue Ribbon Study Panel on Biodefense. 2015. A National Blueprint for Biodefense: Leadership and Major Reform Needed to Optimize Efforts-Bipartisan Report of the Blue Ribbon Study Panel on Biodefense. Hudson Institute: Washington, DC: Hudson Institute. October 2015. Available at: http://www.biodefensestudy.org/a-national-blueprint-forbiodefense. Accessed February 20, 2018.

Bogers, W.M., H. Oostermeijer, P. Mooij, G. Koopman, E.J. Verschoor, D. Davis, J.B. Ulmer, L.A. Brito, Y. Cu, K. Banerjee, G.R. Otten, B. Burke, A. Dey, J.L. Heeney, X. Shen, G.D. Tomaras, C. Labranche, D.C. Montefiori, H.X. Liao, B. Haynes, A.J. Geall, and S.W. Barnett. 2015. Potent immune responses in rhesus macaques induced by nonviral delivery of a self-amplifying RNA vaccine expressing HIV Type 1 envelope with a cationic nanoemulsion. Journal of Infectious Diseases 211(6): 947–955.

Böhme, L. and T. Rudel. 2009. Host cell death machinery as a target for bacterial pathogens. Microbes and Infection 11(13): 1063–1070.

Bornscheuer, U.T., G.W. Huisman, R.J. Kazlauskas, S. Lutz, J.C. Moore, and K. Robins. 2012. Engineering the third wave of biocatalysis. Nature 485(7397): 185–194.

Breaker, R. 2017. Presentation at the First Meeting for Committee on Strategies for Identifying and Addressing Biodefense Vulnerabilities Posed by Synthetic Biology, January 26, 2017, Washington, DC.

Brocken, D.J.W., M. Tark-Dame, and R.T. Dame. 2017. dCas9: A versatile tool for epigenome editing. Current Issues in Molecular Biology 26: 15–32.

Brojatsch, J., A. Casadevall, and D. Goldman. 2014. Molecular determinants for a cardiovascular collapse in anthrax. Frontiers in Bioscience 6: 139–147.

Brophy, J.A., and C.A. Voigt. 2014. Principles of genetic circuit design. Nature Methods 11(5): 508–520.

Brubaker, S.W., K.S. Bonham, I. Zanoni, and J.C. Kagan. 2015. Innate immune pattern recognition: A cell biological perspective. Annual Review of Immunology 33: 257–290.

Buchan, J.R., L.S. Aucott, and I. Stansfield. 2006. tRNA properties help shape codon pair preferences in open reading frames. Nucleic Acids Research 34(3): 1015–1027.

Burns, C.C., J. Shaw, R. Campagnoli, J. Jorba, A. Vincent, J. Quay, and O.M. Kew. 2006

Burstein, D., L.B. Harrington, S.C. Strutt, A.J. Probst, K. Anantharaman, B.C. Thomas, J.A. Doudna, and J.F. Banfield. 2017. New CRISPR-Cas systems from uncultivated microbes. Nature 542(7640): 237–241.

Butler, D. 2013. When Google got flu wrong: US outbreak foxes a leading web-based method for tracking seasonal flu. Nature 494(7436): 155–156.

Butterfield, G.L., M.J. Lajoie, H.H. Gustafson, D.L. Sellers, U. Nattermann, D. Ellis, J.B. Bale, S. Ke, G.H. Lenz, A. Yehdego, R. Ravichandran, S.H. Pun, N.P. King, and D. Baker. 2017. Evolution of a designed protein assembly encapsulating its own RNA genome. Nature 552(7685): 415–420.

BWC(Biological Weapons Convention). 1972. On the Prohibition of the Development, Production, and Stockpiling of Bacteriological(Biological)and Toxin Weapons and on Their Destruction. Available at: https: //www.unog.ch/80256EDD006B8954/(httpAssets)/ C4048678A93B6934C1257188004848D0/$file/BWC-text-English.pdf.Accessed January 26, 2017.

Byerly, C.R. 2010. The U.S. military and the influenza pandemic of 1918–1919. Public Health Reports 125(Suppl. 3): 82–91.

Candela, M., E. Biagi, S. Maccaferri, S. Turroni, and P. Brigidi. 2012. Intestinal microbiota is a plastic factor responding to environmental changes. Trends in Microbiology 20(8): 385– 391.

Carbonell, P., A. Currin, A.J. Jervis, N.J.W. Rattray, N. Swainston, C. Yan, E. Takano, and R. Breitling. 2016. Bioinformatics for the synthetic biology of natural products: Integrating across the Design–Build–Test cycle. Natural Product Reports 33(8): 925–932.

Carleton, H.A., and P. Gerner-Smidt. 2016. Whole-genome sequencing is taking over foodborne disease surveillance. Microbe 11(7): 311–317.

Carson, R. 2005. Splice it yourself. Wired, May 1, 2005. Available at: https://www.wired.com/ 2005/05/splice-it-yourself/ Accessed November 14, 2017.

Carter, S.R., and R.M. Friedman. 2015. DNA Synthesis and Biosecurity: Lessons Learned and Options for the Future. J. Craig Venter Institute. Available at: http: //www.jcvi.org/cms/ fileadmin/site/research/projects/dna-synthesis-biosecurityreport/report-complete.pdf. Accessed January 31, 2018.

Carus, W.S. 2017. A Short History of Biological Warfare: From Pre-History to the 21st Century.

Casadevall, A., and D.A. Relman. 2010. Microbial threat lists: Obstacles in the quest for biosecurity? Nature Reviews Microbiology 8(2): 149–154.

Cavallo, R., G. Antonelli, and H.H. Hirsch. 2013. Viruses and immunity in transplant patients.

Clinical and Developmental Immunology 2013: 492352.

CBC. 2017. Women Accused of Poisoning North Korea's Kim Jong-nam Arrive at Malaysia Court. CBC News, July 27, 2017. Available at http: //www.cbc.ca/news/world/northkorea-kim-jong-nam-malaysia-1.4225369. Accessed on November 2, 2017.

CDC(Centers for Disease Control and Prevention). 2001. The Public Health Response to Biological and Chemical Terrorism: Interim Planning Guidance for State Public Health Officials. July 2001. Available at: https: //emergency.cdc.gov/documents/planning/planningguidance.pdf. Accessed May 12, 2017.

CDC. 2014a. Laboratory Network for Biological Terrorism. Available at: https: //emergency. cdc.gov/lrn/biological.asp. Accessed November 14, 2017.

CDC. 2014b. Laboratory Response Network for Chemical Threats(LRN-C). Available at: https: // emergency.cdc.gov/lrn/chemical.asp. Accessed November 14, 2017.

CDC. 2014c. About Quarantine and Isolation. Available at: https: //www.cdc.gov/quarantine/ quarantineisolation.html. Accessed November 14, 2017.

CDC. 2017. Preparation and Planning for Bioterrorism Emergencies. Available at: https: // emergency.cdc.gov/bioterrorism/prep.asp. Accessed on May 12, 2017.

CDC. 2017a. Epi-X. Available at: https: //www.cdc.gov/mmwr/epix/epix.html. Accessed November 14, 2017.

CDC. 2017b. Overview of Influenza Surveillance in the United States. Available at: https: // www.cdc.gov/flu/weekly/overview.htm. Accessed November 14, 2017.

CDC. 2017c. PulseNet. Available at: https: //www.cdc.gov/pulsenet/index.html. Accessed November 14, 2017.

CDC. 2017d. Microbenet. Available at: https: //www.cdc.gov/microbenet/index.html. Accessed November 14, 2017.

CDC. 2017e. Strategic National Stockpile. Available at: https: //www.cdc.gov/phpr/stockpile/index.htm. Accessed November 14, 2017.

CDC/APHIS(Animal and Plant Health Inspection Service). 2017. Select Agents and Toxins List. Available at: https: //www.selectagents.gov/selectagentsandtoxinslist.html. Accessed November 6, 2017.

Cello, J., A.V. Paul, and E. Wimmer. 2002. Chemical synthesis of poliovirus cDNA: Generation of infectious virus in the absence of natural template. Science 297(5583): 1016–1018.

Champer, J., R. Reeves, S.Y. Oh, C. Liu, J. Liu, A.G. Clark, and P.W. Messer. 2017. Novel CRISPR/Cas9 gene drive constructs reveal insights into mechanisms of resistance allele formation and drive efficiency in genetically diverse populations. PLoS Genetics 13(7): e1006796.

Chan, L.Y., S. Kosuri, and D. Endy. 2005. Refactoring bacteriophage T7. Molecular Systems Biology 1(1): 2005.0018.

Chan, Y.K., and M.U. Gack. 2016. Viral evasion of intracellular DNA and RNA sensing. Nature Reviews in Microbiology 14(6): 360–373.

Chao, R., Y. Yuan, and H. Zhao. 2015. Building biological foundries for next-generation synthetic biology. Science China Life Science 58(7): 658–665.

Charles-Smith, L.E., T.L. Reynolds, M.A. Cameron, M. Conway, E.H.Y. Lau, J.M. Olsen, J.A. Pavlin, M. Shigematsu, L.C. Streichert, K.J. Suda, and C.D. Corle. 2015. Using social media for actionable disease surveillance and outbreak management: A systematic literature review. PLoS ONE 10(10): e0139701.

Chinnadurai, G., S. Chinnadurai, and J. Brusca. 1979. Physical mapping of a large-plaque mutation of adenovirus type 2. Journal of Virology 32(2): 623–628.

Chiolero, A., V. Santschi, and F. Paccaud. 2013. Public health surveillance with electronic medical records: At risk of surveillance bias and overdiagnosis. European Journal of Public Health 23(3): 350–351.

CIDAR Lab. 2016. Eugene. Boston University. Available at: http: //cidarlab.org/eugene/.Accessed November 8, 2017.

Citorik, R.J., M. Mimee, and T.K. Lu. 2014. Sequence-specific antimicrobials using efficiently delivered RNA-guided nucleases. Nature Biotechnology 32(11): 1141–1145.

Clapper, J.E. 2016. Worldwide Threat Assessment of the U.S. Intelligence Community. Statement for the Record by James R. Clapper, Director of National Intelligence. Senate Armed Service Committee, February 16, 2016. Available at: https: //www.dni.gov/files/documents/SASC_Unclassified_2016_ATA_SFR_FINAL.pdf. Accessed May 19, 2017.

Clemen, R. 1991. Making Hard Decisions: An Introduction to Decision Analysis. Boston: PWSKent.

Cobb, R.E., N. Sun, and H. Zhao. 2013. Directed evolution as a powerful synthetic biology tool. Methods 60(1): 81–90.

Cockrell, A.S., B.L Yount, T. Scobey, K. Jensen, M. Douglas, A. Beall, X.C. Tang, W.A. Marasco, M.T. Heise, and R.S. Baric. 2016. A mouse model for MERS coronavirus induced acute respiratory distress syndrome. Nature Microbiology 2: 16226.

Coen, D.M., and D.D. Richman. 2013. Antiviral agents. Pp. 338–373 in Field's Virology, 6th Ed., D.M. Knipe, and P.M. Howley, eds. Philadelphia, PA: Lippincott Williams and Wilkins.

Coleman, J.R., D. Papamichail, S. Skiena, B. Futcher, E. Wimmer, and S. Mueller. 2008. Virus attenuation by genome-scale changes in codon pair bias. Science 320(5884): 1784–1787.

Committee on Homeland Security. 2006. Engineering Bio-Terror Agents: Lessons from the Offensive U.S. and Russian Biological Weapons Programs. Hearing Before the Subcommittee on Prevention of Nuclear and Biological Attack of the Committee on Homeland Security, House of Representatives One Hundred Ninth Congress First Session, July 13, 2005. Washington, DC: U.S. Government Printing Office [includes testimony from Roger Brent and Mike Callahan].

Cong, L., F.A. Ran, D. Cox, S. Lin, R. Barretto, N. Habib, P.D. Hsu, X. Wu, W. Jiang, L.A. Marraffini, and F. Zhang. 2013. Multiplex genome engineering using CRISPR/Cassystems. Science 339(6121): 819–823.

Cox, I.J., M.L. Miller, J.A. Bloom, J. Fridrich, and T. Kalker 2008. Digital Watermarking and Steganography, 2nd Ed. Burlington, MA: Morgan Kaufmann.

Cox, M.S., and A.F. Woolf. 2002. Preventing Proliferation of Biological Weapons: U.S. Assistance to the Former Soviet States. CRC Report for Congress RL31368. Available at: https: // fas.org/sgp/crs/nuke/RL31368.pdf. Accessed November 14, 2017.

Cress, B.F., J.A. Englaender, W. He, D. Kasper, R.J. Linhardt, and M.A. Koffas. 2014. Masquerading microbial pathogens: Capsular polysaccharides mimic host-tissuemolecules. FEMS Microbiology Reviews 38(4): 660–697.

CSWMD Occasional Paper 12. Center for the Study of Weapons of Mass Destruction, National Defense University. August 7, 2017. Available at: http: //wmdcenter.ndu.edu/Publications/ Publication-View/Article/1270642/a-shorthistory-of-biological-warfare-from-pre-history-to-the-21st-century. Accessed on November 13, 2017.

Cui, J., Y. Yin, Q. Ma, G. Wang, C. Olman, Y. Zhang, W. Chou, C. S. Hong, C. Zhang, S. Cao, X. Mao, Y. Li, S. Qin, S. Zhao, J. Jiang, P. Hastings, F. Li, and Y. Xu. 2015. Comprehensive characterization of the genomic alterations in human gastric cancer. International Journal of Cancer 137(1): 86–95.

Cullen, B.R. 2013. MicroRNAs as mediators of viral immune evasion. Nature Immunology 14(3): 205–210.

Cummings, C.L., and J. Kuzma. 2017. Societal Risk Evaluation Scheme(SRES): Scenario-based multi-criteria evaluation of synthetic biology applications. PLoS ONE 12(1): e0168564.

Daigle, K.A., C.M. Logan, and R.S. Kotwal. 2015. Comprehensive performance nutrition for Special Operations Forces. Journal of Special Operations Medicine 15(4): 40–53.

DARPA(Defense Advanced Research Projects Agency). 2017. Safe Genes. Available at: https: // www.darpa.mil/program/safe-genes. Accessed November 14, 2017.

Datlinger, P., A.F. Rendeiro, C. Schmidl, T. Krausgruber, P. Traxler, J. Klughammer, L. C. Schuster, A. Kuchler, D. Alpar, and C. Bock. 2017. Pooled CRISPR screening with single-cell transcriptome readout. Nature Methods 14: 297–301.

Davey, R.T., L. Dodd, M.A. Proschan, J. Neaton, J.N. Nordwall, J.S. Koopmeiners, J. Beigel, J. Tierney, H.C. Lane, A.S. Fauci, M.B.F. Massaquoi, F. Sahr, and D. Malvy. 2016. A randomized, controlled trial of ZMapp for Ebola virus infection. The New England Journal of Medicine 375(15): 1448–1456.

de Fabritus, L., A. Nougairède, F. Aubry, E.A. Gould, and X. de Lamballerie. 2015. Attenuation of tick-borne encephalitis virus using large-scale random codon re-encoding. PLoS Pathogens 11(3): e1004738.

de Paz, H.D., P. Brotons, and C. Muñoz-Almagro. 2014. Molecular isothermal techniques for combating infectious diseases: Towards low-cost point-of-care diagnostics. Expert Review of

Molecular Diagnostics 14(7): 827–843.

de Vries, R.P., W. Peng, O.C. Grant, A.J. Thompson, X. Zhu, K.M. Bouwman, A.T.T. de la Pena, M.J. van Breemen, I.N.A. Wickramasinghe, C.A.M. de Haan, W. Yu, R. McBride, R.W. Sanders, R.J. Woods, M.H. Verheije, I.A. Wilson, and J.C. Paulson. 2017. Three mutations switch H7N9 influenza to human-type receptor specificity. PLoS Pathogens 13(6): e1006390.

Dhar, P.K., and R. Weiss. 2007. Enabling the new biology of the 21st century. Systems and Synthetic Biology 1(1): 1–2.

DiEuliis, D., and J. Giordano. 2017. Why gene editors like CRISPR/Cas may be a game-changer for neuroweapons. Health Security 15(3): 296–302.

DiEuliis, D., S.R. Carter, and G.K. Gronvall. 2017a. Options for synthetic DNA order screening, revisited. mSphere 2(4): e00319–17.

DiEuliis, D., K. Berger, and G. Gronvall. 2017b. Biosecurity implications for the synthesis of horsepox, an orthopoxvirus. Health Security 15(6): 629–637.

Dittrich, P.S., and A. Manz. 2006. Lab-on-a-chip: Microfluidics in drug discovery. Nature Reviews Drug Discovery 5(3): 210–218.

DOJ(U.S. Department of Justice). 2010. Amerithrax Investigative Summary, February 19, 2010.Available at: https: //www.justice.gov/archive/amerithrax/docs/amx-investigativesummary. pdf. Accessed November 6, 2017.

Donia, M.S., and M.A. Fischbach. 2015. Small molecules from the human microbiota. Science 349(6246): 1254766.

Dormitzer, P.R, , P. Suphaphiphat, D.G. Gibson, D.E. Wentworth, T.B. Stockwell, M.A. Algire, N. Alperovich, M. Barro, D.M. Brown, S. Craig, B.M. Dattilo, E.A. Denisova, I. De Souza, M. Eickmann, V.G. Dugan, A. Ferrari, R.C. Gomilla, L. Han, C. Judge, S. Mane, M. Matrosovich, C. Merryman, G. Palladino, G.A. Palmer, T. Spencer, T. Strecker, H. Trusheim, J. Uhlendorff, Y. Wen, A.C. Yee, J. Zaveri, B. Zhou, S. Becker, A. Donabedian, P.W. Mason, J.I. Glass, R. Rappouli, and J.C. Venter. 2013. Synthetic generation of influenza vaccine viruses for rapid response to pandemics. Science and Translational Medicine 5(185): 185ra68.

Doudna, J.A., and E. Charpentier. 2014. The new frontier of genome engineering with CRISPRCas9. Science 346(6213): 1258096.

Duffy, J. 1951. Smallpox and the Indians in the American colonies. Bulletin of the History of Medicine 25(4): 324–341.

Edelstein, M.L., M.R. Abedi, and J. Wixon. 2007. Gene therapy clinical trials worldwide to 2007——an update. The Journal of Gene Medicine 9(10): 833–842.

Elowitz, M.B., and S. Leibler. 2000. A synthetic oscillatory network of transcriptional regulators. Nature 403(6767): 335–338.

Endy, D. 2005. Foundations for engineering biology. Nature 438(7067): 449–453.

Endy, D. 2008. Synthetic biology: Can we make biology easy to engineer? Industrial Biotechnology 4(4): 340–351.

Endy, D., S. Galanie, and C.D. Smolke. 2015. Complete absence of thebaine biosynthesis under home-brew fermentation conditions bioRxiv doi: 10.1101/024299.

Eppinger, M., M.K. Mammel, J.E. Leclerc, J. Ravel, and T.A. Cebula. 2011. Genomic anatomy of Escherichia coli O157: H7 outbreaks. Proceedings of the National Academy of Sciences of the United States of America 108(50): 20142–20147.

Esvelt, K.M., A.L. Smidler, F. Catteruccia, and G.M. Church. 2014. Concerning RNA-guided gene drives for the alteration of wild populations. eLife 3: e03401.

Fan, R.L., S.A. Valkenburg, C.K. Wong, O.T. Li, J.M. Nicholls, R. Rabadan, J.S. Peiris, and L.L.

Poon. 2015. Generation of live attenuated influenza virus by using codon usage bias. Journal of Virology 89(21): 10762–10773.

FDA(U.S. Food and Drug Administration). 2017a. FDA Approval Brings First Gene Therapy to the United States. FDA News: August 30, 2017. Available at: https://www.fda.gov/NewsEvents/Newsroom/PressAnnouncements/ucm574058.htm.Accessed January 30, 2017.

FDA. 2017b. FDA Approves CAR-T Cell Therapy to Treat Adults with Certain Types of Large B-cell Lymphoma. FDA News: October 18, 2017. Available at: https: //www.fda.gov/News Events/Newsroom/PressAnnouncements/ucm581216.htm. Accessed January 31, 2017.

FDA. 2017c. What are Medical Countermeasures? Available at: https: //www.fda.gov/EmergencyPreparedness/Counterterrorism/MedicalCountermeasures/AboutMCMi/ucm4 31268. htm.Accessed November 14, 2017.

FERN(Food Emergency Response Network). 2017. Uniting Federal State and Local Laboratories for Food Emergency Response. Available at: https://www.fernlab.org. Accessed November 14, 2017.

Filkins, B. 2014. Health Care Cyberthreat Report: Widespread Compromises Detected, Compliance Nightmare on Horizon. SANS Institute, February 2014. Available at: https: //www.sans.org/reading-room/whitepapers/analyst/health-care-cyberthreat-reportwidespread-compromises-detected-compliance-nightmare-horizon-34735. Accessed November 2, 2017.

Finlay, B.B., and G. McFadden. 2006. Anti-immunology: Evasion of the host immune system by bacterial and viral pathogens. Cell 124(4): 767–782.

Firoved, A. 2016. The Federal Perspective on the State of Our Nation's Biodefense. Testimony of Aaron Firoved, Acting Director, OHA National Bio-surveillance Integration Center, for a Senate Committee on Homeland Security and Governmental Affairs, April 14, 2016. Available at: https://www.dhs.gov/news/2016/04/14/written-testimony-oha-senatecommittee-homeland-security-and-governmental-affairs. Accessed November 14, 2017.

Fischer, N.O., A. Rasley, M. Corzett, M.H. Hwang, P.D. Hoeprich, and C.D. Blanchette. 2013. Colocalized delivery of adjuvant and antigen using nanolipoprotein particles enhances the immune response to recombinant antigens. Journal of the American Chemical Society 135(6): 2044–2047.

Fischer, N.O., D.R. Weilhammer, A. Dunkle, C. Thomas, M. Hwang, M. Corzett, C. Lychak, W. Mayer, S. Urbin, N. Collette, J.C. Chang, G.G. Loots, A. Rasley, and C.D. Blanchette. 2014. Evaluation of nanolipoprotein particles(NLPs)as an in vivo delivery platform. PLoS ONE 9(3): e93342.

Fouchier, R.A. 2015. Studies on influenza virus transmission between ferrets: the public health risks revisited. mBio 6(1): e02560–14.

Frerichs, R.L., R.M. Salerno, K.M. Vogel, N.B. Barnett, J. Gaudioso, L.T. Hickok, D. Estes, and D.F. Jung. 2004. Historical Precedence and Technical Requirements of Biological Weapons Use: A Threat Assessment. SAND2004-1854. Albuquerque, NM: Sandia National Laboratories. Available at http://prod.sandia.gov/techlib/accesscontrol.cgi/2004/041854.pdf. Accessed January 31, 2018.

Friedman, D.J., R.G. Parrish, and D.A. Ross. 2013. Electronic health records and U.S. public health: Current realities and future promise. American Journal of Public Health 103(9): 1560–1567.

Friedmann, E.I. 1994. Viable microorganisms in permafrost. Pp. 21–26 in Permafrost as Microbial Habitat, D.A. Gilichinsky, ed. Pushchino: Russian Academy of Sciences.

Fung, I.C.H., C.H. Duke, K.C. Finch, K.R. Snook, P.L. Tseng, A.C. Hernandez, M. Gambhir, K.W. Fu, and Z.T.H. Tse. 2016. Ebola virus disease and social media: A systematic review. American

Journal of Infection Control 44(12): 1660–1671.

Fung, I, C.H., Z.C.H. Tse, and K.W. Fu. 2015. The use of social media in public health surveillance. Western Pacific Surveillance and Response Journal 6(2): 3–6.

Galanie, S., K. Thodey, I.J. Trenchard, M.F. Interrante, and C.D. Smolke. 2015. Complete biosynthesis of opioids in yeast. Science 349(6252): 1095–1100.

Gao, L., and Y.A. Kwaik. 2000. The modulation of host cell apoptosis by intracellular bacterial pathogens. Trends in Microbiology 8(7): 306–313.

Gardner, T.S., C.R. Cantor, and J.J. Collins. 2000. Construction of a genetic toggle switch in Escherichia coli. Nature 403(6767): 339–342.

Garfinkel, M.S., D. Endy, G.L. Epstein, and R.M. Friedman. 2007. Synthetic Genomics | Options for Governance. J. Craig Venter Institute. Available at: http: //www.jcvi.org/cms/fileadmin/site/research/projects/synthetic-genomicsreport/synthetic-genomics-report.pdf. Accessed March 5, 2018.

Ghaisas, S., J. Maher, and A. Kanthasamy. 2016. Gut microbiome in health and disease: Linking the microbiome-gut-brain axis and environmental factors in the pathogenesis of systemic and neurodegenerative diseases. Pharmacology and Therapeutics 158: 52–62.

GHR(Genome Home Reference). 2018. What are single nucleotide polymorphisms(SNPs)? Available at https: //ghr.nlm.nih.gov/primer/genomicresearch/snp. Accessed January 29, 2018.

Gibson, D.G., G.A. Benders, C. Andrews-Pfannkoch, E.A. Denisova, H. Baden-Tillson, J. Zaveri, T.B. Stockwell, A. Brownley, D.W. Thomas, M.A. Algire, C. Merryman, L. Young, V.N. Noskov, J.I. Glass, J.C. Venter, C.A. Hutchison III, and H.O. Smith. 2008. Complete chemical synthesis, assembly, and cloning of a Mycoplasma genitalium genome. Science 319(5867): 1215–1220.

Gibson, D.G., L. Young, R. Chuang, J.C. Venter, C.A. Hutchison, III, and H.O. Smith. 2009.Enzymatic assembly of DNA molecules up to several hundred kilobases. Nature Methods 6(5): 343–345.

Gibson, D.G., J.I. Glass, C. Lartigue, V.N. Noskov, R.Y. Chuang, M.A. Algire, G.A. Benders, M.G. Montague, L. Ma, M.M. Moodie, C. Merryman, S. Vashee, R. Krishnakumar, N. Assad-Garcia, C. Andrews-Pfannkoch, E.A. Denisova, L. Young, Z.Q. Qi, T.H. Segall- Shapiro, C.H. Calvey, P.P. Parmar, C.A. Hutchison III, H.O. Smith, and J.C. Venter. 2010. Creation of a bacterial cell controlled by a chemically synthesized genome. Science 329(5987): 52–56.

Gronvall, G.K. 2017. Prevention of the development or use of biological weapons. Health Security 15(1): 36–37.

Guenther, C.M., B.E. Kuypers, M.T. Lam., T.M. Robinson, J. Zhao, and J. Suh. 2014. Synthetic virology: Engineering viruses for gene delivery. Wiley Interdisciplinary Review of Nanomedicine and Nanobiotechnology 6(6): 548–558.

Guichard, A., V. Nizet, and E. Bier. 2012. New insights into the biological effects of anthrax toxins: Linking cellular to organismal responses. Microbes and Infection 14(2): 97–118.

Guillemin, J. 2006. Biological Weapons: From the Invention of State-Sponsored Programs to Contemporary Bioterrorism. New York: Columbia University Press.

Hacein-Bey-Abina, S., F. Le Deist, F. Carlier, C. Bouneaud, C. Hue, J.P. De Villartay, A.J. Thrasher, N. Wulffraat, R. Sorensen, S. Dupuis-Girod, A. Fischer, E.G. Davies, W. Kuis, L. Leiva, and M. Cavazzana-Calvo. 2002. Sustained correction of X-linked severe combined immunodeficiency by ex vivo gene therapy. The New England Journal of Medicine 346(16): 1185–1193.

Hadadi, N., J. Hafner, A. Shajkofci, A. Zisaki, and V. Hatzimanikatis. 2016. ATLAS of biochemistry: A repository of all possible biochemical reactions for synthetic biology and metabolic engineering studies. ACS Synthetic Biology 5(10): 1155–1166.

Haddad, D. 2017. Genetically engineered vaccinia viruses as agents for cancer treatment, imaging, and transgene delivery. Frontiers in Oncology 7: 96.

Hall, B. 2011. Evolution: Principles and Processes. Sudbury, Massachusetts: Jones and Bartlett Publishers.

Hall, R.A., and J. Macdonald. 2016. Synthetic biology provides a toehold in the fight against Zika. Cell Host and Microbe 19(6): 752–754.

Hammond, A., R. Galizi, K. Kyrou, A. Simoni, C. Siniscalchi, D. Katsanos, M. Gribble, D. Baker, E. Marois, S. Russell, A. Burt, N. Windbichler, A. Crisanti, and T. Nolan. 2016. A CRISPR-Cas9 gene drive system targeting female reproduction in the malaria mosquito vector Anopheles gambiae. Nature Biotechnology 34(1): 78–83.

Harris, A., A.R. McKerney, D. Nimmo, Z. Curtis, I. Black, S.A. Morgan, M.N. Oviedo, R. Lacroix, N. Naish, N.I. Morrison, A. Collado, J. Stevenson, S. Scaife, T. Dafa'alla, G.Fu, C. Phillips, A. Miles, N. Raduan, N. Kelly, C. Beech, C.A. Donnelly, W.D. Petrie, and L. Alphey. 2012. Successful suppression of a field mosquito population by sustained release of engineered male mosquitoes. Nature Biotechnology 30(9): 828–830.

He, X.J., T. Chen, and J.K. Zhu. 2011. Regulation and function of DNA methylation in plants and animals. Cell Research 21(3): 442–465.

Heider, D., and A. Barnekow. 2008. DNA watermarks: A Proof of concept. BMC Molecular Biology 9: 40.

Heise, M.T., and H.W. Virgin. 2013. Pathogenesis of viral infection. Pp. 254–285 in Field's Virology, 6th Ed., D.M. Knipe, and P.M. Howley, eds. Philadelphia, PA: Lippincott Williams and Wilkins. Hekele, S., S. Bertholet, J. Archer, D.G. Gibson, G. Palladino, L.A. Brito, G.R. Otten, M. Brazzoli, S. Buccato, A. Bonci, D. Casini, D. Maione, Z.Q. Qi, J.E. Gill, N.C. Caiazza, J. Urano, B. Hubby, G.F. Gao, Y. Shu, E. de Gregorio, C.W. Mandl, P.W. Mason, E.C. Settembre, J.B. Ulmer, J.C. Venter, P.R. Dormitzer, R. Rappuoli, and A.J. Geall. 2013. Rapidly produced SAM® vaccine against H7N9 influenza is immunogenic in mice. Emerging Microbes and Infections 2(8): e52.

Herfst, S., E.J. Schrauwen, M. Linster, S. Chatinimitkul, E. de Wit, V.J. Munster, E.M. Sorrell, T.M. Bestebroer, D.F. Burke, D.J. Smith, G.F. Rimmelzwaan, A.D. Osterhaus, and R.A. Fouchier. 2012. Airborne transmission of influenza A/H5N1 virus between ferrets. Science 336(6088): 1534–1541.

Herfst, S., M. Böhringer, B. Karo, P. Lawrence, N.S. Lewis, M.J. Mina, C.J. Russell, J. Steel, R.L. de Swart, and C. Menge. 2017. Drivers of airborne human-to-human pathogen transmission. Current Opinion in Virology 22: 22–29.

HHS(U.S. Department of Health and Human Services). 2010. Screening Framework Guidance for Providers of Synthetic Double-Stranded DNA. Available at: https://www.phe.gov/Preparedness/legal/guidance/syndna/Documents/syndnaguidance. pdf. Accessed on November 14, 2017.

HHS. 2013. Framework for Guiding Funding Decisions about Research Proposals with the Potential for Generating Highly Pathogenic Avian Influenza H5N1 Viruses That Are Transmissible Among Mammals by Respiratory Droplets. February 2013. Available at: https: //www.phe.gov/s3/dualuse/Documents/funding-hpai-h5n1.pdf. Accessed May 11, 2017.

HHS. 2017a. Framework for Guiding Funding Decisions about Proposed Research Involving Enhanced Potential Pandemic Pathogens. Available at: https: //www.phe.gov/s3/dualuse/Documents/p3co.pdf. Accessed January 25, 2018.

HHS. 2017b. PHEMCE Strategy and Implementation Plan: 2017–2018. Available at: https: //www.phe.gov/Preparedness/mcm/phemce/Pages/strategy.aspx. Accessed January 31, 2018.

Holloway, D. T. 2013. Regulating Amateurs. The Scientist, March 2013. Available at: http: //www.the-scientist.com/?articles.view/articleNo/34444/title/Regulating-Amateurs Accessed January 25, 2018.

Holmes, E.C. 2003. Error thresholds and the constraints to RNA virus evolution. Trends in Microbiology 11(12): 543–546.

Huang, P., S.E. Boyken, and D. Baker. 2016. The coming of age of de novo protein design. Nature 537: 320–327.

Huang, Q., K. Gumireddy, M. Schrier, C. le Sage, R. Nagel, S. Nair, D.A. Egan, A. Li, G. Huang, A.J. Klein-Szanto, P.A. Gimotty, D. Katsaros, G. Coukos, L. Zhang, E. Puré, and R. Agami. 2008. The microRNAs miR-373 and miR-520c promote tumour invasion and metastasis. Nature Cell Biology 10(2): 202–210.

Hughes, J., B. Shelton, and T. Hughes. 2010. Suspected dietary supplement injuries in special operations soldiers. Journal of Special Operations Medicine 10(3): 14–24.

IAP(Inter Academy Partnership). 2015. The Biological and Toxin Weapons Convention: Implications of Advances in Science and Technology. Available at: https: //royalsociety.org/～/media/policy/projects/biological-toxin-weaponsconvention/biological-weapons-technical-document.pdf. Accessed January 31, 2018.

IARPA(Intelligence Advanced Research Projects Agency). 2017a. Functional Genomic and Computational Assessment of Threats(FunGCAT), Available at: https: //www.iarpa.gov/index.php/research-programs/fun-gcat. Accessed November 14, 2017.

IARPA. 2017b. Finding Engineering-Linked Indicators(FELIX). Available at: https: // www.iarpa.gov/index.php/research-programs/felix. Accessed November 14, 2017.

iGEM (International Genetically Engineered Machine). 2017. Synthetic Biology Based on Standard Parts. Available at: http: //igem.org/Main_Page. Accessed on November 14, 2017.

IGSC(International Gene Synthesis Consortium). 2017. Harmonized Screening Protocol© v2.0 Gene Sequence & Customer Screening to Promote Biosecurity, 19 November 2017.Available at https: //genesynthesisconsortium.org/wpcontent/uploads/IGSCHarmonizedProtocol11-21-17.pdf. Accessed January 25, 2018.

Imai, M., T. Watanabe, M. Hatta, S.C. Das, M. Ozawa, K. Shinya, G. Zhong, A. Hanson, H. Katsura, S. Watanabe, C. Li, E. Kawakami, S. Yamada, M. Kiso, Y. Suzuki, E.A. Maher, G. Neumann, and Y. Kawaoka. 2012. Experimental adaptation of an influenza H5 HA confers respiratory droplet transmission to a reassortant H5 HA/H1N1 virus in ferrets. Nature 486(7403): 420–428.

Independent. 2017. North Korea Says It 'Will Take Revenge' for US Saying It Is Developing Biological Weapons. News: December 20, 2017. Available at: http: //www.independent.co.uk/news/world/americas/us-politics/north-korea-biologicalweapons-us-revenge-trump-kim-jong-un-pyongyang-a8120376.html. Accessed January 31, 2018.

IOM(Institute of Medicine). 2013. Gulf War and Health: Treatment for Chronic Multisymptom Illness. Washington, DC: The National Academies Press.

IOM/NRC(Institute of Medicine and National Research Council). 2006. Globalization, Biosecurity, and the Future of the Life Sciences. Washington, DC: The National Academies Press.

IPCS(International Programme on Chemical Safety). 1996. Principles and Methods for Assessing Direct Immunotoxicity Associated with Exposure to Chemicals.Environmental Health Criteria 180. Geneva: World Health Organization. Available at http: //www.inchem.org/documents/ehc/ehc/ehc180.htm. Accessed November 3, 2017.

ISID(International Society for Infection Diseases). 2017. ProMED –mail. Available at: http: //www.isid.org/promedmail/promedmail.shtml. Accessed January 25, 2018.

Iwasaki, A., and R. Medzhitov. 2013. Innate responses to viral infection. Pp. 189–213 in Field's Virology, 6th Ed., D.M. Knipe, and P.M. Howley, eds. Philadelphia, PA: Lippincott Williams and Wilkins.

Jackson, R.J., A.J. Ramsay, C.D. Christensen, S. Beaton, D.F. Hall, and I.A. Ramshaw. 2001. Expression of mouse interleukin-4 by a recombinant ectromelia virus suppresses cytotoxic lymphocyte responses and overcomes genetic resistance to mousepox. Journal of Virology 75(3): 1205–1210.

Jaing, C., S. Gardner, K. McLoughlin, J.B. Thissen, and T. Slezak. 2011. Detection of adventitious viruses from biologicals using a broad-spectrum microbial detection array. PDA Journal of Pharmaceutical Science and Technology 65(6): 668–674.

Jalani, G., R. Naccache, D.H. Rosenzweig, L. Haglund, F. Vetrone, and M. Cerruti. 2016. Photocleavable hydrogel-coated upconverting nanoparticles: A multifunctional theranostic platform for NIR imaging and on-demand macromolecular delivery. Journal of the American Chemical Society 138(3): 1078–1083.

JCVI(J. Craig Venter Institute). 2010. First Self-Replicating Synthetic Bacterial Cell. J. Craig Venter Institute News, May 20, 2010. Available at: http: //www.jcvi.org/cms/press/press-releases/full-text/article/first-self-replicatingsynthetic-bacterial-cell-constructed-by-j-craig-venter-institute-researcher/. Accessed January 18, 2018.

Jefferson, C., F. Lentzos, and C. Marris. 2014. Synthetic biology and biosecurity: Challenging the "myths." Frontiers in Public Health 2: 115.

Jinek, M., K. Chylinski, I. Fonfara, M. Hauer, J.A. Doudna, and E. Charpentier. 2012. A programmable dual-RNA-guided DNA endonuclease in adaptive bacterial immunity. Science 337(6096): 816–821.

Jinek, M., A. East, A. Cheng, S. Lin, E. Ma, and J. Doudna. 2013. RNA-programmed genome editing in human cells. eLife 2: e00471.

Jochem, G. 2017. Pet Store Puppies Linked to Campylobacter Outbreak in People. NPR News: September 12, 2017. Available at http: //www.npr.org/sections/healthshots/2017/09/12/550423656/pet-store-puppies-linked-to-campylobacter-outbreak-inpeople. Accessed November 3, 2017.

Jones, P.A., and S.B. Baylin. 2007. The epigenomics of cancer. Cell 128(4): 683–692.

June, C.H., J.T. Warshauer, and J.A. Bluestone. 2017. Is autoimmunity the Achilles' heel of cancer immunotherapy? Nature Medicine 23: 540–547.

Kadlec, R.P., and A.P. Zelicoff. 2000. Implications of the biotechnology revolution for weapons development and arms control. Pp. 11–26 in Biological Warfare: Modern Offense and Defense, R. Zilinskas, ed. Boulder, CO: Lynne Rienner. Kampranis, S.C., and A.M. Makris. 2012. Developing a yeast cell factory for the production of terpenoids. Computational and Structural Biotechnology Journal 3: e201210006.

Kan, S.B., X. Huang, Y. Gumulya, K. Chen, and F.H. Arnold. 2017. Genetically programmed chiral organoborane synthesis. Nature 552(7683): 132–136.

Kaper, G.B., J.P. Nataro, and H.L. Mobley. 2004. Pathogenic Escherichia coli. Nature Reviews Microbiology 2(2): 123–140.

Kaplan, G., J. Lubinski, A. Dasgupta, and V. R. Racaniello. 1985. In vitro synthesis of infectious poliovirus RNA. Proceedings of the National Academy of Sciences 82(24): 8424–8428.

Kau, A.L., P.P. Ahern, N.W. Griffin, A.L. Goodman, and J.I. Gordon. 2011. Human nutrition, the gut microbiome and the immune system. Nature 474(7351): 327–336.

Kay, M.A., J.C. Glorioso, and L. Naldini. 2001. Viral vectors for gene therapy: The art of turning infectious agents into vehicles of therapeutics. Nature Medicine 7(1): 33–40.

Kellogg, S. 2012. The Rise of DIY Scientists: Is it Time for Regulation? Washington Lawyer, May 2012. Available at: https: //www.dcbar.org/bar-resources/publications/washingtonlawyer/articles/may-2012-diy-scientist.cfm. Accessed January 25, 2018.

Keeney, R. 1992. Value-focused Thinking: A Path to Creative Decisionmaking. Cambridge, MA: Harvard University Press.

Keeney, R., and H. Raiffa. 1993. Decisions with Multiple Objectives: Preferences and Tradeoffs. Cambridge, UK: Cambridge University Press.

Khalil, R.K., C. Skinner, S. Patfield, and X. He. 2016. Phage-mediated Shiga toxin(Stx)horizontal gene transfer and expression in non-Shiga toxigenic Enterobacter and Escherichia coli strains. Pathogens and Disease 74(5): ftw037.

Kim, J.Y., J.Y. Shin, M.R. Kim, S.K. Hann, and S.H. Oh. 2012. siRNA-mediated knock-down of COX-2 in melanocytes suppresses melanogenesis. Experimental Dermatology 21(6): 420– 425.

Kim, R.S., N. Goossens, and Y. Hoshida. 2016. Use of big data in drug development for precision medicine. Expert Review of Precision Medicine and Drug Development 1(3): 245–253.

Klompas, M., J. McVetta, R. Lazarus, E. Eggleston, G. Haney, B.A. Kruskal, W.K. Yih, P. Daly, P. Oppedisano, B. Beagan, M. Lee, C. Kirby, D. Heisey-Grove, A. DeMaria, Jr., and R. Platt. 2012. Integrating clinical practice and public health surveillance using electronic medical record systems. American Journal of Public Health 102(Suppl. 3): S325–S332.

Knight, T. 2003. Idempotent Vector Design for Standard Assembly of Biobricks. MIT Synthetic Biology Working Group Technical Reports. Available at: https: //dspace.mit.edu/bitstream/handle/1721.1/21168/biobricks.pdf. Accessed on July 14, 2017.

Koblentz, G.D. 2017. The de novo synthesis of horsepox virus: Implications for biosecurity and recommendations for preventing the reemergence of smallpox. Health Security 15(6): 620–628.

Kolodziejczyk, B. 2017. Do-it-yourself biology shows safety risks of an open innovation movement. Brookings, October 2017. Available at https: //www.brookings.edu/blog/techtank/2017/10/09/do-it-yourself-biology-showssafety-risks-of-an-open-innovation-movement/Accessed November 14, 2017.

Koroleva, M.Y., T.Y. Nagovitsina, D.A. Bidanov, O.S. Gorbachevski, and E.V. Yurtov. 2016.Nano- and microcapsules as drug-delivery systems. Resource-Efficient Technologies 2(4): 233–239.

Kosal, M.E. 2009. Nanotechnology for Chemical and Biological Defense. Springer.

Kosal, M.E. 2014. A new role for public health in bioterrorism deterrence. Frontiers in Public Health 2: 278.

Kotula, J.W., S.J. Kerns, L.A. Shaket, L. Siraj, J.J. Collins, J.C. Way, and P.A. Silver. 2014. Programmable bacteria detect and record an environmental signal in the mammalian gut.Proceedings of the National Academy of the United States of America 111(13): 4838– 4843.

Kouranova, E., K. Forbes, G. Zhao, J. Warren, A. Bartels, Y. Wu, and X. Cui. 2016. CRISPRs for optimal yargeting: Delivery of CRISPR components as DNA, RNA, and protein into cultured cells and single-cell embryos. Human Gene Therapy 27(6): 464–475.

Kranz, L.M., M. Diken, H. Haas, S. Kreiter, C. Loquai, K.C. Reuter, M. Meng, D. Fritz, F. Vascotto, H. Hefesha, C. Grunwitz, M. Vormehr, Y. Husemann, A. Selmi, A. N. Kuhn, J. Buck, E. Derhovanessian, R. Rae, S. Attig, J. Diekmann, R.A. Jabulowsky, S. Heesch, J. Hassell, P. Langguth, S. Grabbe, C. Huber, O. Tureci, and U. Sahin. 2016. Systemic RNA delivery to dendritic cells exploits antiviral defence for cancer immunotherapy. Nature 534(7607): 396–401.

Krebs on Security. 2013. Wash. Hospital Hit by $1.03 Million Cyberheist. April 2013. Available at https: //krebsonsecurity.com/2013/04/wash-hospital-hit-by-1-03-million-cyberheist/. Accessed November 2, 2017.

Kreuzer-Martin, H.W., and K.H. Jarman. 2007. Stable isotope ratios and forensic analysis of microorganisms. Applied and Environmental Microbiology 73(12): 3896–3908.

Krishnamurthy, M., R.T. Moore, S. Rajamani, and R.G. Panchal. 2016. Bacterial genome engineering and synthetic biology: Combating pathogens. BMC Microbiology 16: 258.

Kupferschmidt, K. 2017. How Canadian researchers reconstituted an extinct poxvirus for $100, 000 using mail-order DNA. Science, News: July 6, 2017. Available at: http: //www.sciencemag.org/news/2017/07/how-canadian-researchers-reconstitutedextinct-poxvirus-100000-using-mail-order-dna. Accessed November 6, 2017.

Kuss, S.K., G.T. Best, C.A. Etheredge, A.J. Pruijssers, J.M. Frierson, L.V. Hooper, T.S. Dermody, and J.K. Pfeiffer. 2011. Intestinal microbiota promote enteric virus replication and systemic pathogenesis. Science 334(6053): 249–252.

Lauring, A.S., A. Acevado, S.B. Cooper, and R. Andino. 2012. Codon usage determines the mutational robustness, evolutionary capacity and virulence of an RNA virus. Cell Host and Microbe 12(5): 623–632.

Lehner, B.A.E., D.T. Schmieden, and A.S. Meyer. 2017. A straightforward approach for 3D bacterial printing. ACS Synthetic Biology 6(7): 1124–1130.

Lempinen, E.W. 2011. FBI, AAAS Collaborate on Ambitious Outreach to Biotech Researchers and DIY Biologists. American Association for the Advancement of Science News: April 1, 2011.Available at:https: //www.aaas.org/news/fbi-aaas-collaborate-ambitiousoutreach-biotech-researchers-and-diy-biologists. Accessed November 14, 2017.

Li, W., Z. Shi, M. Yu, W. Ren, C. Smith, J.H. Epstein, H. Wang, C. Crameri, Z. Hu, H. Zhang, J. Zhang, J. McEachern, H. Field, P. Daszak, B.T. Eaton, S. Zhang, and L.F. Wang. 2005. Bats are natural reservoirs of SARS-like coronaviruses. Science 310(5748): 676–679.

Lim, W.A., and C.H. June. 2017. The principles of engineering immune cells to treat cancer. Cell 168: 724–740.

Lindler, L.E., E. Choffnes, and G.W. Korch. 2005. Definition and overview of emerging threats. Pp. 351–359 in Biological Weapons Defense: Infectious Disease and Counterbioterrorism, Part III. Emerging Threats and Future Preparation, L.E. Lindler, F.J. Lebeda, and G. Korch, eds. Totowa, NJ: Humana Press.

Linster, M., S. van Boheemen, M. de Graaf, E.J.A. Schrauwen, P. Lexmond, B. Mänz, T.M. Bestebroer, J. Baumann, D. van Riel, G.F. Rimmelzwaan, A.D.M.E. Osterhaus, M. Matrosovich, R.A.M. Fouchier, and S. Herfst. 2014. Identification, characterization, and natural selection of mutations driving airborne transmission of A/H5N1 virus. Cell 157(2): 329–339.

Lipsitch, M. 2014. Can limited scientific value of potential pandemic pathogen experiments justify the risks? mBio 5(5): e02008-14.

Liu, J., T. Gaj, Y. Yang, N. Wang, S. Shui, S. Kim, C. N. Kanchiswamy, J. Kim, and C. F. Barbas III. 2015. Efficient delivery of nuclease proteins for genome editing in human stem cells and primary cells. Nature Protocols 10: 1842–1859.

Lotz, M.T., and R.S. Peebles, Jr. 2012. Mechanisms of respiratory syncytial virus modulation of airway immune responses. Current Allergy and Asthma Reports 12(5): 380–387.

Low, N., A. Bavdekar, L. Jeyaseelan, S. Hirve, K. Ramanathan, N.J. Andrews, N. Shaikh, R.S. Jadi, A. Rajagopal, K.E. Brown, D. Brown, J.B. Fink, O. John, P. Scott, X. Riveros- Balta, M. Greco, R. Dhere, P.S. Kulkarni, and A.M.H. Restrepo. 2015. A randomized, controlled trial of an aerosolized vaccine against measles. The New England Journal of Medicine 372(16): 1519–1529.

Lu, T.K., A.S. Khalil, and J.J. Collins. 2009. Next-generation synthetic gene networks. Nature Biotechnology 27(12): 1139–1150.

Lu, T.K., J. Bowers, and M.S. Koeris. 2013. Advancing bacteriophage-based microbial diagnostics with synthetic biology. Trends in Biotechnology 31(6): 325–327.

Luo, M. L., A. S. Mullis, R. T. Leenay, and C. L. Beisel. 2015. Repurposing endogenous type I CRISPR-Cas systems for programmable gene repression. Nucleic Acids Research 43(1): 674–681.

Macho, A.P., and C. Zipfel. 2015. Targeting of plant pattern recognition receptor-triggered immunity by bacteria type-III secretion system effectors. Current Opinions in Microbiology 23: 14–22.

Madoff, L.C. 2004. ProMED-mail: An early warning system for emerging diseases. Clinical Infectious Diseases 39(2): 227–232.

Mali, P., L.H. Yang, K.M. Esvelt, J. Aach, M. Guell, J.E. DiCarlo, J.E. Norville, and G.M. Church. 2013. RNA-guided human genome engineering via Cas9. Science 339(6121): 823–826.

Martinez, M.A., A. Jordan-Paiz, S. Franco, and M. Nevot. 2016. Synonymous virus genome recoding as a tool to impact viral fitness. Trends in Microbiology 24(2): 134–147.

Matheson, R. 2016. Reprogramming gut bacteria as "living therapeutics" MIT News, April 6, 2016. Available at: http://news.mit.edu/2016/startup-synlogic-reprogramming-gutbacteria-living-therapeutics-0405. Accessed November 9, 2017.

Mendoza, B.J., and C.T. Trinh. 2018. Enhanced guide–RNA design and targeting analysis for precise CRISPR genome editing of single and consortia of industrially relevant and nonmodel organisms. Bioinformatics 34(1): 16–23.

Meng, J., S. Lee, A.L. Hotard, and M.L. Moore. 2014. Refining the balance of attenuation and immunogenicity of respiratory syncytial virus by targeted codon deoptimization of virulence genes. mBio 5(5): e01704–14.

Mercy, G., J. Mozziconacci, V.F. Scolari, K. Yang, G. Zhao, A. Thierry, Y. Luo, L.A. Mitchell, M. Shen, Y. Shen, R. Walker, W. Zhang, Y. Wu, Z.X. Xie, Z. Luo, Y. Cai, J. Dai, H. Yang, Y.J. Yuan, J.D. Boeke, J.S. Bader, H. Muller, and R. Koszul. 2017. 3D organization of synthetic and scrambled chromosomes. Science 355(6329): eaaf4597.

Miele, E., G.P. Spinelli, E. Miele, E. Di Fabrizio, E. Ferretti, S. Tomao, and A. Gulino. 2012. Nanoparticle-based delivery of small interfering RNA: Challenges for cancer therapy. International Journal of Nanomedicine 7: 3637–3657.

Milinovich, G.J., G.M. Williams, A.C. Clements, and W. Hu. 2014. Internet-based surveillance systems for monitoring emerging infectious diseases. Lancet Infectious Diseases 14(2): 160–168.

Miller, S. D., W. J. Karpus, and T. S. Davidson. 2007. Experimental autoimmune encephalomyelitis in the mouse. Current Protocols in Immunology 15–1.

Mimee, M., A.C. Tucker, C.A. Voigt, and T.K. Lu. 2015. Programming a human commensal bacterium, Bacteroides thetaiotaomicron, to sense and respond to stimuli in the murine gut microbiota. Cell Systems 1(1): 62–71.

Mingozzi, F., and K.A. High. 2013. Immune responses to AAV vectors: Overcoming barriers to successful gene therapy. Blood 122(1): 23–36.

MIT Media Lab. 2017. Global Community bio Summit, September 22–24, 2017. Community Biotechnology Initiative, Massachusetts Institute of Technology. Available at: https: // www.biosummit.org. Accessed November 14, 2017.

Mitchell, L.A., A. Wang, G. Stracquadanio, Z. Kuang, X. Wang, K. Yang, S. Richardson, J.A. Martin,

Y. Zhao, R. Walker, Y. Luo, H. Dai, K. Dong, Z. Tang, Y. Yang, Y. Cai, A. Heguy, B. Ueberheide, D. Fenyö, J. Dai, J.S. Bader, and J.D. Boeke. 2017. Synthesis, debugging, and effects of synthetic chromosome consolidation: synVI and beyond. Science 355(6329): eaaf4831.

Modulation of polio virus replicative fitness in HeLa cells by deoptimization of synonymous codon usage in the capsid region. Journal of Virology 80(7): 3259–3272.

Moon, T.S., C. Lou, A. Tamsir, B.C. Stanton, and C.A. Voigt. 2012. Genetic programs constructed from layered logic gates in single cells. Nature 491(7423): 249–253.

Morgan, M.G., and M. Henrion. 1990. Uncertainty: A Guide to Dealing with Uncertainty in Quantitative Risk and Policy Analysis. Cambridge, UK: Cambridge University Press.

Morgan, K.M., M.L. DeKay, P.S. Fischbeck, M.G. Morgan, B. Fischhoff, and H.K. Florig. 2001. A deliberative method for ranking risks(II): Evaluation of validity and agreement among risk managers. Risk Analysis 21(5): 923–937.

Moss, J.A. 2014. Gene therapy review. Radiologic Technology 86(2): 155–180.

Mou, H., Z. Kennedy, D.G. Anderson, H. Yin, and W. Xue. 2015. Precision cancer mouse models through genome editing with CRISPR-Cas9. Genome Medicine 7: 53.

Műllbacher, A., and M. Lobigs. 2001. Creation of killer poxvirus could have been predicted. Journal of Virology 75(18): 8353–8355.

Muehlbauer, S.M., T.H. Evering, G. Bonuccelli, R.C. Squires, A.W. Ashton, S.A. Porcelli, M.P. Lisanti, and J. Brojatsch. 2007. Anthrax lethal toxin kills macrophages in a strain-specific manner by apoptosis or caspase-1-mediated necrosis. Cell Cycle 6: 758–766.

Mueller, S., J.R. Coleman, D. Papamichail, C.B. Ward, A. Nimnual, B. Futcher, S. Skiena, and E. Wimmer. 2010. Live attenuated influenza virus vaccines by computer-aided rational design. Nature Biotechnology 28(7): 723–726.

Nafissi, N., and R. Slavcev. 2012. Construction and characterization of an in-vivo linear covalently closed DNA vector production system. Microbial Cell Factories 11: 154.

Naldini, L., U. Blömer, P. Gallay, D. Ory, R. Mulligan, F.H. Gage, I.M. Verma, and D. Trono. 1996. In vivo gene delivery and stable transduction of nondividing cells by a lentiviral vector. Science 272(5259): 263–267.

National Academies of Sciences, Engineering and Medicine. 2016. Gene Drives on the Horizon: Advancing Science, Navigating Uncertainty, and Aligning Research with Public Values. Washington, DC: The National Academies Press.

National Academies of Sciences, Engineering and Medicine. 2017. A Proposed Framework for Identifying Potential Biodefense Vulnerabilities Posed by Synthetic Biology: Interim Report. Washington, DC: The National Academies Press.

National Academies of Sciences, Engineering and Medicine. 2017a. Dual Use Research of Concern in the Life Sciences: Current Issues and Controversies. Washington, DC: The National Academies Press.

National Academies of Sciences, Engineering and Medicine. 2017b. Fostering Integrity in Research. Washington, DC: The National Academies Press.

National Academies of Sciences, Engineering and Medicine. 2017c. Microbiomes of the Built Environment: From Research to Application. Washington, DC: The National Academies Press.

Nature Biotechnology. 2009. What's in a name? Nature Biotechnology 27(12): 1071–1073.

NCBI(National Center for Biotechnology Information). 2017. GenBank. Available at: https: // www.ncbi.nlm.nih.gov/genbank. Accessed November 25, 2017.

Neumann, G., T. Watanabe, H. Ito, S. Watanabe, H. Goto, P. Gao, M. Hughes, D. R. Perez, R. Donis,

E. Hoffmann, G. Hobom, and Y. Kawaoka. 1999. Generation of influenza A viruses entirely from cloned cDNAs. Proceedings of the National Academy of Sciences 96(16): 9345–9350.

Nicklin, S.A., and A.H. Baker. 2002. Tropism-modified adenoviral and adeno-associated viral vectors for gene therapy. Current Gene Therapy 2(3): 273–293.

Nielsen, A.A., B.S. Der, J. Shin, P. Vaidyanathan, V. Paralanov, E.A. Strychalski, D. Ross, D. Densmore, and C.A. Voigt. 2016. Genetic circuit design automation. Science 352(6281): aac7341.

Niu, Y.Y., B. Shen, Y.Q. Cui, Y.C. Chen, J.Y. Wang, L. Wang, Y. Kang, X.Y. Zhao, W. Si, W. Li, A.P. Xiang, J.K. Zhou, X.J. Guo, Y. Bi, C.Y. Si, B. Hu, G.Y. Dong, H. Wang, Z.M. Zhou, T.Q. Li, T. Tan, X.Q. Pu, F. Wang, S.H. Ji, Q. Zhou, X.X. Huang, W.Z. Ji, and J.H. Sha. 2014. Generation of gene-modified cynomolgus monkey via Cas9/RNAmediated gene targeting in one-cell embryos. Cell 156(4): 836–843.

NNDSS. 2017. National Notifiable Diseases Surveillance System. Available at: https: //wwwn. cdc.gov/nndss. Accessed May 11, 2017.

Nougairede, A., L. De Fabritus, F. Aubry, E.A. Gould, E.C. Holmes, and X. de Lamballerie. 2013. Random codon re-encoding induces stable reduction of replicative fitness of Chikungunya virus in primate and mosquito cells. PLoS Pathogens 9(2): e1003172.

Noyce, R.S., S. Lederman, and D.H. Evans. 2018. Construction of an infectious horsepox virus vaccine from chemically synthesized DNA fragments. PLoS ONE 13(1): e0188453.

NRC(National Research Council). 1992. The capacity of toxic agents to compromise the immune system(Biologic markers of immunosuppression). Pp. 63–82 in Biological Markers in Immunotoxicology. Washington, DC: National Academy Press.

NRC. 2004. Biotechnology Research in an Age of Terrorism. Washington, DC: The National Academies Press.

NRC. 2014. Convergence: Facilitating Transdisciplinary Integration of Life Sciences, Physical Sciences, Engineering, and Beyond. Washington, DC: The National Academies Press.

NRC. 2015. Industrialization of Biology: A Roadmap to Accelerate the Advanced Manufacturing of Chemicals. Washington, DC: The National Academies Press.

O'Bryan, S., S. Dong, J.M. Mathis, and S.K. Alahari. 2017. The roles of oncogenic miRNAs and their therapeutic importance in breast cancer. European Journal of Cancer 72: 1–11.

Ostrov, N., M. Landon, M. Guell, G. Kuznetsov, J. Teramoto, N. Cervantes, M. Zhou, K. Singh, M.G. Napolitano, M. Moosburner, E. Shrock, B.W. Pruitt, N. Conway, D.B. Goodman, C.L. Gardner, G. Tyree, A. Gonzales, B.L. Wanner, J.L. Norville, M.J. Lajoie, and G.M.Church. 2016. Design, synthesis, and testing toward a 57-codon genome. Science 353(6301): 819–822.

Palmer, M.J., F. Fukuyama, and D.A. Relman. 2015. A more systematic approach to biological risk. Science 350(6267): 1471–1473.

Palsson Lab. 2017. COBRA Tools. University of California. Available at: http: // systemsbiology. ucsd.edu/COBRATools. Accessed November 8, 2017.

Palumbo, R.N., and C. Wang. 2006. Bacterial invasin: Structure, function, and implication for targeted oral gene delivery. Current Drug Delivery 3(1): 47–53.

Pan, X., Y. Yang, and J. Zhang. 2014. Molecular basis of host specificity in human pathogenic bacteria. Emerging Microbes & Infections 3(3): e23.

Pardee, K., A.A. Green, T. Ferrante, D.E. Cameron, A.D. Keyser, P. Yin, and J.J. Collins. 2014.Paper-based synthetic gene networks. Cell 159(4): 940–954.

Pardi, N., M.J. Hogan, R.S. Pelc, H. Muramatsu, H. Andersen, C.R. DeMaso, K.A. Dowd, L.L.Sutherland, R.M Scearce, R. Parks, W. Wagner, A. Granados, J. Greenhouse, M. Walker, E.

Willis, J. Yu, C.E. McGee, G.D. Sempowski, B.L. Mui, Y.K. Tam, Y. Huang, D.Vanlandingham, V.M. Holmes, H. Balachandran, S. Sahu, M. Lifton, S. Higgs, S.E.Hensley, T.D. Madden, M.J. Hope, K. Kariko, S. Santra, B.S. Graham, M.G. Lewis, T.C.Pierson, B.F. Haynes. and D. Weissman. 2017. Zika virus protection by a single low-dose nucleoside-modified mRNA vaccination. Nature 543(7644): 248–251.

parts.igem.org. 2017. Registry of Standard Biological Parts. Available at: http: // parts.igem.org/ Main_Page. Accessed on May 19, 2017.

PCAST(President's Council of Advisors on Science and Technology). 2016. Action Needed to Protect Against Biological Attack. November 2016. Available at: https: // obamawhitehouse. archives.gov/sites/default/files/microsites/ostp/PCAST/pcast_biodefense_letter_report_final.pdf. Accessed on May 11, 2017.

Peng, Y., S. Allen, R.J. Millwood, and C.N. Stewart Jr. 2014. "Fukusensor": A genetically engineered plant for reporting DNA damage in response to gamma radiation. Plant Biotechnology Journal 12(9): 1329–1332.

Perakslis, E.D. 2014. Cybersecurity in health care. The New England Journal of Medicine 371(5): 395–397.

Petsch, B., M. Schnee, A.B. Vogel, E. Lange, B. Hoffman, D. Voss, T. Schlake, A, Thess, K.J. Kallen, L. Stitz, and T. Kramps. 2012. Protective efficacy of in vitro synthesized, specific mRNA vaccines against influenza A virus infection. Nature Biotechnology 30(12): 1210–1218.

Pettitt, J., L. Zeitlin, D.H. Kim, C. Working, J.C. Johnson, O. Bohorov, B. Bratcher, E. Hiatt, S.D. Hume, A.K. Johnson, J. Morton, M.H. Pauly, K.J. Whaley, M.F. Ingram, A.Zovanyi, M. Heinrich, A. Piper, J. Zelko, and G.G. Olinger. 2013. Therapeutic intervention of Ebola virus infection in rhesus macaques with the MB-003 monoclonal antibody cocktail. Science Translational Medicine 5(199): 199ra113.

Petzold, C.J., L.J.G. Chan, M. Nhan, and P.D. Adams. 2015. Analytics for metabolic engineering. Frontiers in Bioengineering and Biotechnology 3: 135.

Plesa, C., A.M. Sidore, N.B. Lubock, D. Zhang, and S. Kosuri. 2018. Multiplexed gene synthesis in emulsions for exploring protein functional landscapes. Science 359(6373): 343–347.

Plowright, R.K., C.R. Parish, H. McCallum, P.J. Hudson, A.I. Ko, A.L. Graham, and J.O. Lloyd-Smith. 2017. Pathways to zoonotic spillover. Nature Reviews Microbiology 15(8): 502–510.

Polozov, I.V., L. Bezrukov, K. Gawrisch, and J. Zimmerberg. 2008. Progressive ordering with decreasing temperature of the phospholipids of influenza virus. Nature Chemistry and Biology 4(4): 248–255.

Ponemon Institute. 2013. Cost of Data Breach Study: Global Analysis. May 2013. Available at: https: //www. ponemon.org/blog/2013-cost-of-data-breach-global-analysis. Accessed November 2, 2017.

Poptsova, M.S., and J.P. Gogarten. 2010. Using comparative genome analysis to identify problems in annotated microbial genomes. Microbiology 156(Pt. 7): 1909–1917.

PR Newswire. 2018. International Gene Synthesis Consortium Updates Screening Protocols for Synthetic DNA Products and Services. News: January 3, 2018. Available at: https: // www.prnewswire.com/news-releases/international-gene-synthesis-consortiumupdates-screening-protocols-for-synthetic-dna-products-and-services-300576867.html.Accessed January 31, 2018.

Ptashne, M. 1986. A Genetic Switch: Gene Control and Phage Lambda. Oxford: Cell Press & Blackwell Scientific.

Qin, Z., B.G. Compton, J.A. Lewis, and M.J. Buehler. 2015. Structural optimization of 3Dprinted synthetic spider webs for high strength. Nature Communications 6: Art.7038.

Quenee, L.E., T.M. Hermanas, N. Ciletti, H. Louvel, N.C. Miller, D. Elli, B. Blaylock, A.Mitchell, J. Schroeder, T. Krausz, J. Kanabrocki, and O. Schneewind. 2012. Heriditary hemochromatosis restores the virulence of plague vaccine strains. Journal of Infectious Diseases 206(7): 1050–1058.

Quick, J., N.J. Loman, S. Duraffour, J.T. Simpson, E. Severi, L. Cowley, J.A. Bore, R.Koundouno, G. Dudas, A. Mikhail, N. Ouédraogo, B. Afrough, A. Bah, J.H. Baum, B.Becker-Ziaja, J.P. Boettcher, M. Cabeza-Cabrerizo, A. Camino-Sánchez, L.L. Carter, J.Doerrbecker, T. Enkirch, I. Carcia-Dorival, N. Hetzelt, J. Hinzmann, T. Holm, L.E.Kafetzopoulou, M. Koropogui, A. Kosgey, E. Kuisma, C.H. Logue, A. Mazzarelli, S.Meisel, M. Mertens, J. Michel, D. Ngabo, K. Nitzsche, E. Pallash, L.V. Patrono, J.Portmann, J.G. Repits, N.Y. Rickett, A. Sachse, K. Singethan, I. Vitoriano, R.L.Yemanaberhan, E.G. Zekeng, R. Trina, A. Bello, A.A. Sall, O. Faye, N. Magassouba, C.V. Williams, V. Amburgey, L. Winona, E. Davis, J. Gerlach, F. Washington, V.Monteil, M. Jourdain, M. Bererd, A. Camara, H. Somlare, M. Gerard, G. Bado, B.Baillet, D. Delaune, K.Y. Nebie, A. Diarra, Y. Savane, R.B. Pallawo, G.J. Gutierrez, N.Milhano, I. Roger, C.J. Williams, F. Yattara, K. Lewandowski, J. Taylor, P. Rachwal, D.Turner, G. Pollakis, J.A. Hiscox, D.A. Matthews, M.K. O'Shea, A.M. Johnson, D.Wilson, E. Hutley, E. Smit, A. Di Caro, R. Woelfel, K. Stoecker, E. Fleischmann, M.Gabriel, S.A. Weller, L. Koivogui, B. Diallo, S. Keita, A. Rambaut, P. Formenty, S.Gunther, and M.W. Carroll. 2016. Real-time portable genome sequencing for Ebola surveillance. Nature 530(7589): 228–232.

Racaniello, V.R. 2012. Science should be in the public domain. mBio 3(1): e0004-12.

Ran, F.A., L. Cong, W.X. Yan, D.A. Scott, J.S. Gootenberg, A.J. Kriz, B. Zetsche, O. Shalem, X. Wu, K.S. Makarova, E. Koonin, P.A. Sharp, and F. Zhang. 2015. In vivo genome editing using Staphylococcus aureus Cas9. Nature 520(7546): 186–191.

Repin, V.E., V.G. Pugachev, O.S. Taranov, and E.V. Brenner. 2007. Potential hazard of microorganisms which came from the past [in Russian]. Pp. 183–190 in Yukagir Mammoth, G.G. Boeskorov, A.N. Tichonov, and N. Suzuki, eds. Moscow: Saint-Petersburg State University.

Revich, B.A., and M.A. Podolnaya. 2011. Thawing of permafrost may disturb historic cattle burial grounds in East Siberia. Global Health Action 4(1): 8482.

Revill, J., and C. Jefferson. 2014. Tacit knowledge and the biological weapons regime. Science and Public Policy 41(5): 597–610.

Ribet, D., and P. Cossart. 2015. How bacterial pathogens colonize their hosts and invade deeper tissues. Microbes and Infection 15(3): 173–183.

Richards, D.J., Y. Tan, J. Jia, H. Yao, and Y. Mei. 2013. 3D printing for tissue engineering.Israel Journal of Chemistry 53(9-10): 805–814.

Richardson, S.M., L.A. Mitchell, G. Stracquadanio, K. Yang, J.S. Dymond, J.E. DiCarlo, D. Lee, C.L. Huang, S. Chandrasegaran, Y. Cai, J.D. Boeke, and J.S. Bader. 2017. Design of a synthetic yeast genome. Science 355(6329): 1040–1044.

Richner, J.M., S. Himansu, K.A. Dowd, S.L. Butler, V. Salazar, J.M. Fox, J.G. Julander, W.W.Tang, S. Shresta, T.C. Pierson, G. Ciaramella, and M.S. Diamond. 2017. Modified mRNA vaccines protect against Zika infection. Cell 168(6): 1114–1125.

Robbins, J.B., V. Gorgen, P. Min, B.R. Shepherd, and S.C. Presnell. 2013. A novel in vitro three-dimensional bioprinted liver tissue system for drug development. Abstract 7979.Poster presented at Experimental Biology, April 20–24, 2013, Boston, MA. Available at: http: // organovo.com/wp-content/uploads/2015/07/04-18-13_EB_Poster_v2.pdf.Accessed November 2, 2017.

Roberts, D.M., A. Nanda, M.J. Havenga, P. Abbink, D.M. Lynch, B.A. Ewald, J. Liu, A.R.Thorner,

P.E. Swanson, D.A. Gorgone, M.A. Lifton, A.A. Lemckert, L. Holterman, B.Chen, A. Dilraj, A. Carville, K.G. Mansfield, J. Goudsmit, and D.H. Barouch. 2006.Hexon-chimaeric adenovirus serotype 5 vectors circumvent pre-existing anti-vector immunity. Nature 441(7090): 239–243.

Robinson, K.M., and J.C. Dunning Hotopp. 2014. Mobile elements and viral integrations prompt considerations for bacteria DNA integration as a novel carcinogen. Cancer Letters 352(2): 137–144.

Roco, M.C. 2008. Possibilities for global governance of converging technologies. Journal of Nanoparticle Research 10(1): 11–29.

Rodriguez, P.L., T, Harada, D.A. Christian, D.A. Pantano, R.K. Tsai, and D.E. Discher. 2013.Minimal "self" peptides that inhibit phagocytic clearance and enhance delivery of nanoparticles. Science 339(6122): 971–975.

Rosen, A., and L. Casciola-Rosen. 2016. Autoantigens as partners in initiation and propagation of autoimmune rheumatic diseases. Annual Review of Immunology 34: 395–420.

Runguphan, W., X. Qu, and S.E. O'Connor. 2010. Integrating carbon-halogen bond formation into medicinal plant metabolism. Nature 468(7322): 461–464.

Sabin, A.B. 1985. Oral poliovirus vaccine: History of its development and use and current challenge to eliminate poliomyelitis from the world. The Journal of Infectious Diseases 151(3): 420–436.

Salis Lab. 2017. RBS Calculator. Penn State University. Available at https: //salislab.net/software. Accessed November 8, 2017.

Saraiva, C., C. Praca, R. Ferreira, T. Santos, L. Ferreira, and L. Bernardino. 2016. Nanoparticlemediated brain drug delivery: Overcoming blood-brain barrier to treat neurodegenerative diseases. Journal of Controlled Release 235: 34–47.

Sastalla, I., D.M. Monack, and K.F. Kubatzky. 2016. Bacterial exotoxins: How bacteria fight the immune system [editorial]. Frontiers in Immunology 7: Art.300.

Savile, C., J.M. Janey, E.C. Mundorff, J.C. Moore, S. Tam, W.R. Jarvis, J.C. Colbeck, A.Krebber, F.J. Fleitz, J. Brands, P.N. Devine, G.W. Huisman, and G.J. Hughes. 2010.Biocatalytic asymmetric synthesis of chiral amines from ketones applied to sitagliptin manufacture. Science 329(5989): 305–309.

sbolstandard. org. 2017. SBOL: The Synthetic Biology Open Language. Newcastle University Center for Synthetic Biology. Available at: http: //sbolstandard.org. Accessed November 9, 2017.

Schmidt, F., and R.J. Platt. 2017. Applications of CRISPR-Cas for synthetic biology and genetic recording. Current Opinion in Systems Biology 5: 9–15.

Schwarz, M.C., M. Sourisseau, M.M. Espino, E.S. Gray, M.T. Chambers, D. Tortorella, and M.J. Evans. 2016. Rescue of the 1947 Zika virus prototype strain with a cytomegalovirus promoter-driven cDNA clone. mSphere 1(5): e00246-16.

Selle, K., and R. Barrangou. 2015. Harnessing CRISPR-Cas systems for bacterial genome editing. Trends in Microbiology 23(4): 225–232.

Shen, S.H., C.B. Stauft, O. Gorbatsevych, Y. Song, C.B. Ward, A. Yurovsky, S. Mueller, B.Futcher, and E. Wimmer. 2015. Large scale re-coding of an arbovirus genome to rebalance its insect versus mammalian preference. Proceedings of the National Academy of Science of the United States of America 112(15): 4749–4754.

Shen, Y., Y. Wang, T. Chen, F. Gao, J. Gong, D. Abramczyk, R. Walker, H. Zhao, S. Chen, W.Liu, Y. Luo, C.A. Müller, A. Paul-Dubois-Taine, B. Alver, G. Stracquadanio, L.A.Mitchell, Z. Luo, Y. Fan, B. Zhou, B. Wen, F. Tan, Y. Wang, J. Zi, Z. Xie, B. Li, K. Yang, S.M. Richardson, H. Jiang, C.E. French, C.A. Nieduszynski, R. Koszul, A.L.Marston, Y. Yuan, J. Wang, J.S. Bader, J. Dai, J.D. Boeke, X. Xu, Y. Cai, and H. Yang.2017. Deep functional analysis of synII, a 770-kilobase synthetic yeast chromosome.Science 355(6329): eaaf4791.

Shirakawa, K., L. Chavez, S. Hakre, V. Calvanese, and E. Verdin. 2013. Reactivation of latent HIV by histone deacetylase inhibitors. Trends in Microbiology 21(6): 277–285.

Sieber, K.B., P. Gajer, and J.C. Dunning Hotopp. 2016. Modeling the integration of bacterial rRNA fragments into the human cancer genome. BMC Bioinformatics 17: 134.

Siegel, J.B. A. Zanghellini, H.M. Lovick, G. Kiss, A.R. Lambert, J.L. St Clair, J.L. Gallaher, D.Hilvert, M.H. Gelb, B.L. Stoddard, K.N. Houk, F.E. Michael, and D. Baker. 2010. Computational design of an enzyme catalyst for a stereoselective bimolecular Diels-Alder reaction. Science 329(5989): 309–313.

Sleator, R. D. 2010. The story of Mycoplasma mycoides JCVI-syn1.0. Bioengineered Bugs 1(4): 229–230.

Slomovic, S., K. Pardee, and J.J. Collins. 2015. Synthetic biology devices for in vitro and in vivo diagnostics. Proceedings of the National Academy of the United States of America 112(47): 14429–14435.

Smanski, M.J., S. Bhatia, D. Zhao, Y.J. Park, L.B.A. Woodruff, G. Giannoukos, D. Ciulla, M.Busby, J. Calderon, R. Nicol, D.B. Gordon, D. Densmore, and C.A. Voigt. 2014.Functional optimization of gene clusters by combinatorial design and assembly. Nature Biotechnology 32: 1241–1249.

Smanski, M.J., H. Zhou, J. Claesen, B. Shen, M.A. Fischbach, and C.A. Voigt. 2016. Synthetic biology to access and expand nature's chemical diversity. Nature Reviews Microbiology 14(3): 135–149.

Spark Therapeutics. 2017. FDA Approves Spark Therapeutics' LUXTURNA™(voretigene neparvovec-rzyl), a One-time Gene Therapy for Patients with Confirmed Biallelic RPE65 Mutation-associated Retinal Dystrophy. Press Release: December 19, 2017. Available at: http: //ir.sparktx.com/news-releases/news-release-details/fda-approves-spark-therapeuticsluxturnatm-voretigene-neparvovec. Accessed January 31, 2017.

Steinle, H., A. Behring, C. Schlensak, H.P. Wendel, and M. Avci-Adali. 2017. Concise review: Application of in vitro transcribed messenger RNA for cellular engineering and reprogramming: progress and challenges. Stem Cells 35(1): 68–79.

Steinmetz, M., and R. Richter. 1994. Plasmids designed to alter the antibiotic resistance expressed by insertion mutations in Bacilus subtilis, through in vivo recombination. Gene 142: 79–83.

Strauch, E., J.A. Hammer, A. Konietzny, S. Schneiker-Bekel, W. Arnold, A. Goesmann, A.Pühler, and L. Beutin. 2008. Bacteriophage 2851 is a prototype phage for dissemination of the Shiga toxin variant gene 2c in Escherichia coli O157: H7. Infection and Immunity 76(12): 5466–5477.

Suntharalingam, G., M. R. Perry, S. Ward, S. J. Brett, A. Castello-Cortes, M. D. Brunner, and N.Panoskaltsis. 2006. Cytokine storm in a phase 1 trial of the anti-CD28 monoclonal antibody TGN1412. The New England Journal of Medicine 355(10): 1018–1028.

Swenson, K. 2015. Drugs, Viruses, and Robots: Weapons on the Rise for a Better Fight Against Cancer. Autodesk News: March 24, 2015. Available at https: //www.autodesk. com/redshift/drugs-viruses-and-robots-weapons-on-the-rise-for-abetter-fight-against-cancer. Accessed January 31, 2018.

Synlogic. 2017. IND-Enabling Studies. Available at: https: //www.synlogictx.com/pipeline/pipeline/ Accessed November 9, 2017.

Szybalski, W. 1974. In vivo and in vitro initiation of transcription. Pp. 23–24 in Control of Gene Expression, A. Kohn, and A. Shatkay, eds. New York: Plenum Press.

Tanaka, A., P.S. Leung, and M.E. Gershwin. 2018. Environmental basis of primary biliary cholangitis. Experimental Biology and Medicine 243(2): 184–189.

Tanaka, T., W. Zhang, Y. Sun, Z. Shuai, A.S. Chida, T.P. Kenny, G.X. Yang, I. Sanz, A. Ansari, C.L. Bowlus, G.C. Ippolito, R.L. Coppel, K. Okazaki, X.S. He, P.S.C. Leung, and M.E. Gershwin. 2017. Autoreactive monoclonal antibodies from patients with primary biliary cholangitis recognize environmental xenobiotics. Hepatology 66(3): 885–895.

Taneja, V., and C. S. David. 2001. Lessons from animal models for human autoimmune diseases. Nature Immunology 2(9): 781–784.

Tate, M.D., E.R. Job, Y. Deng, V. Gunalan, S. Maurer-Stroh, and P.C. Reading. 2014. Playing hide and seek: How glycosylation of the influenza virus hemagglutinin can modulate the immune response to infection. Viruses 6(3): 1294–1316.

The Australia Group. 2007. Fighting the Spread of Chemical and Biological Weapons: Strengthening Global Security. Available at: http: //www.australiagroup.net/en/agb_july2007.pdf. Accessed November 29, 2017.

The Royal Society. 2015. The Chemical Weapons Convention and Convergent Trends in Science and Technology. Available at: https: //royalsociety.org/～/media/policy/projects/brainwaves/2013-08-04-chemical-weapons-convention-and-convergent-trends.pdf. Accessed May 11, 2017.

Thissen, J.B., K. McLoughlin, S. Gardner, S. Gu, S. Mabery, T. Slezak, and C. Jaing. 2014. Analysis of sensitivity and rapid hybridization of a multiplexed Microbial Detection Array. Journal of Virological Methods 201: 73–78.

Tizei, P. A.G., E. Csibra, L. Torres, V.B. Pinheiro. 2016. Selection platforms for directed evolution in synthetic biology. Biochemical Society Transactions 44(4): 1165–1175.

Toman, Z., C. Dambly-Chaudière, L. Tenenbaum, and M. Radman. 1985. A system for detection of genetic and epigenetic alterations in Escherichia coli induced by DNA-damaging agents. Journal of Molecular Biology 186(1): 97–105.

Tucker, J.B. 2012. Innovation, Dual Use, and Security: Managing the Risks of Emerging Biological and Chemical Technologies. Cambridge: The MIT Press.

Tulman, E.R., G. Delhon, C.L. Alfonso, Z. Lu, L. Zsak, N.T. Sandybaev, U.Z. Kerembekova, V.L. Zaitsev, G.F. Kutish, and D.L. Rock. 2006. Genome of horsepox virus. Journal of Virology 80(18): 9244–9258.

UN(The United Nations). 2017. The Biological Weapons Convention. UN Office at Geneva. Available at: https: //www.unog.ch/80256EE600585943/(httpPages)/04FBBDD6315AC720C1257180004B1B2F?OpenDocument. Accessed November 13, 2017.

UN Security Council. 2004. Resolution 1540(2004). S/RES/1540(2004). Available at: http: //www.un.org/en/ga/search/view_doc.asp?symbol=S/RES/1540%20(2004). Accessed November 15, 2017.

U.S. Government. 2012. United States Government Policy for Oversight of Life Sciences Dual Use Research of Concern. March 29, 2012. Available at: https: //www.phe.gov/s3/dualuse/Documents/us-policy-durc-032812.pdf. Accessed on May 11, 2017.

U.S. Government. 2014. United States Government Policy for Institutional Oversight of Life Sciences Dual-use Research of Concern. September 24, 2014. Available at: https: //www.phe.gov/s3/dualuse/Documents/durc-policy.pdf. Accessed on May 11, 2017.

Vabret, N., M. Bailly-Bechet, A. Lepelly, V. Najburg, O. Schwartz, B. Verrier, and F. Tangy. 2014. Large-scale nucleotide optimization of simian immunodeficiency virus reduces its capacity to stimulate type I interferon in vitro. Journal of Virology 88(8): 4161–4172.

van Courtland Moon, J.E. 2006. The US biological weapons program. Pp. 9–46 in Deadly Cultures: Biological Weapons since 1945, M.L. Wheelis, L. Rózsa, and M.R. Dando, eds. Cambridge, MA: Harvard University Press.

van den Broek, M., M.F. Bachmann, G. Köhler, M. Barner, R. Escher, R. Zinkernagel, and M. Kopf. 2000. IL-4 and IL-10 antagonize IL-12-mediated protection against acute vaccina virus infection with a limited role of IFN-γ and nitric oxide synthetase 2. The Journal of Immunology 164(1): 371–378.

Velasco, E., T. Agheneza, K. Denecke, G. Kirchner, and T. Eckmanns. 2014. Social media and internet-based data in global systems for public health surveillance: A systematic review. Milbank Quarterly 92(1): 7–33.

Verma, I.M., and N. Somia. 1997. Gene therapy – promises, problems, and prospects. Nature 389: 239–242.

Vidic, J., M. Manzano, C.M. Chang, and N. Jaffrezic-Renault. 2017. Advanced biosensors for detection of pathogens related to livestock and poultry. Veterinary Research 48(1): 11.

Vogel, K.M. 2012. Phantom Menace or Looming Danger? A New Framework for Assessing Bioweapons Threats. Baltimore, MD: Johns Hopkins University Press.

Vogel, K.M. 2013. The need for greater multidisciplinary, sociotechnical analysis: The bioweapons case. Studies in Intelligence 57(3): 1–10.

Voigt, C.A. 2012. Synthetic biology [editorial]. ACS Synthetic Biology 1: 1–2.

Wain-Hobson, S. 2014. An avian H7N1 gain-of-function experiment of great concern. mBio 5(5): e01882-14.

Wang, B., C. Yang, G. Tekes, S. Mueller, A. Paul, S.P. Whelan, and E. Wimmer. 2015. Recoding of the vesicular stomatitis virus L gene by computer-aided design provides a live attenuated vaccine candidate. mBio 6(2): e00237-15.

Wang, H.H., F.J. Isaacs, P.A. Carr. Z.Z. Sun, G. Xu, C.R. Forest, and G.M. Church. 2009. Programming cells by multiplex genome engineering and accelerated evolution. Nature 460(7257): 894–898.

Wang, J., Z. Lu, M.G. Wientjes, and J.L.S. Au. 2010. Delivery of siRNA therapeutics: Barriers and carriers. The AAPS Journal 12(4): 492–503.

Wang, Y., Z. Zhang, S. Seo, P. Lynn, T. Lu, Y. Jin, and H. P. Blaschek. 2016. Bacterial genome editing with CRISPR-Cas9: Deletion, integration, single nucleotide modification, and desirable "clean" mutant selection in Clostridium beijerinckii as an example. American Chemical Society Synthetic Biology 5(7): 721–732.

Weber, W., and M. Fussenegger. 2012. Engineering biomedical applications of synthetic biology. Nature Reviews 13: 21–35.

Weiss, R., S. Basu, S. Hooshangi, A. Kalmbach, D. Karig, R. Mehreja, and I. Netravali. 2003. Genetic circuit building blocks for cellular computation, communication, and signal processing. Natural Computing 2: 47–84.

Westfall, P.J., D.J. Pitera, J.R. Lenihan, D. Eng, F.X. Woolard, R. Regentin, T. Horning, H. Tsuruta, D.J. Melis, A. Owens, S. Fickes, D. Diola, K.R. Benjamin, J.D. Keasling, M.D. Leavell, D.J. McPhee, N.S. Renninger, J.D. Newman, and C.J. Paddon. 2012. Production of amorphadiene in yeast, and its conversion to dihydroartemisinic acid, precursor to the antimalarial agent artemisinin. Proceedings of the National Academy of Sciences of the United States of America 109(3): E111–E118.

Wheelis, M. 2002. Biological warfare at the 1346 siege of Caffa. Emerging Infectious Diseases 8(9): 971–975.

White House. 2012. National Bioeconomy Blueprint. Available at: https: //obamawhitehouse. archives.gov/sites/default/files/microsites/ostp/national_bioeconomy_blueprint_april_2012.pdf. Accessed on June 22, 2017.

Willis, H.H., M.L. DeKay, M.G. Morgan, H.K. Florig, and P.S. Fischbeck. 2004. Ecological risk ranking: Development and evaluation of a method for improving public participation in environmental decision making. Risk Analysis 24(2): 363–378.

Willis, H.H., J.M. Gibson, R.A. Shih, S. Geschwind, S. Olmstead, J. Hu, A.E. Curtright, G. Cecchine, and M. Moore. 2010. Prioritizing environmental health risks in the UAE. Risk Analysis 30(12): 1842–1856.

Wimmer, E. 2006. The test-tube synthesis of a chemical called poliovirus: The simple synthesis of a virus has far-reaching societal implications EMBO Reports 7(Spec.): S3–S9.

Wimmer, E, and A.V. Paul. 2011. Synthetic poliovirus and other designer viruses: What have we learned from them? Annual Review of Microbiology 65: 583–609.

Wimmer, E., S. Mueller, T.M. Tumpy, and J.K. Taubenberger. 2009. Synthetic viruses: A new opportunity to understand and prevent viral disease. Nature Biotechnology 27(12): 1163–1172.

Wolinsky, H. 2016. The FBI and biohackers: an unusual relationship. EMBO Reports 17(6): 793–796.

WRAIR(Walter Reed Army Institute of Research). 2017. Multidrug-resistant Organism Repository and Surveillance Network(MRSN). Available at: http: //www.wrair.army.mil/OtherServices_MRSN.aspx. Accessed November 14, 2017.

Wu, Y., B.Z. Li, M. Zhao, L.A. Mitchell, Z.X. Xie, Q.H. Lin, X. Wang, W.H. Xiao, Y. Wang, X. Zhou, H. Liu, X. Li, M.Z. Ding, D. Liu, L. Zhang, B.L. Liu, X.L. Wu, F.F. Li, X.T. Dong, B. Jia, W.Z. Zhang, G.Z. Jiang, Y. Liu, X. Bai, T.Q. Song, Y. Chen, S.J. Zhou, R.Y. Zhu, F. Gao, Z. Kuang, X. Wang, M. Shen, K. Yang, G. Stracquadanio, S.M. Richardson, Y. Lin, L. Wang, R. Walker, Y. Luo, P.S. Ma, H. Yang, Y. Cai, J. Dai, J.S. Bader, J.D. Boeke, and Y.J. Yuan. 2017. Bug mapping and fitness testing of chemically synthesized chromosome X. Science 355(6329): eaaf4706.

Xie, Z.X., B.Z. Li, L.A. Mitchell, Y. Wu, X. Qi, Z. Jin, B. Jia, X. Wang, B.X. Zeng, H.M. Liu, X.L. Wu, Q. Feng, W.Z. Zhang, W. Liu, M.Z. Ding, X. Li, G.R. Zhao, J.J. Qiao, J.S. Cheng, M. Zhao, Z. Kuang, X. Wang, J.A. Martin, G. Stracquadanio, K. Yang, X. Bai, J. Zhao, M.L. Hu, Q.H. Lin, W.Q. Zhang, M.H. Shen, S. Chen, W. Su, E.X. Wang, R. Guo, F. Zhai, X.J. Guo, H.X. Du, J.Q. Zhu, T.Q. Song, J.J. Dai, F.F. Li, G.Z. Jiang, S.L. Han, S.Y. Liu, Z.C. Yu, X.N. Yang, K. Chen, C. Hu, D.S. Li, N. Jia, Y. Liu, L.T. Wang, S. Wang, X.T. Wei, M.Q. Fu, L.M. Qu, S.Y. Xin, T. Liu, K.R. Tian, X.N. Li, J.H. Zhang, L.X. Song, J.G. Liu, J.F. Lv, H. Xu, R. Tao, Y. Wang, T.T. Zhang, Y.X. Deng, Y.R. Wang, T. Li, G.X. Ye, X.R. Xu, Z.B. Xia, W. Zhang, S.L. Yang, Y.L. Liu, W.Q. Ding, Z.N. Liu, J.Q. Zhu, N.Z. Liu, R. Walker, Y. Luo, Y. Wang, Y. Shen, H. Yang, Y. Cai, P.S. Ma, C.T. Zhang, J.S. Bader, J.D. Boeke, and Y.J. Yuan. 2017. Perfect designer chromosome V and behavior of a ring derivative. Science 355(6329): eaaf4704.

Xiu-Hua, J., L. Shao-Chun, H. Bing, Z. Xiang, Z. Jing, L. Wei-Hua, L. Qian, L. Ting, X. Xiao-Ping, and C. Xi-Gu. 2010. Tyrosinase small interfering RNA effectively suppresses tyrosinase gene expression in vitro and in vivo. Molecular Biology International 2010: 240472.

Yang, C., S. Skiena, B. Futcher, S. Mueller, and E. Wimmer. 2013. Deliberate reduction of hemagglutinin and neuraminidase expression of influenza virus leads to an ultraprotective live vaccine in mice. Proceedings of the National Academy of Science of the United States of America 110(23): 9481-9486.

Yang, J., K. D. Hirschi, and L.M. Farmer. 2015. Dietary RNAs: New stories regarding oral delivery. Nutrients 7(5): 3184-3199.

Yao, L., J. Ou, C.Y. Cheng, H. Steiner, W. Wang, G. Wang, and H. Ishii. 2015. bioLogic: Natto cells as nanoactuators for shape changing interfaces. Pp. 1-10 in CHI'15: Proceedings of the 33rd

Annual ACM Conference on Human Factors in Computing Systems, April 18-23, 2015, Seoul, Republic of Korea. New York: ACM.

Yim, H., R. Haselbeck, W. Niu, C. Pujol-Baxley, A. Burgard, J. Boldt, J. Khandurina, J.D. Trawick, R.E. Osterhout, R. Stephen, J. Estadilla, S. Teisan, H.B. Schreyer, S. Andrae, T.H. Yang, S.Y. Lee, M.J. Burk, and S.V. Dien. 2011. Metabolic engineering of Escherichia coli for direct production of 1, 4-butanediol. Nature Chemical Biology 7: 445-452.

Young, S.D. 2015. A "big data" approach to HIV. Epidemiology and Prevention. Preventive Medicine 70: 17-18.

Zarogoulidis, P., K. Darwiche, W. Hohenforst-Schmidt, H. Huang, Q. Li, L. Freitag, and K. Zarogoulidis. 2013. Inhaled gene therapy in lung cancer: Proof-of-concept for nanooncology and nanobiotechnology in the management of lung cancer. Future Oncology 9(8): 1171-1194.

Zetsche, B., J.S. Gootenberg, O.O. Abudayyeh, I.M. Slaymaker, K.S. Makarova, P. Essletzbichler, S.E. Volz, J. Joung, J. van der Oost, A. Regev, E.V. Koonin, and F. Zhang. 2015. Cpf1 is a single RNA-guided endonuclease of a class 2 CRISPR-Cas system. Cell 163(3): 759-771.

Zhang, B., X. Pan, G.P. Cobb, and T.A. Anderson. 2007. microRNAs as oncogenes and tumor suppressors. Developmental Biology 302(1): 1-12.

Zhang, H., Q. Cheng, A. Liu, G. Zhao, and J. Wang. 2017. A novel and efficient method for bacteria genome editing employing both CRISPR/Cas9 and an antibiotic resistance cassette. Frontiers in Microbiology 8: 812.

Zhang, L., D. Hou, Z. Chen, D. Li, L. Zhu, Y. Zhang, J. Li, Z. Bian, X. Liang, X. Cai, Y. Yin, C. Wang, T. Zhang, D. Zhu, D. Zhang, J. Xu, Q. Chen, Y. Ba, J. Liu, Q. Wang, J. Chen, J. Wang, M. Wang, Q. Zhang, J. Zhang, K. Zen and C. Zhang. 2012. Exogenous plant MIR168a specifically targets mammalian LDLRAP1: Evidence of cross-kingdom regulation by microRNA. Cell Research 22(1): 107-126.

Zhang, W., G. Zhao, Z. Luo, Y. Lin, L. Wang, Y. Guo, A. Wang, S. Jiang, Q. Jiang, J. Gong, Y. Wang, S. Hou, J. Huang, T. Li, Y. Qin, J. Dong, Q. Qin, J. Zhang, X. Zou, X. He, L. Zhao, Y. Xiao, M. Xu, E. Cheng, N. Huang, T. Zhou, Y. Shen, R. Walker, Y. Luo, Z. Kuang, L.A. Mitchell, K. Yang, S.M. Richardson, Y. Wu, B.Z. Li, Y.J. Yuan, H. Yang, J. Lin, G.Q. Chen, Q. Wu, J.S. Bader, Y. Cai, J.D. Boeke, and J. Dai. 2017. Engineering the ribosomal DNA in a megabase synthetic chromosome. Science 355(6329): eaaf3981.

Zhang, Y., B. M. Lamb, A. W. Feldman, A. X. Zhou, T. Lavergne, L. Li, and F. E. Romesberg. 2016. A semisynthetic organism engineered for the stable expansion of the genetic alphabet. Proceedings of the National Academy of Sciences 114(6): 1317-1322.

Zhang, Y., J.L. Ptacin, E.C. Fischer, H.R. Aerni, C.E. Caffaro, K. San Jose, A.W. Feldman, C.R. Turner, and F.E. Romesberg. 2017. A semi-synthetic organism that stores and retrieves increased genetic information. Nature 551(7682): 644-647.

Zivot, J.B., and W.D. Hoffman. 1995. Pathogenic effects of endotoxin. New Horizons 3(2): 267-275.

Zolnik, B.S., A. Gonzalez-Fernandez, N. Sadrieh, and M.A. Dobrovolskaia. 2010. Nanoparticles and the immune system. Endocrinology 151(2): 458-465.

附录 A　合成生物学特有的概念、方法和工具

本附录描述了当前合成生物学的一系列核心概念、方法和工具，它们使"设计-构建-测试"（DBT）循环的每个步骤成为可能，特别关注了某些领域，这些领域内的生物技术进步可能提高在合成生物学时代之前不太可行的恶意行为的可能性。尽管列举的实例有意地相当宽泛，且有些随意（并不代表是合成生物学的所有技术或所有可能应用的详尽清单），但这些实例为认识特定的工具或方法如何使第 4～6 章中分析的潜在能力成为可能提供了有用的背景。此外，虽然这里描述了撰写本文时的主要已知概念、方法和工具，但该清单也需要更新和修改以随着科学发展继续发挥作用。表 A-1 中描述了不同技术的相对成熟度，以便说明哪些技术正在广泛使用，哪些还在开发中，哪些介于两者之间。

A.1　设　　计

与 DBT 循环的设计阶段最紧密相关的概念、方法和工具是使研究人员能够设想和规划生物元件的工程化改造的那些概念、方法和工具。本报告从广义上来看，设计既包括支持设计的技术，又包括设计的目标；因此，这种分组既包括合成生物学技术，也包括它们可能实现的应用类型的例子。

A.1.1　自动化生物设计

工程化改造生物元件可能是一个具有挑战性的命题；生物体是复杂的，对生物学的科学理解仍然不完整。设计人员须考虑大量潜在变量的影响，包括 DNA 碱基、密码子、氨基酸、基因和基因片段、调控元件、环境背景、经验和理论设计规则，以及许多其他因素。自动化生物设计（在该领域被称为生物设计自动化）通过自动执行一些决策和流程，可降低设计遗传构建体的障碍，否则这些决策和流程需要高水平的专业知识或需要很长时间才能执行。这种自动化是由计算机算法、软件环境和机器学习等工具来实现的。

一些自动化设计工具可帮助研究人员说明生物构建体的期望功能或构建体中各部分的组织方式。其他工具有助于将这些说明转换为可实现的 DNA 构建体集合；例如，许多软件工具可以在设计时帮助实现合成 DNA 序列的管理和可视化。计算机软件可以大大提高设计人员预测一项设计的功能和性能的能力，使设计日

益复杂的生物功能更加可行，并可能减少生成和测试设计所需的时间及资源。这些工具的一些预测组件相当简单，例如，将基因的 DNA 序列虚拟翻译成相应的氨基酸链。有些功能则较为复杂，如预测遗传电路中转录因子的交叉相互作用[⑭]。已经取得了显著进展，如从高水平的功能或性能说明出发的体外和体内转录依赖性或翻译依赖性遗传电路的自动编译方面（Brophy and Voigt，2014）。软件还允许设计人员快速创建大型组合变体库，并利用机器学习来收敛于最优解决方案。这允许进行更高层次的设计抽象，以及使用标准在软件框架之间全局交换信息。

除了辅助生物学设计之外，自动化工具还可用于 DBT 循环的其他阶段。例如，研究人员可以运用自动化组装工具来规划如何最有效地物理创建其设计的构建体，或者将在计算机上创建的设计直接发送至远端制造设施。可以将这些设计分配到不同的地点，从而使构建过程大规模并行化。一旦一个构建体组装完成，即可用自动化测试工具来验证其是否按照设计发挥作用。总而言之，更强的预测能力、自动化装配和快速测试有望促进工程化设计越来越复杂的生物功能。在生物防御背景下可以考虑使用的自动化生物设计的一些应用实例，包括基因和蛋白质的设计，以及生物勘探和通路设计。

A.1.1.1 基因和蛋白质的设计

自动化设计程序可以通过以各种方式组合遗传“部件”库来创建数以千计的遗传设计变体，这种方法称为组合库设计。这些程序的开发人员通常会在算法中构建一些设计规则，以增加所创建的设计从生物学角度具有功能的可能性。一旦程序投入使用，它创建的变体即可被用于通过机器学习或统计分析来改进设计规则。通过这一学习过程，程序能够改进后续的设计；该过程也可能最终将设计人员从设计过程中移除，从而允许 DNA 设计、装配和验证设备能够自动探索大型遗传设计空间。组合库设计程序的结果可以以电子方式存储和共享，供研究人员验证彼此的设计、合并多个设计或以其他方式操作输出结果。

计算机辅助设计也被应用于设计蛋白质结构，而蛋白质结构对许多生物过程至关重要。正在研究的关键蛋白质功能的例子包括：折叠成所需的结构、与另一种蛋白质或小分子结合，以及催化化学反应。研究人员已经在蛋白质结构的预测性设计以及改造现有肽和蛋白质以获得新功能方面取得重大进展。自动化设计工具有助于开展更复杂的蛋白质工程，例如，设计一种能够以与天然蛋白质相似的特异性水平发挥功能的新蛋白质或酶。

---

⑭ 合成生物学中的“遗传电路”类似于电子电路。正如电子电路是由单个电子元件（如电阻器、晶体管）组装而成以完成所需功能（如感知、驱动）一样，遗传电路是由生物元件组装而成。这些元件编码在 DNA 中，可能包括 DNA 结合位点、启动子或转录因子。例如，可以构建一个遗传电路来检测（感知）特定的代谢物，并在代谢物浓度超过一定阈值时启动蛋白质的表达（驱动）。

A.1.1.2　生物勘探和通路设计

软件还可以使设计人员能够对现有的酶或生化通路进行搜索，这些酶或通路可被整合到基因设计中从而生产目标化学物质。这种类型的搜索被称为计算机模拟的生物勘探。研究人员利用这种方法，系统地筛选大量 DNA 序列数据，以确定编码能够进行所需化学反应的酶的基因或蛋白质结构域。在确定了数百个候选基因后，研究人员合成选定的基因，并在体外或体内测试其功能。其他软件工具可用于设计更复杂的生化通路，其途径是帮助用户实现这些通路的可视化（包括它们与细胞更大的代谢网络的连接），并评估不同因素如何影响所产生的各种化合物的水平。通过这种方式，仿真和建模工具可以帮助确定调整哪些地方可能最有效，例如，通过增加一种基因产物的表达，或者通过失活或下调参与竞争通路的基因。

A.1.2　代谢工程

代谢工程涉及操作细胞内的生化通路，其目的通常是生产所需的化学物质。所需的化学物质可以是新的或是细胞已经制造的，可以是简单的（如乙醇）或较复杂的（如多肽或聚酮抗生素）。基于对细胞内生化反应网络的详细了解，研究人员可以确定参与生物合成通路网络中关键步骤的基因，然后对其进行调整以提高产量。这个过程很少像增加通路中所有酶的表达一样简单，但后者可能导致细胞资源的过度消耗并损害细胞的生长能力和高效生产能力。此外，该通路的一些中间化学产物可能对细胞有毒性，在这种情况下，可能有必要仔细调节这些化合物产生和消耗的速度。与最终产物的生产有竞争的其他通路也可能需要调整。由于生化通路通常很复杂，因此对它们进行工程化改造经常需要使用复杂的计算机软件。代谢工程可能被用于生产毒素、麻醉剂或其他与生物防御有关的产品。例如，酵母经过改造已经能够生产微量阿片类药物（Thodey et al.，2014）。同样可以想象的是，这些技术可以用来改造人体微生物菌群中的微生物以产生改变人类健康、感知或行为的化合物。

A.1.3　表型工程

生物体的表型可受多种遗传组件的影响。尽管对于有些表型，可以鉴定出需要添加或改变哪些具体的基因或电路即可达到特定的结果，如水平转移的能力（基因从一个生物体移动到另一个生物体，而不是基因从亲本垂直转移到后代）和可传播性（从一个生物体传递到另一个生物体的能力），但在许多其他情况下，很难确定可能影响表型的多个遗传组分。在过去，生物体的表型主要受到序列突变积累的控制，这在许多情况下导致功能的局部优化而不是全局优化。最近，多种生物体的序列信息和伴随的系统生物学特征的爆炸式增加为对涉及更复杂的遗传组分网络的表型进行工程化改造提供了极丰富的可能性。与此同时，DNA 构建和基因组编辑技术的兴起可能有助于构建涉及生物体中多个基因改变的多种变体。通过对这些变体文库进行高通量筛选或选择，有可能分离出与其潜在武器化相关的表型发生显著改变的病原体，如环境稳定性、耐干燥性，以及大量生产和扩散的能力。

A.1.4　水平转移与可传播性

某一特定病原体的扩散和影响与其复制和传播给初始宿主的能力密切相关。合成生物学技术可能被应用于使病原体的基因更容易传播，例如，通过启动或增强基因的水平转移。已经可以对基因、电路或附加体（可以独立于宿主进行复制的遗传信息片段）进行工程化改造，以利用复制和转化机制的共性来实现水平转移，例如，引入侵染素基因已被用于改变细菌的宿主范围（Palumbo and Wang，2006；Wollert et al.，2007）。新的研究旨在将多种此类技术结合起来，以创建具有扩展功能的、近通用的水平转移载体；如果成功，这项工作可能会拓宽潜在的受关注领域（Fischbach and Voigt，2010；Yaung et al.，2014）。通过文库合成与高通量筛选或定向进化获得的组合方法也可能用于改变或扩大水平转移和可传播性。过去的研究表明，即使是低通量的定向功能进化，也可用来增强 H5N1 流感病毒在哺乳动物间的空气传播（Herfst et al.，2012；Imai et al.，2012）。

A.1.5　异源生物学

异源生物学是指对地球上天然未发现的生物组分的研究或使用（Schmidt，2010）。一个简单的例子是将一种新的（通常不存在于活细胞中的）氨基酸通过工程化改造整合到细胞的蛋白质中。最近的研究表明，可以对细胞进行改造以使其使用不同于地球上大多数生物共享的遗传密码，或者将非天然 DNA 碱基（除 A、T、G、C 之外）掺入细胞的 DNA 中（Chen et al.，2016；Feldman et al.，2017）。这种方法可能被用于阻止病毒感染或防止发生不希望的基因功能水平转移。具有替换的 DNA 碱基、密码子、氨基酸或遗传密码的细胞还能够逃避基于标准方法的检测，如 PCR、DNA 测序或基于抗体的试验。

A.1.6　人体调节

尽管过去对生物防御关注的考虑主要集中在病原体上，但合成生物学通过可能导致功能障碍、患病或对疾病易感性增加，提出了改变人体生理或环境的新的可能性。例如，改变肠道微生物菌群的组成或功能可以增强人体健康或导致功能障碍。调节免疫系统（机体抵御病原体的系统）是另一个值得考虑的假设可能性，同样值得考虑的还有表观遗传修饰（改变细胞表达基因的方式，但不改变 DNA 序列本身）。简而言之，现在有大量关于人类形态的信息可能以不同的方式为表型调节提供信息。

A.2　构　　建

与 DBT 循环的构建阶段最密切相关的技术和应用是用于物理创建实际生物组件的那些技术和应用。合成生物学通常以迭代方式进行，模糊了设计阶段、构建阶段和测试阶段之间的界限，而且有些技术可以在多个阶段发挥作用。这里考虑的是与特定的变化及用于高通量筛选或定向进化的文库构建相关的技术能力和进展。

可能影响与构建能力相关的关注度的因素包括：成本、时间和 DNA 构建的易用性；可以为定向进化生成的文库的复杂性；使 DNA“可操作”（即创造一个在活的系统内实际起作用的合成 DNA 序列的能力）所固有的困难。

A.2.1　DNA 构建

DNA 构建是指可用于从头生成所需 DNA 分子的技术。DNA 合成和 DNA 组装这两个通用并重叠的术语都包含在这个类别中。现代生物技术很大程度上依赖于拥有确定序列的 DNA 分子，例如，合成的 DNA 已被用于推动对遗传密码基本工作机制的理解、使现代 DNA 测序成为可能、开发并实现 PCR 的普遍运用。另外，锌指核酸酶、TALEN 和 CRISPR/Cas9 等基因编辑技术均依赖于一定数量的合成 DNA。成本的降低和生产规模的扩大使得将合成 DNA 用于多种目的变得更加可行。在 DNA 构建技术普及之前，获得感兴趣的特定 DNA 片段的唯一方法是在生物体中寻找。现在，几乎任何 DNA（无论是天然的还是设计的）都可以通过简单地从许多商业供应商中选择一个进行订购合成或通过在实验室 DNA 合成仪上进行合成来获得。虽然 DNA 是 DNA 构建技术最常见的产物，但这些技术也可用于制造合成的 RNA 分子，以及对 DNA 或 RNA 进行化学修饰。

这种技术的使用极大地促进了生物技术的许多有益用途，但同时存在潜在恶意使用的后果。例如，可以想象得到，DNA 构建可以被用来制造毒素、增强病原体、重构已知病原体，甚至创造一种全新的病原体。一般而言，随时可以获取的合成 DNA 使得设计人员可以更轻松地构建、测试和修改其设计。许多 DNA 合成公司已经同意按照美国卫生与人类服务部（HHS，2015）的指南来筛查订单，但已有人描述了这些指南的局限性（Carter and Friedman，2015）。

可能影响与 DNA 构建能力相关的关注度的因素包括成本、时间、易用性，以及使 DNA“可操作”的难度。一段合成 DNA（一个 DNA 构建体）的大小通常以双链 DNA 的碱基对和单链 DNA 的核苷酸来描述。DNA 构建体可以从几个核苷酸到几千个碱基对再到整个基因组。一般而言，较长的 DNA 构建体更难产生（或组装），并且与较短的构建体相比，使用它们需要额外的实验室技能。下面的例子按长度和复杂性的升序描述了 DNA 构建的潜在用途。

A.2.1.1 寡核苷酸（数个至数百个核苷酸）

DNA 构建在其最基本的形式中产生的是寡核苷酸，即具有用户定义序列的单链，其长度可以从几个核苷酸到几百个不等。寡核苷酸经过组合可以构建更长的 DNA 序列。寡核苷酸对于各种涉及操作和分析 DNA 的研究任务非常有用，包括测序和 PCR，以及定点诱变和基因组规模的基因编辑[例如，使用多路复用自动化基因组工程（MAGE）；Gallagher et al.，2014]。尽管寡核苷酸通常太短，无法形成支持更复杂的生物学功能所必需的那类蛋白质编码基因，但它们可以用于编码调控区（如启动子或增强子）、某些短的基于多肽的毒素、转运 RNA 及向导 RNA 分子（如用于基因编辑者）。

A.2.1.2 基因（数百至数千个碱基对）

大多数基因的长度从几百到几千个碱基对不等。合成基因可以从市场上获得，以克隆的 DNA（其中产物经证实是正确且纯化的，通常作为通用环状质粒 DNA 载体的一部分递送）或未克隆的 DNA 线性片段（其通常含有一些不希望的突变）的形式。合成基因潜在用途的多样性至少堪比自然界中发现的基因功能的范围。基因可用于各种恶意目的，例如，增强微生物的致病性或产生毒素。

A.2.1.3 遗传系统（数千至数十万个碱基对）

遗传系统是一组基因，它们协同工作以实现更复杂的功能，但不能支持整个细胞。例如，遗传系统可用于编码生物合成通路，或用于形成组合了传感、计算和驱动等操作的工程化遗传电路。病毒基因组也可以被认为是遗传系统，几种病毒的基因组已经被合成并用于产生具有完全感染性的病毒颗粒（Blight et al.，2000；Cello et al.，2002；Tumpey et al.，2005）。病毒基因组的长度可以从数千到数十万个碱基对不等；目前合成大型病毒（如正痘病毒）基因组比合成小型病毒（如脊髓灰质炎病毒）基因组更具挑战性。

A.2.1.4 细胞基因组（数百万碱基对）

DNA 构建也可以用于组装整个单细胞生物的基因组。2010 年，研究人员合成并组装了蕈状支原体的 DNA 基因组，并利用该基因组产生了自我复制的细胞（Gibson et al.，2010）。这是一个困难、耗时且成本高昂的过程。该合成基因组有大约 100 万个碱基对，也是已知微生物领域中最小的之一。尽管如此，这一成就表明，根据基因数据重新创造一个活的、可繁殖的生物体是可能的。在这种情况下，研究人员通过将合成基因组插入到一个密切相关的生物体的细胞体中来“启动”他们的合成基因组，从而导致该生物体的天然基因组被合成基因组完全替代。这种方法对于更大的微生物基因组和其他类型细胞的可推广性如何还有待观察。其他研究人员目前正在研究构建长度为 4～11Mb 的细菌和酵母基因组；这些努力也使用了现有的近亲，用合成基因组的大片段替换或“修补”自然基因组（Richardson et al.，2017）。使用全基因组构建来产生危险生物体的可能性已引起了关注，这些危险生物体无法通过其他方式在不引起注意的情况下获得（或可能根本无法获得）。

A.2.2　基因或基因组编辑

多种技术允许对病原体、载体或宿主内特定的碱基或基因进行修饰。这些技术可能被用于赋予病原体新的功能，例如，定点诱变能力可允许构建具有新特性（如免疫原性或物种范围改变）的病毒变体。实例包括：寡核苷酸介导的诱变，重组介导的基因工程（“重组工程”）和相关技术（Murphy and Campellone，2003；Ejsmont et al.，2011），基于 CRISPR/Cas9 的基因组编辑方法，以及 MAGE。最重要的是，CRISPR/Cas9 等较新的基因编辑平台可以对多种生物进行修饰。修饰病原体的难易程度以及这种修饰可能产生的表型类型都与评估与基因或基因组编辑相关的脆弱性有关。

在过去，基因组工程是一个艰难的过程，需要对各个基因进行连续修饰。但是现在，可以对多个基因进行并行迭代的修改。例如，使用 MAGE，可以生成多个合成的寡核苷酸，这些寡核苷酸至少在一个碱基对上与现有宿主基因组不同。然后将这些合成的寡核苷酸插入到细胞群中，在那里它们基本上覆盖了细胞中 DNA 被靶向的部分。MAGE 已被用于优化代谢通路、关闭成对基因、调节基因活性，以及用改变的遗传密码设计微生物基因组。

虽然 MAGE 所依赖的生化机制在简单和复杂的生物中都很常见，但 MAGE 主要是在大肠杆菌中得到证明的，使 MAGE 适应新物种所需的工作可能会很麻烦。相比之下，基因工程和基于 CRISPR/Cas9 的技术可能允许在许多新物种中进行工程化改造，为通过对具有全新表型和全基因组序列变化的生物体进行高通量筛选或定向进化来鉴定改变的表型提供了方便的途径。

A.2.3 文库构建

DNA 构建工作的改进所带来的一个分水岭性差异是，能够产生大型遗传变体文库。这样的文库可以用来筛选改良的表型，而无需准确地知道会出现什么变异。这与上述基因和基因组工程（基因或基因组编辑）那种更深思熟虑的过程形成对比，但这两种方法之间存在重叠，因为关于基因型如何与表型相关的知识增加可以指导文库设计，从而提高实现特定表型的可能性。打个比方，文库构建技术允许构建更多的“飞镖”，而通过基因和基因组编辑实验获得的基因型与表型关系的知识，为投掷这些“飞镖”提供越来越大的“目标”。特别是，以各种方式（包括通过密码子诱变或使用具有固有诱变性的核苷酸）构建简并寡核苷酸的能力，为构建大型且具有相对靶向性的文库提供了一种手段。

由于 DNA 的大小可以涵盖数千甚至数百万个碱基对，因此设计人员通常会根据分析结果及利用所学知识对哪些变化最有可能产生预期结果做出的猜测，来对需要改变哪些部位做出优先排序。例如，设计师可以使用蛋白质结构分析和可视化软件来识别一个蛋白质可能影响所需功能（如酶的特异性）的特定部分，构建在那些特定部分发生随机变异的蛋白质，然后测试每个随机变异如何影响酶的特异性。

A.2.4 工程化构建体的启动

除了一些例外，合成的 DNA（或 RNA）本身并不执行生物学功能。诱导原始遗传物质发挥生物功能的过程被称为“启动”，这是一个借鉴自计算机技术的术语，在计算机技术中，“启动”指的是通过将数字信息从存储器中取出并将其置于活动状态来执行数字信息功能的能力。启动合成的构建体与 DBT 循环的“构建”和“测试”阶段最为相关。在生物防御的背景下，启动对于恶意行为者将生物剂递送至目标的能力也很重要。

在生物系统中启动可以采取多种形式。在病毒的情况下，启动可广义地认为是指将病毒核酸递送至细胞，随后病毒核酸能够在细胞中复制。有些病毒仅通过将其遗传物质递送至宿主细胞中即可被启动，而有些病毒需要在宿主细胞中单独表达的额外遗传组分才能产生感染性病毒颗粒。在细菌的情况下，研究人员通过用部分合成或全合成的基因组替代部分或全部天然或合成细胞的遗传内容而成功启动了合成细菌基因组。启动一个功能完善、自我复制的细菌比启动病毒复杂得多。

启动工程化构建体的最简单的例子可能是通过使用附加体，即可以自主复制但通常不容易在细胞间转移的遗传信息片段。质粒（通常在原核生物中发现）和染色体外线性排列的 DNA（通常在真核生物中发现）是附加体的实例。附加体是合成生物学家启动工程化构建体最常用的载体，有许多可用的技术来启动附加体。尽管附加体一般不像完整的病毒或细菌基因组那样复杂，但它们可以用于将病毒基因组导入细胞，然后使用宿主细胞的转录、翻译和复制机器来启动病毒，甚至可能使用类似的方法来启动独立生存的生物体。一些附加体还可能在微生物种群中扩散及在个体之间传播，只是通常比病毒感染要慢。

A.3　测　　试

测试用于确定使用合成生物学工具创建的一个设计或生物产品是否具有所需的特性。测试通常在项目的许多阶段执行，例如，研究人员可能使用计算机模型来确定一个设计是否可行，然后执行测试，以证实合成了正确的 DNA 构建体，然后启动该构建体以验证其能够执行预期的生物学功能。测试可能涉及使用细胞培养物、实验室条件下的模式生物、野生生物，甚至可能使用人类种群。

测试结果可用于根据从实验测量和观察中获得的信息进一步细化设计，于是 DBT 循环再次开始。一般来说，目前最先进的合成生物学研究工作需要进行大量的测试才能获得具有所需特性的生物体，这使得测试既是 DBT 循环中的关键步骤，也是实质性的瓶颈。恶意行为者是否能够跳过测试阶段并仍能成功实施生物攻击，这是一个有争议的问题。虽然一个测试可以应用于单个变体，但在实践中，通常更希望平行进行多个测试（高通量筛选）或让生物体“测试”自己（定向进化）。

A.3.1　高通量筛选

自动化为对一个生物体的数千至数十亿个变体进行功能或表型筛选提供了手段。细胞培养中的高通量测试是合成生物学中常用的一种筛选测试。这样的测试可以用来回答更具体的问题（例如，这种精确的基因组变化是否产生了所期望的表型改变）或更具探索性的问题（例如，一个病毒蛋白质的这 100 000 个组合变体是否有任何一种产生了所期望的表型改变）。在生物学和生物医学领域，对能够进行更便宜、更快速筛选的技术有很高的需求，特别是对于不考虑所检测的生物体类型的“组学”方法，如基因组学、转录组学、代谢组学和蛋白质组学。

基于筛选的测试是连续进行的，每次评估不同的设计或生物产品。研究人员利用多路复用和自动化技术，开发出了能够筛选数十到数千个原型的、高通量的基于筛选的测试。此外，基于选择的测试（参见下文“定向进化”）比基于筛选的测试更难设计，但允许更高的通量。

A.3.2 定向进化

在自然界中，进化的过程是从包含一定程度随机变异的遗传库中挑选出表现最好的物种。研究人员可以使用类似的过程来创建代表多个竞争性变体的原型生物组件，然后从中选择最符合期望结果的表型。原型可以基于较小的变化（如不同的 DNA 碱基、密码子或氨基酸）而变异，也可以基于较大规模的变化（如一个遗传电路中多个基因的配置）而变异。与自动化生物设计一样，定向进化是一项跨越 DBT 循环全部三个阶段的合成生物学技术。通过构建和演变具有随机变异的构建体，研究人员使用定向进化通过迭代方法来改进新设计。高通量筛选和定向进化之间的主要区别在于，在定向进化中，个体生物竞争的是复制能力。例如，可将基因组变异引入到经修饰的病原体中以产生大型变体文库，然后可测试该文库在抗生素存在下的生长能力。定向进化因此可用于对数百万个原型生物组分进行平行评估，但通常最终成功出现的只有一个或几个变体。

表 A-1 选定的合成生物学概念、方法和工具的相对成熟度。注：对于每一列，较暗的阴影表示在该团体常规使用，较浅的阴影表示新兴使用，白色背景表示很少或没有使用。

	开发中	技术开发者使用中	合成生物学界使用中	分子生物学界使用中	业余生物学者使用中
CRISPR/ Cas9					
遗传逻辑					
机器学习					
多元基因组编辑（MAGE / CRISPR）					
DNA 合成和组装					
密码子优化					
多输入逻辑电路					
组合 DNA 组装					
自动化 DNA 组装					
蛋白质结构从头预测					
生物勘探					
广谱水平转移载体					
异源生物学（掺入非天然核苷酸或氨基酸）					
微生物菌群工程					
构建基因					
构建染色体					
构建基因组					
启动基因组					
高通量筛选					
定向进化					

这种方法使研究人员能够通过创建包含数百万或更多变体的文库，然后对其进行选择或筛选以找到具有一组所需特性的少数几个变体，从而避开对预测性设计的需求。例如，研究人员可以随机改变特定基因内或整个基因组内的残基，然后选择所需的表型，如生长、嗜性或溶菌作用。重要的是，选择可以直接在宿主生物体中进行，从而允许选择宿主相关的表型，如可传播性（从受感染宿主转移到未受感染宿主的能力）或致病性（如特定组织内的坏死）。在 DBT 循环之后，通过合理设计或选择的附加迭代可以进一步完善所出现的最有希望的变体。许多用于文库构建和高通量筛选的相同方法也可以用于定向进化，并且这些不同的方法可以组合使用。例如，研究人员可以对由 CRISPR/Cas9 文库、MAGE 或 DNA 改组（一种将一组相关基因或基因组打断成更小的片段并随机重新组装的技术）所创建的变体进行高通量筛选。然后，可以将筛选到的变体在新基质上选择生长，从而可能鉴定出序列未完全包含在任何原始前体基因中的基因和生物体。

参考文献

Blight, K.J., A.A. Kolykhalov, and C.M. Rice. 2000. Efficient initiation of HCV RNA replication in cell culture. Science 290(5498): 1972–1974.

Brophy, J.A., and C.A. Voigt. 2014. Principles of genetic circuit design. Nature Methods 11(5): 508–520.

Carter, S.R., and R.M. Friedman. 2015. DNA Synthesis and Biosecurity: Lessons Learned and Options for the Future. J. Craig Venter Institute. Available at: http: //www.jcvi.org/cms/fileadmin/site/research/projects/dna-synthesis-biosecurityreport/report-complete.pdf. Accessed January 31, 2018.

Cello, J., A.V. Paul, and E. Wimmer. 2002. Chemical synthesis of poliovirus cDNA: Generation of infectious virus in the absence of natural template. Science 297(5583): 1016–1018.

Chen, T., N. Hongdilokkul, Z. Liu, D. Thirunavukarasu, and F.E. Romesberg. 2016. The expanding world of DNA and RNA. Current Opinion in Chemical Biology 34: 80–87.

Ejsmont, R.K., P. Ahlfeld, A. Pozniakovsky, A.F. Stewart, P. Tomancak, and M. Sarov. 2011. Recombination-mediated genetic engineering of large genomic DNA transgenes. Methods in Molecular Biology 772: 445–458.

Feldman, A.W., V.T. Dien, and F.E. Romesberg. 2017. Chemical stabilization of unnatural nucleotide triphosphates for the in vivo expansion of the genetic alphabet. Journal of the American Chemical Society 139(6): 2464–2467.

Fischbach, M., and C.A. Voigt. 2010. Prokaryotic gene clusters: A rich toolbox for synthetic biology. Biotechnology Journal 5(12): 1277–1296.

Gallagher, R.R., Z. Li, A.O. Lewis, and F.J. Isaacs. 2014. Rapid editing and evolution of bacterial genomes using libraries of synthetic DNA. Nature Protocols 9: 2301–2316.

Gibson, D.G., J.I. Glass, C. Lartigue, V.N. Noskov, R.Y. Chuang, M.A. Algire, G.A. Benders, M.G. Montague, L. Ma, M.M. Moodie, C. Merryman, S. Vashee, R. Krishnakumar, N. Assad-Garcia, C. Andrews-Pfannkoch, E.A. Denisova, L. Young, Z.Q. Qi, T.H. Segall-Shapiro, C.H. Calvey, P.P. Parmar, C.A. Hutchison III, H.O. Smith, and J.C. Venter. 2010. Creation of a bacterial cell controlled by a chemically synthesized genome. Science 329(5987): 52–56.

Herfst, S., E.J. Schrauwen, M. Linster, S. Chatinimitkul, E. de Wit, V.J. Munster, E.M. Sorrell, T.M. Bestebroer, D.F. Burke, D.J. Smith, G.F. Rimmelzwaan, A.D. Osterhaus, and R.A. Fouchier. 2012. Airborne transmission of influenza A/H5N1 virus between ferrets. Science 336(6088): 1534–1541.

HHS(U.S. Department of Health and human Services). 2015. Screening Framework Guidance for Providers of Synthetic Double-Stranded DNA. Available at: https: //www.phe.gov/Preparedness/legal/guidance/syndna/Pages/default.aspx. Accessed on May 22, 2017.

Imai, M., T. Watanabe, M. Hatta, S.C. Das, M. Ozawa, K. Shinya, G. Zhong, A. Hanson, H. Katsura, S. Watanabe, C. Li, E. Kawakami, S. Yamada, M. Kiso, Y. Suzuki, E.A. Maher, G. Neumann, and Y. Kawaoka. 2012. Experimental adaptation of an influenza H5 HA confers respiratory droplet transmission to a reassortant H5 HA/H1N1 virus in ferrets. Nature 486(7403): 420–428.

Murphy, K.C., and K.G. Campellone. 2003. Lambda Red-mediated recombinogenic engineering of enterohemorrhagic and enteropathogenic E. coli. BMC Molecular Biology 4: 11.

Palumbo, R.N., and C. Wang. 2006. Bacterial invasin: Structure, function, and implication for targeted oral gene delivery. Current Drug Delivery 3(1): 47–53.

Richardson, S.M., L.A. Mitchell, G. Stracquadanio, K. Yang, J.S. Dymond, J.E. DiCarlo, D. Lee, C.L.V. Huang, S. Chandrasegaran, Y. Cai, J.D. Boeke, and J.S. Bader. 2017. Design of a synthetic yeast genome. Science 355(6329): 1040–1044.

Schmidt, M. 2010. Xenobiology: A new form of life as the ultimate biosafety tool. Bioessays 32(4): 322–331.

Thodey, K., S. Galanie, and C.D. Smolke. 2014. A microbial biomanufacturing platform for natural and semisynthetic opioids. Nature Chemical Biology 10: 837–844.

Tumpey, T.M., C.F. Basler, P.V. Aguilar, H. Zeng, A. Solórzano, D.E. Swayne, N.J. Cox, J.M. Katz, J.K. Taubenberger, P. Palese, and A. Garcia-Sastre. 2005. Characterization of the reconstructed 1918 Spanish influenza pandemic virus. Science 310(5745): 77–80.

Wollert, T., B. Pasche, M. Rochon, S. Deppenmeier, J. van den Heuvel, A.D. Gruber, D.W. Heinz, A. Lengeling, and W. Schubert. 2007. Extending the host range of Listeria monocytogenes by rational protein design. Cell 129(5): 891–902.

Yaung, S.J., C.M. Church, and H.H. Wang. 2014. Recent progress in engineering humanassociated microbiomes. Methods in Molecular Biology 1151: 3–25.

附录 B　选定的用于为框架提供信息的前期分析

在确定构成本报告中所述框架的因素和要素时，对先前的生物防御分析和其他资料进行了回顾。本附录提供了关于其中几个资料来源的进一步总结性信息，以说明评估潜在合成生物学关注的不同方法。本附录无意成为所有前期风险管理和生物技术评估方法的全面汇编。

B.1　基于能力的武器开发框架来自美国国防大学

美国国防大学开发的这种方法（National Defense University，2016）指出了合成生物学时代的潜在影响可以达到的点。从最左边开始，跨越生物武器开发路径的每一步，可以确定合成生物学可能对开发路径产生影响的步骤（图 B-1）。

获取：从实验室或运输过程中窃取，从自然界获取，通过合成重建

构建：湿台实验室工作和基因设计，通过合成构建

靶向：靶向特定基因组元件

细胞和核递送：能够向特定细胞和细胞核进行活性递送的能力

测试：动物模型，野外测试

扩大生产：大规模生产，冻干，包装，储存

散播：喷雾器，点投递装置，装填

对于列出的每一个能力，阐述以下问题：

合成生物学的进展如何实现该能力？

必须克服哪些障碍？

该能力多久之后会出现？（现在，近期，中期，远期）

哪些行为者会开发该能力？

出现该能力的后果是什么？

图 B-1　美国国防大学开发的方法（National Defense University，2016）

美国国防大学在一次桌面演习中使用该模型来评估基因编辑技术（如CRISPR/Cas）在哪些方面提高了创造生物武器的能力。这种方法揭示了合成生物学可能在哪些方面产生影响，而不是定义技术本身的具体特征。

B.2 考虑因素来自《全球化、生物安全和生命科学的未来》

报告《全球化、生物安全和生命科学的未来》（有时也以委员会共同主席的姓名称之为《Lemon-Relman 报告》）根据新兴技术需要关注并特别注意进一步风险评估的特点，将其划分为几类（IOM and NRC，2006）。这四类分组是：

（1）寻求获得新的生物多样性或分子多样性的技术；

（2）通过定向设计寻求产生新颖但预先确定的特定生物或分子实体的技术；

（3）旨在更全面、更有效地认识和操作生物系统的技术；

（4）旨在加强生物活性材料的生产、递送和“包装”的技术。

这种分类关注的完全是技术本身在可能产生的能力方面的特性。

B.3 决策框架来自《创新、两用性和安全》

Jonathan Tucker 在《创新、两用性和安全》（Tucker，2012）一书中发表的“决策框架”部分，提出了与研究职责相关的一些属性，重申如下：

（1）技术特点：

a. 可获得性

b. 易滥用性

c. 滥用造成的潜在危害程度

（2）可管控性特点：

a. 具体化（技术的实质“有形性”）

b. 成熟度

c. 会聚性（共同创造新技术的技术数量）

d. 发展速度

e. 国际扩散

（3）可消减程度：

a. 国家

b. 机构

c. 个人

d. 产品

e. 知识

该框架涵盖了与技术特征（难度、成熟度、发展速度和与其他技术的会聚性）有关的各种特性、谁能够获得该技术，以及如果被滥用结果的严重程度。该框架还考虑了消减措施，以及该技术的成本与收益的比较。它主要用于评估技术在这些层面上的相对风险。

B.4　实验目标来自《恐怖主义时代的生物技术研究》

2004 年，美国国家科学院发表了《恐怖主义时代的生物技术研究》报告（NRC，2004），该报告以其主席、遗传学家杰拉尔德 • 芬克（Gerald R. Fink）的名字命名，被称为《芬克报告》。该报告认为，科学家有“避免助长生物武器或生物恐怖主义发展的积极道德责任”。《芬克报告》强调了一系列具体的实验目标，即便是出于正当的科学原因，这些目标也应引发额外的安全审查。这些实验目标包括：

（1）使疫苗无效；

（2）赋予对抗生素或抗病毒药物（应对措施）的耐药性；

（3）增强病原体的毒力或使非病原体产生毒力；

（4）增加病原体的传播能力；

（5）改变病原体的宿主范围；

（6）能够逃避检测或诊断；

（7）促进一种生物剂或毒素的武器化。

该报告的特色是为消减负面结果提出了广泛的建议，其中包括：社区外展，研究审查（包括建立和使用审查委员会），重点研究消减措施，国际合作和推广。该框架主要侧重于创建消减工具，以及为生物安全政策的制定创建核心骨架。《芬克报告》还促成了国家生物安全科学顾问委员会（NSABB）的成立，这是一个由美国卫生与人类服务部管理的联邦咨询委员会，已经就两用性研究撰写了多篇有影响力的报告。

B.5　美国国立卫生研究院的防护准则

《美国国立卫生研究院准则》（NIH，2016）最初是随着重组 DNA 的出现而提出的，它提供了风险评估框架，该框架可以帮助制定关于最能保护实验室工作人员的生物防护水平的决策，并为消减计划提出建议。针对特定病原体建立了正式的风险小组。

这些准则侧重于特定生物剂的能力、潜在的不良后果（实验室工作人员或公众的意外感染）及消减策略。可能与本研究最相关的是在防护方面需要考虑的一些特征，其中包括：

- 毒力；
- 致病性；
- 效力；
- 环境稳定性；
- 扩散/传染途径；
- 疫苗或药物的可用性；
- 基因产物效应，如毒性、生理活性和致敏性；
- 已知比亲本（野生型）菌株更危险的任何菌株。

B.6 DURC 程序所强调的实验类别

受关注的两用性研究（DURC）程序最初是因对发布序列操作信息的关注而引发的，根据这些信息可能描绘出如何构建一种潜在危险的病毒；但是由此产生的 DURC 政策更侧重于受关注的实验，而不是对信息本身的控制。针对政府和机构的 DURC 政策（U.S. Government，2012，2014）利用“联邦管制生物剂计划管制生物剂和毒素清单”，并强调了与《芬克报告》中类似的实验类别。这些类别包括以下实验：

（1）增强生物剂或毒素的有害后果；

（2）在没有临床和（或）农业上的合理性的情况下，干扰针对生物剂或毒素的免疫力或免疫接种效果；

（3）使生物剂或毒素对临床和（或）农业上有用的预防性或治疗性干预措施产生抗性，或使它们能够逃避检测方法；

（4）增强生物剂或毒素的稳定性、可传播性，或提高散播生物剂、毒素的能力；

（5）改变生物剂或毒素的宿主范围或嗜性；

（6）提高宿主种群对生物剂或毒素的易感性；

（7）生成或重构已根除或灭绝的生物剂或毒素。

与《芬克报告》类似，这份清单关注的是该技术为生产有害生物实体提供的能力。DURC 政策旨在用于决定是否资助两用性实验。

B.7 社会风险评估计划（SRES）

由 Cummings 和 Kuzma（2017）开发的社会风险评估计划（SRES）方法已被应用于合成生物学应用的四个案例研究。建议用于评估合成生物学应用风险的特征主要基于不良事件的结果以及是否存在消减措施。该方法还包括对社会潜在不良后果的态度的新思考，其中包括以下考虑因素：

（1）人类健康风险；
（2）环境健康风险；
（3）难以控制；
（4）不可逆性；
（5）技术进入市场的可能性；
（6）缺乏对人类健康的益处；
（7）缺乏环境效益；
（8）预期的公众关注度。

由于该方法是一种风险-收益框架，因此超出了本委员会的研究职责范围，委员会没有试图阐述合成生物学能力的收益。

B.8　GRYPHON 分析

在提交给委员会的报告中，Gryphon Scientific 咨询公司的一位代表介绍了一种方法，用于考虑合成生物学的进步可能如何改变获取生物威胁剂的前景。例如，合成生物学的进步可能使特定的生物威胁剂得以合成，或将致病性较低的微生物改造成威胁剂，而无需采取从临床或环境样本中培养或窃取等其他获取途径。该分析所采用的方法是比较性的，并受到引导性问题的推动，即“相对于其他获取途径，合成生物学获取途径为恶意行为者提供哪些优势（或劣势）？”（Casagrande et al.，2017）。分析中使用的框架如图 B-2 所示，包括两个阶段。第一阶段的问题是，是否可以利用合成生物学来创造一种特定的生物威胁剂。如果是这样，第二阶段的问题是，使用合成生物学来获取是否比其他获得该生物剂的方法更有优势。这两个阶段的结果为确定该生物剂是否构成近期威胁提供信息。

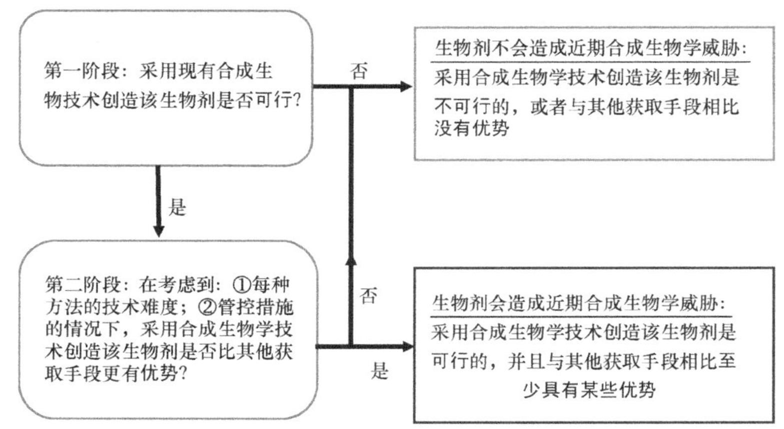

图 B-2　对合成生物学如何改变生物威胁剂前景进行评估的方法（修改自 Gasagrande et al. 2017）

报告中介绍的 Gryphon Scientific 公司先前的工作也考虑了包括合成生物学在内的新型生物技术是否有可能影响和简化传统的生物剂武器化步骤。例如，报告指出，使用合成生物学开发的生物剂可能效力增强，繁殖能力增强，环境持久性增强，传播能力增强，并具有克服宿主抗性的能力。然而，由于某些内在因素（如缺乏知识）及外在因素（如需要在开发过程中持续测试武器产品），使用合成生物学工具可能不是实现这些目标的最有效的手段。

参 考 文 献

Casagrande, R., C. Meyer, and K. Berger. 2017. Assessing biodefense vulnerabilities posed bysynthetic biology: Insights from related Gryphon studies. Presentation to the Committeeby Gryphon Scientific. January 26, 2017.

Cummings, C.L. and J. Kuzma. 2017. Societal Risk Evaluation Scheme(SRES): Scenario-basedmulti-criteria evaluation of synthetic biology applications. PLoS ONE 12(1): e0168564.

IOM(Institute of Medicine)and NRC(National Research Council). 2006. Globalization, Biosecurity, and the Future of the Life Sciences. Washington, DC: National AcademiesPress.

National Defense University. 2016. Challenge or Crisis: Security Risk Posed by Gene Editingand Synthesis. Workshop Report, September 14, 2016.

NIH(National Institutes of Health). 2016. NIH Guidelines for Research Involving Recombinantor Synthetic Nucleic Acid Molecules. April 2016. Available at https: //osp.od.nih.gov/wpcontent/uploads/2013/06/NIH_Guidelines.pdf. Accessed November 8, 2017.

NRC(National Research Council). 2004. Biotechnology Research in an Age of Terrorism.Washington, DC: The National Academies Press.

Tucker, J.B. 2012. Decision framework. Pp. 67–84 in Innovation, Dual Use, and Security: Managing the Risks of Emerging Biological and Chemical Technologies. Cambridge, MA: MIT Press.

U.S. Government. 2012. United States Government Policy for Oversight of Life Sciences DualUse Research of Concern. March 29, 2012. Available at: https: //www.phe.gov/s3/dualuse/Documents/us-policy-durc-032812.pdf. Accessed onMay 11, 2017.

U.S. Government. 2014. United States Government Policy for Institutional Oversight of LifeSciences Dual-use Research of Concern. September 24, 2014. Available at: https: //www.phe.gov/s3/dualuse/Documents/durc-policy.pdf. Accessed on May 11, 2017.

附录 C　促进框架因素考量的问题

提出下列说明性问题是为了促进对框架因素的考量，并推动使用框架来评估具体的潜在能力。这些问题并不代表可以提出的所有问题，并且有些问题可以用于评估多个因素。

技术的可用性——易用性

- 所涉及的寡核苷酸、基因或基因组有多长？
- 如果创建整个基因组，组装起来有多容易？
- 对于整个基因组来说，“启动”有多容易？
- 所涉及的修饰或合成的规模和复杂程度如何？例如，目标是病毒、细菌、真菌，还是更大的生物体？这对易用性有怎样的影响？
- 所需的构建体是否可以通过商业订购，或者是否受管控监督（例如，管制生物剂条例），或者构建体长度使得这种可能性不大？
- 是否有试剂盒可简化这一过程？
- 是否有基因组设计工具和相关的“零件”数据库来帮助实现期望的目标？
- 可用的基因组序列信息有多可靠？
- 可用的基因型-表型信息有多可靠？该情况对于实现预期目的的易用性有何影响？
- 是否有适用于预期用途的配方或标准操作程序？如果有，之前是否已证明其有效？
- 是否需要专门的设备；如果需要，是否可以随时购买或通过合同获得？
- 需要什么水平的专业知识、实践培训和隐性知识？
- 是否有合适的测试条件（如细胞培养、模式生物）？

技术的可用性——发展速度

- 是否至少每年发布该技术的重大改进？
- 哪些方面正在改进？（需要考虑的方面包括总处理时间、成本、实验室空间占用、自动化水平、准确性、通量、用户界面和输出报告）
- 哪些类型的用途在推动商业发展和市场普及？

- 是否有竞争刺激了技术的发展速度，还是被一家公司垄断？
- 该技术是否存在多个不同的市场促进了技术的发展和创新，还是仅专注于一个特定的市场？
- 是否有开源用户社区通过分享新进展来帮助推动技术发展？

技术的可用性——使用障碍

- 是否存在关键瓶颈，一旦克服，将显著提高易用性（例如，用于基因编辑的CRISPR/Cas9、用于寡核苷酸合成的光刻技术）？
- 哪些障碍可能会阻碍所涉及技术的更广泛的市场普及和渗透，以及如何克服这些障碍？
- 构建能力（例如，增加构建体长度或降低合成成本的能力）的显著改进是否会伴随着与预期应用相关的设计和测试能力的相应提高，还是这些方面仍然是障碍？
- 关于通路和基因型与表型关系的基础知识是否存在可能会阻碍基因组设计工具用于预期用途的缺陷？

作为武器的可用性——生产和递送

- 合成生物学（或其与其他生物技术进展结合使用）是否可用于增强该生物剂的复制或生长特性从而支持规模放大？
- 合成生物学（或其与其他生物技术进展结合使用）是否可以在不丧失生物剂传染性或其他关键特征的情况下帮助扩大生产？
- 合成生物学是否可用于使该生物剂在储存和递送过程中可能遇到的各种环境中更“耐用”（例如，它能否在散布时可能遭遇的不利条件下存活）？
- 合成生物学是否可用于稳定该生物剂或促进其扩散和存活？
- 如何将该生物剂递送给目标对象（例如，大规模散布、污染食物或水、针刺），以及这种递送机制如何影响对生产、稳定或测试的要求？
- 合成生物学（或其与其他生物技术进展结合使用）是否可以推动新型的或增强的递送形式？
- 该生物剂是否需要大规模生产才能产生影响？
- 合成生物学是否有助于减少生产所需的组织足迹、专业知识或设备？

作为武器的可用性——伤害范围

- 合成生物学是否可用于增强宿主对特定生物剂的易感性，从而加重攻击的严重程度或增加伤亡人数？

- 使用这种能力，有多少人可能成为伤害的目标（从一次暗杀到数千人或更多）？
- 该生物剂是否具有高度传播性，从而使其能够扩散到受初始攻击感染的人群之外？
- 基于这种能力的攻击预计是致命的还是失能的？
- 基于这种能力的攻击是否可能产生心理影响或影响目标种群的机能？例如，它是否可以煽动恐惧、制造恐慌和（或）允许接管一个特定的地区或基础设施？
- 影响的持续时间可能有多长？
- 该生物剂可以在什么环境下使用？
- 该生物剂是否可以在家畜或农畜或野生动物中稳定下来（如猫身上的鼠疫），从而对人类产生长期影响，并且需要付出巨大代价才能根除？

作为武器的可用性——结果的可预测性

- 是否需要对该生物剂进行广泛测试才能确认其有效性？
- 该生物剂是否有相关的动物模型？此模型对于人类感染同一生物剂的可预测性如何？
- 该技术的保真度如何？获得特定结果的重复性如何？
- 是否有已知的工程化改造策略或预先存在的研究已经概述了可预测地产生期望结果的方法？该生物剂的特性是否可以用计算工具来模拟？
- 是否有关于工程化的病原体或通路的进化稳定性的知识？例如，合成的构建体是否可能发生突变从而增加或减少功能或活性？或者是否能够产生进化缓慢的病原体从而避免衰减？

对行为者的要求——专业知识的获取

- 利用必要的技术所需的专业技术的普及性和广泛性如何？在另一个相关领域的专业知识是否足够？
- 追求该能力是否需要多个领域的专业知识？专业技术的范围是否太大而需要一组人来提供专业知识？
- 开发这种能力是否需要与合法的研究团体交流或者借此提高能力，还是可以独立完成？

对行为者的要求——资源的获取

- 设备成本如何？设备成本下降的速度有多快？

- 必要的技术是否有更便宜的版本可用，这些版本是否强大到引起关注？
- 试剂是否可以从多个供应商处获得？是否有二级市场（如 eBay）可以以较低的成本获得装备？
- 材料或试剂的成本是多少？
- 所需试剂的保存期限是多长？
- 劳动力成本怎样？是否需要专门的培训；如果需要，那么培训涉及的费用是多少？
- 维护或服务成本怎样？需要维护或服务的频率如何？
- 与必要的技术有关的设施成本怎样（例如，特殊管道、冷却、气流、过滤、隔振）？
- 行为者面临的生物安全风险是什么？行为者为保护工作人员安全可能付出多少成本？
- 向当局（或其他国家）隐瞒对这种能力的追求需要付出多少成本？

对行为者的要求——组织足迹要求

- 利用必要的技术所需的组织足迹（例如，设备和其他实验室基础设施、人员）是什么？
- 使用这项技术所需的基础设施是普遍的还是罕见的？
- 是否可以利用现有的组织或基础设施来开发这种能力（例如，合法生物技术基础设施的双重用途），还是这项工作需要一处满足特定基础设施要求的秘密设施？
- 如果恶意使用需要其他基础设施，那么是需要逐渐增加容量还是大幅增加？

消减的可能性——威慑与预防能力

- 在美国或国际上，是否可以通过法规或其他手段来控制或阻止这种能力的发展？各国是否有与适用法规相关的协议？
- 必要的技术在地理上是集中的还是广泛分布的？

消减的可能性——识别攻击能力

- 能够在多大程度上区分此能力所涉及的技术的使用是有益的还是恶意的？
- 是否存在与此技术相关的特定活动或设备可以指示该技术何时被用于准备攻击？

- 该能力是否可用于设计一种可规避典型疾病监测方法的生物剂（例如，引起一系列异常症状）？
- 该能力是否可用于设计一种可避开典型鉴定和表征方法的生物剂（例如，创造一种缺乏用于实验室鉴定的表型或 DNA 序列的生物剂）？
- 是否有可能评估该生物剂是否是人工合成的，而不是自然产生的？
- 该能力是否能够有助于靶向特定的亚群；如果可以，这种靶向性是否能够被现有的疾病监测机制检测到？
- 环境监测[例如，借助 BioWatch 或类似方法的直接感知、动物哨兵、不直接接触的感知（防区外检测）]是否可以在患者出现在公共卫生系统之前发出生物武器攻击预警？
- 与传统的公共卫生监测机制相比，实时挖掘社交媒体是否能够提供关于何时、何地发生基于此能力的攻击或疫情的线索？

消减的可能性——归因能力

- 使用 DNA 测序来比较生物剂样本和收集的证据样本的可行性如何？
- 用于构建或修饰该生物剂的技术是否会留下可能被用作证据的基因组“痕迹”？
- 是否有可能确定一个能够将该技术的使用与特定团体或实验室联系起来的设计“签名”？
- 该能力的发展是否与某些可用于比较生物剂样本与收集的证据样本的物理性质相关联？

消减的可能性——后果管理能力

- 现有的民用和军用公共卫生基础设施以及尽量降低发病率和死亡率的消减措施是否能够有效抵御使用这种能力实施的攻击？
- 对于使用这种能力实施的攻击，目前是否有有效的医疗应对措施，或者是否有可能快速开发疫苗、药物或抗毒素以减轻该生物剂更长期的扩散和影响？
- 这些消减措施的有效性是否取决于了解该生物剂的创建方式？
- 是否有可能了解该生物剂的基因型、表型或化学组成，以为如何消减其影响提供信息？

附录D　委员会成员简介

Michael Imperiale（主席），密歇根大学医学院

Michael Imperiale博士是密歇根大学医学院教授兼微生物学和免疫学副主任。Imperiale博士的研究侧重于小型DNA肿瘤病毒BK多瘤病毒（BKPyV）的分子生物学，特别是关于病毒如何通过细胞进行扩散并与宿主固有免疫功能相互作用。Imperiale博士是国家生物安全科学顾问委员会（NSABB）的前任成员，深入参与了关于功能获得性研究的潜在风险和收益的政策讨论。2010年，他当选为美国微生物学会会员，2011年被提名为美国科学促进会会员。他是*mSphere*的创始主编，同时担任*mBio*的编辑。除了实验室研究外，Imperiale博士还参与了科学政策制定工作。他在美国国家科学院、工程院和医学院担任科学、技术和法律委员会成员，并曾在美国国家航空航天局行星保护小组委员会任职。Imperiale博士在哥伦比亚大学获得生物科学学士、硕士和博士学位。

Patrick Boyle，银杏生物公司（Ginkgo Bioworks）

Patrick Boyle博士是银杏生物公司的设计主管，这是一家总部位于波士顿的合成生物学公司，生产和销售工程　化改造的生物。Boyle博士的团队为银杏的生物工程师提供设计工具和合成生物学专业知识，是银杏用于生物工程的设计、构建、测试和发酵策略不可分割的一部分。Boyle博士在合成生物学的日常应用以及在现有的合成生物学监管结构内开展工作方面拥有丰富的实践经验。Boyle博士在哈佛医学院获得生物学和生物医学科学博士学位。

Peter A. Carr，麻省理工学院林肯实验室

Peter A. Carr博士是麻省理工学院林肯实验室的高级科学家，负责领导合成生物学研究项目。他的研究兴趣包括基因组工程、硬件和湿件的快速原型设计、DNA合成和纠错、风险评估和生物防御。Carr博士是国际基因工程机器竞赛（iGEM）的评审主任，对合成生物学实践及其潜在影响有深刻认识，特别关注对生物防御的潜在影响。Carr博士在哈佛大学获得生物化学学士学位，在哥伦比亚大学获得生物化学和分子生物物理学博士学位。

Douglas Densmore，波士顿大学

Douglas Densmore 博士是波士顿大学电气与计算机工程系副教授，同时也是 Hariri 计算科学与工程学院教职研究员。他的研究侧重于开发用于合成生物系统的规范、设计和组装的工具，借鉴了他在嵌入式系统级设计和电子设计自动化（EDA）方面的经验。他是波士顿大学设计自动化研究跨学科整合（CIDAR）团队的主任，他的团队由职员以及博士后研究人员、本科实习生和研究生组成，开发了用于合成生物学的计算和实验工具。他是美国国家科学基金会探索项目“Living Computing”项目的首席研究员，也是电气和电子工程师协会和计算机械协会的高级会员。Densmore 博士在加州大学伯克利分校获得电子工程专业博士学位。

Diane DiEuliis，美国国防大学

Diane DiEuliis 博士是美国国防大学（NDU）的高级研究员。她的研究领域集中在新兴生物技术、生物防御和生物威胁防范。DiEuliis 博士还开展与两用性研究、灾难恢复研究以及行为、认知和社会科学有关的问题的研究，因为这些问题涉及威慑和准备的重要方面。在加入 NDU 之前，DiEuliis 博士曾担任美国卫生与公众服务部准备和响应助理部长（ASPR）办公室的政策副主任。DiEuliis 博士还曾在白宫科学和技术政策办公室（OSTP）任职，并曾担任美国国立卫生研究院的项目主任。DiEuliis 博士对新兴技术的政策含义以及制定新政策以监管此类新兴技术所伴随的复杂性有广泛的了解。DiEuliis 博士在特拉华大学获得生物科学博士学位。

Andrew Ellington，得克萨斯大学奥斯汀分校

Andrew Ellington 博士是得克萨斯大学奥斯汀分校的生物化学教授。Ellington 博士的研究侧重于人造生命的发展与演变，包括在体外和体内均可发挥作用的核酸操作系统。他的实验室旨在“将合成生物学归纳为一门工程学科，而非一个流行语”。Ellington 博士曾获得海军研究办公室青年研究者奖、科特雷尔奖和皮尤学者奖。他曾就生物防御和生物技术问题向众多政府机构提供建议，最近被任命为国家安全科学与工程教职研究员。他最近还被任命为美国微生物学会和美国科学促进会会员。Ellington 博士还帮助创建了核酸适配体公司 Archemix 和 b3 Biosciences，对合成生物学的学术和商业两方面以及两者面临的挑战都有深入的了解。Ellington 博士在哈佛大学获得生物化学和分子生物学博士学位。

Gigi Kwik Gronvall，约翰霍普金斯健康安全中心

Gigi Kwik Gronvall 博士是约翰霍普金斯健康安全中心高级助理，约翰霍普金斯大学彭博公共卫生学院客座教师。作为一名训练有素的免疫学家，Gronvall 博士的工作是解决科学家如何减少生物武器的威胁，以及如何帮助有效应对生物武器或自然流行病。Gronvall 博士是 2016 年出版的《合成生物学：安全、保障和承诺》（健康安全出版社）一书的作者。她是威胁降低咨询委员会（TRAC）的成员，该委员会向国防部长提供关于减少核、生物、化学和传统威胁对美国及其军队以及盟友和伙伴构成的风险的独立咨询意见和建议。Gronvall 博士曾在国会就有关生物安全的专题作证，并被广泛认为是科学家在卫生和国家安全事务中所发挥作用方面的专家。Gronvall 博士在约翰霍普金斯大学获得博士学位。

Charles Haas，德雷塞尔大学

Charles Haas 博士是环境工程教授，德雷塞尔大学土木、建筑和环境工程系主任。他的研究兴趣十分广泛，包括对环境中病原体对人类健康的风险进行评估并利用工程化干预措施和饮用水处理来控制这种风险。Haas 博士在风险评估领域知识广博，特别是对于复杂且相互依赖的系统背景下的风险评估。Haas 博士曾担任推进微生物风险评估中心的联合主任，该中心由美国国土安全部和美国环境保护局共同出资。Haas 博士曾在美国国家科学院的多个委员会任职，包括担任马里兰州德特里克堡医疗应对措施测试和评估机构风险评估方法委员会的主席。Haas 博士在伊利诺伊大学厄巴纳-香槟分校获得环境工程专业博士学位。

Joseph Kanabrocki，芝加哥大学

Joseph Kanabrocki 博士是芝加哥大学负责研究安全的助理副校长兼生物科学部微生物学教授。Kanabrocki 博士的任务是灌输一种关注所有从事研究活动的大学人员的健康和福祉的文化。Kanabrocki 博士是生物安全问题方面的专家，而且由于他被任命为芝加哥大学的生物安全官和管制生物剂负责人，因此特别关注日常实验室工作中产生的实际问题。Kanabrocki 博士是美国国立卫生研究院重组 DNA 咨询委员会（NIH-RAC）的成员，目前是美国生物安全国家科学顾问委员会（NSABB）的成员。Kanabrocki 博士曾担任 NSABB 工作组的联合主席，该工作组编写了 2016 年度报告《关于评估和监督所提出的功能获得性研究的建议》。Kanabrocki 博士在南达科他大学医学院获得微生物学博士学位。

Kara Morgan，Quant 政策战略有限公司

Kara Morgan 博士是 Quant 政策战略有限公司的一名负责人。她在公共卫生政策分析方面的工作包括开发和评估数据驱动的决策支持工具，以支持有效的风险管理决策制定。她在风险评估方面做了大量工作，特别是在如何将风险评估结果有效纳入决策过程方面。Morgan 博士在创立 Quant 政策战略有限公司之前是巴特尔纪念研究所的研究负责人。在此之前，Morgan 博士曾在美国食品药品监督管理局（FDA）的多个咨询和领导职位工作了 10 年。通过她在 FDA 工作期间支持国家纳米技术计划的工作，她于 2005 年发表了一篇文章，是首次关于建立纳米粒子风险分析框架的文章之一。她在专家启发、决策分析和风险分析方面的研究已经发表了多项关于开发风险框架并将其应用于制定有关微生物食品安全和制药质量的决策的出版物。她是俄亥俄州立大学约翰格伦公共事务学院的兼职教授，并担任俄亥俄州教育委员会的委任成员。Morgan 博士在卡耐基梅隆大学获得工程学与公共政策专业博士学位。

Kristala Jones Prather，麻省理工学院

Kristala Jones Prather 博士是麻省理工学院（MIT）化学工程教授。她的研究兴趣集中在用于生产小分子的重组微生物的工程化设计上，特别关注目标化合物的生物通路的设计和组装，以及调节代谢的新型控制策略的整合。在成为麻省理工学院的教员之前，Prather 博士曾在默克研究实验室从事生物过程研究与开发。她获得了众多奖项，包括：*MIT Technology Review* 的 TR35 榜单，这是一份 35 岁以下创新者的名单；美国国家科学基金会的教师早期职业发展（CAREER）奖；*Biochemical Engineering Journal* 的青年研究人员奖。Prather 博士因在麻省理工学院教学中的卓越表现获得了多项奖项，其中包括工程学院的 Junior Bose 卓越教学奖，并被任命为 MacVicar 教职研究员，这是麻省理工学院授予本科生教学的最高荣誉。Prather 博士在加州大学伯克利分校获得博士学位。

Thomas Slezak，劳伦斯利弗莫尔国家实验室

Thomas R. Slezak 理学硕士是劳伦斯利弗莫尔国家实验室的副项目主任。Slezak 先生是一名计算机科学家，负责管理一个由生物学家和软件工程师组成的团队，为诊断和鉴定危险病原体寻找创新的解决方案。Slezak 先生的团队开发了 PCR 检测法、泛微生物微阵列（最近由 Affymetrix 商业化）和 DNA 序列分析软件，用于支持生物防御及人类和动物健康方面涉及的广泛的病原体检测和法医程

序。Slezak 先生曾在美国疾病预防控制中心的生物信息学蓝带专家组担任联合主席，该专家组为“高级分子检测计划”筹集了新的资金，并且是全国范围的 BioWatch 系统的开发者。Slezak 先生曾在国家科学院的三个生物防御专题小组以及美国国家科学院的为国防部提供咨询生物防御项目常设委员会中任职。Slezak 先生在加州大学戴维斯分校获得计算机科学理学硕士学位。

Jill Taylor，纽约州卫生署

Jill Taylor 博士是 Wadsworth 中心主任兼 Wadsworth 实验室科学学院教员。Wadsworth 中心是全美唯一的研究密集型公共卫生实验室，Taylor 博士在过去 12 年担任了中心的主任、副主任和临时主任。Taylor 博士之前担任 Wadsworth 中心临床病毒学项目的主任，该项目致力于引入分子技术以确保对国家不断变化的公共卫生需求做出反应，重点关注流感病毒。她还作为美国疾病预防控制中心传染病办公室科学顾问委员会成员和国家医学图书馆董事会成员，参与了国家层面的政策讨论。Taylor 博士擅长制定未来研究议程以及分析新的政策建议及其影响。Taylor 博士在澳大利亚昆士兰大学获得博士学位。

附录 E　利益冲突披露

美国国家科学院、工程院和医学院（www.nationalacademies.org/coi）的利益冲突政策禁止在个人与将要执行的任务存在相关的利益冲突时，任命该个人参加一个类似撰写本共识研究报告的委员会。只有在美国国家科学院确定冲突不可避免且冲突得到及时和公开披露的情况下，才允许这一禁令的例外。

当撰写本报告的委员会成立时，根据每个委员会成员个人的情况和委员会正在进行的任务，确定每个成员是否存在利益冲突。做出一个人有利益冲突的决定并不是对这个人在即使存在利益冲突情况下做出客观行动的实际行为、性格或能力进行评估。

Patrick Boyle 博士被判定为有利益冲突，因为他是银杏生物公司的员工。

美国国家科学院认为，Boyle 博士的经验和专业知识是委员会完成其成立的任务所必需的。美国国家科学院找不到另一个不存在利益冲突且拥有同等经验和专业知识的人。因此，国家科学院认为冲突是不可避免的，并通过美国国家科学院当前项目系统（www8.nationalacademies.org/cp）公开披露。

附录F　研 究 方 法

F.1　委员会组成

美国国家科学院、工程院和医学院（美国国家科学院）任命了一个由13名专家组成的委员会来完成这项任务。各委员会成员提供学术界、产业界、政府和非营利部门的观点，并具有合成生物学、生物安全、微生物学、公共卫生、生物信息学和风险评估方面的经验。附录D提供了每个委员会成员的履历信息。

F.1.1　会议和信息收集

该委员会从大约2017年1月至2018年2月实施审议。为履行研究任务，委员会通过查阅现有文献和其他公开的可用资源、邀请专家在公开会议上分享观点以及在线或当面征求公众意见，收集了与其任务说明有关的信息和数据。该研究分两个阶段进行。在研究的第一阶段，委员会举行了几次面对面的会议并举办网络研讨会以收集信息、了解相关联邦机构的需求并开发评估生物防御威胁的工具，以指导研究的第二阶段。在此阶段，委员会确定了指导关注评估的框架类型，确定了需要评估的相关技术和应用的主要类别，并讨论了评估中应包含的因素。在第二阶段，该委员会利用更多时间进行会晤讨论，并纳入了更多资源投入和数据收集，以完善用于评估潜在生物防御关注的框架。委员会应用这个框架来分析合成生物学的具体潜在应用，并确定当前因合成生物学产生的受关注领域。

在研究过程中，委员会在华盛顿特区和加利福尼亚州的欧文市举行了七次会议。这七次会议中有三次包括公开的信息收集部分。在这些公开会议期间，委员会听取了各种学术和私营部门研究人员以及联邦政府官员的意见。这些会议的重点是了解当前和近期在合成生物学和相关相邻科学领域开展的研究，了解联邦政府内部当前正在进行的部署和研究，了解生物防御和生物安全专业人员当前的关注，并支持辅助这些学者和专业人士对潜在的未来技术发展和新兴威胁进行水平扫描。其余四次会议不对公众开放，作为委员会成员审议和撰写报告的时间。下面详细介绍三次公开会议。

2017年1月26日至27日在华盛顿特区举行的第一次公开会议，为委员会提供了与主办者讨论研究职责以及非主办政府机构的相关需求的机会。该委员会还听取了一份关于合成生物学的总体概述、一份关于由总统科学技术顾问委员会和

JASONs 执行的与这项研究相关的前期工作的报告，以及来自另一个为美国国防部做风险分析和框架开发的小组的陈述。

2017 年 5 月 24 日至 25 日在华盛顿特区举行的第二次会议上，报告人回顾了与以下内容有关的相关方面及当前研究：DNA 合成、组装和工程化改造，病毒工程化改造、传染性和人畜共患病，“易用性”概念及其对合成生物学潜在风险的适用性，并开展了关于水平扫描和未来展望的练习。

2017 年 7 月 6 日至 7 日在华盛顿特区举行的第三次会议上，报告人介绍了：公共卫生和军事准备的现状；设计在合成生物学中的功效，关注什么是真正可行的，哪些是仍不可能的；人体调节的现状；可能有助于或帮助克服现有技术障碍的新兴技术。

该委员会还举行了两次公开网络研讨会。第一次会议于 2017 年 3 月 10 日举行，讨论了如何创建一个战略框架以评估合成生物学的潜在风险，并回顾了苏联生物武器计划的一些目标和成果。

第二次网络研讨会于 2017 年 3 月 23 日举行，会上对先前所做的用于评估合成生物学潜在风险的框架和策略的工作展开了讨论。这两个网络研讨会都做了宣传并向公众开放，但委员会在网络研讨会期间不接受公众的提问或评论，因为研讨会的主要目的是作为委员会的信息收集活动。

F.1.2 公众沟通

该委员会在2017年5月和7月举办的两次最大的数据收集会议提供了与其他利益相关方（包括感兴趣的研究人员和其他各方）交流的机会。这些与会者在报告人发言后的公开讨论中发表了他们的观点。委员会还努力使其活动对于那些可能无法亲自出席的人尽可能透明和方便。学习网站 http://nassites.org/dels/studies/strategies-for-identifying-and-addressing-vulnerabilities-posed-bysynthetic-biology 定期更新，以反映委员会最近和计划开展的活动。研究的外展包括一个研究专用的电子邮件地址，用于向委员会提交意见和问题。

在 2017 年 8 月发布研究报告后，研究委员会通过在线调查征求公众的意见。调查通过现有的美国国家科学院邮件清单、研究委员会的社交和专业网络以及工程生物学研究联盟的邮件清单广泛分发。收集公众意见后，委员会成员审查了所有意见，并将相关和适用的意见纳入其关于最终报告的工作中。

从外部来源或通过在线评论工具向委员会提供的信息均可通过美国国家科学院的公共访问记录办公室索取。

特邀报告人

下列人员在委员会的会议和数据收集会议上应邀发言：

Chris Anderson	加州大学伯克利分校
Polina Anikeeva	麻省理工学院
Ralph Baric	北卡罗来纳大学
Roger Brent	弗雷德哈钦森肿瘤研究中心
Tom Burkett	巴尔的摩地下科学空间
Sarah Carter	科学政策咨询
Susan Coller-Monarez	美国卫生与人类服务部
Patrik D'haeseleer	劳伦斯利弗莫尔国家实验室
Drew Endy	斯坦福大学
Gerald L. Epstein	科学技术政策办公室
Aaron P. Esser-Kahn	加州大学欧文分校
Carolyn M. Floyd	国家情报总监办公室
John Glass	克雷格文特尔研究所
D. Christian Hassell	美国国防部
Michael Jewett	西北大学
CDR Franca Jones	全球新发传染病监测和响应系统
Lawrence Kerr	美国卫生与人类服务部
Gregory Koblentz	乔治梅森大学
George Korch	美国卫生与人类服务部
Sriram Kosuri	加州大学洛杉矶分校
Jens H. Kuhn	德克里克堡 NIH/NIAID 综合研究设施
Todd Kuiken	北卡罗来纳州立大学
Devin Leake	银杏生物公司
Monique Mansoura	麻省理工学院
Paul Miller	Synlogic 公司
Piers Millett	Biosecure 公司
Steve Monroe	美国 CDC
Richard Murray	加州理工学院
Megan Palmer	斯坦福大学
Colin Parrish	康奈尔大学
Amy Rasley	劳伦斯利弗莫尔国家实验室
Howard Salis	宾州州立大学
Dan Tawfik	以色列魏兹曼科学院
Luke Vandenberghe	哈佛大学
Harry Yim	Genomatica 公司